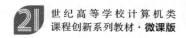

21世纪高等学校计算机类
课程创新系列教材·微课版

网页设计与制作实用教程

（Dreamweaver+Flash+Photoshop）

第4版·微课视频版

缪 亮 刘志敏 / 主编

清华大学出版社

北京

内 容 简 介

本书是畅销教材《网页设计与制作实用教程(Dreamweaver＋Flash＋Photoshop)》(第3版)的修订升级版，主要介绍用Dreamweaver、Animate(Flash的升级版)和Photoshop进行网页设计与制作的方法。本书以实例带动教学，注重对读者动手实践能力的培养，每章都设计了"本章习题"和"上机练习"两个模块，既可以让教师合理地安排教学实践内容，又可以让学习者举一反三，快速掌握本章知识。

全书共分12章。第1章介绍网站开发的基础知识；第2～7章介绍使用Dreamweaver进行网页制作和网站管理的方法；第8～10章介绍使用Photoshop进行网页图像设计和绘制网页的方法；第11、12章介绍使用Animate进行网页动画制作的方法。

本书内容精练，构思科学合理，实例丰富，理论与应用配合紧密，既可作为各类院校的网页设计与制作课程教材，也可作为职业培训机构相关专业的培训教材，还可作为网站开发人员和网站开发爱好者的自学参考书。

图书在版编目(CIP)数据

网页设计与制作实用教程：Dreamweaver＋Flash＋Photoshop：微课视频版/缪亮，刘志敏主编. —4版.
—北京：清华大学出版社，2023.7(2024.2重印)
21世纪高等学校计算机类课程创新系列教材：微课版
ISBN 978-7-302-62186-7

Ⅰ.①网…　Ⅱ.①缪…　②刘…　Ⅲ.①网页制作工具－高等学校－教材　Ⅳ.①TP393.092.2

中国版本图书馆CIP数据核字(2022)第214340号

策划编辑：魏江江
责任编辑：王冰飞
封面设计：刘　键
责任校对：李建庄
责任印制：刘海龙

出版发行：清华大学出版社
　　　　网　　　址：https://www.tup.com.cn, https://www.wqxuetang.com
　　　　地　　　址：北京清华大学学研大厦A座　　　　邮　　编：100084
　　　　社　总　机：010-83470000　　　　　　　　　　邮　　购：010-62786544
　　　　投稿与读者服务：010-62776969，c-service@tup.tsinghua.edu.cn
　　　　质量反馈：010-62772015，zhiliang@tup.tsinghua.edu.cn
　　　　课件下载：https://www.tup.com.cn，010-83470236
印　装　者：三河市君旺印务有限公司
经　　　销：全国新华书店
开　　　本：185mm×260mm　　　印　　张：24　　　字　　数：580千字
版　　　次：2011年1月第1版　　2023年7月第4版　　印　　次：2024年2月第3次印刷
印　　　数：41001～43000
定　　　价：59.80元

产品编号：097334-01

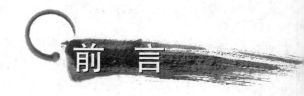

前　言

　　党的二十大报告中指出：教育、科技、人才是全面建设社会主义现代化国家的基础性、战略性支撑。必须坚持科技是第一生产力、人才是第一资源、创新是第一动力，深入实施科教兴国战略、人才强国战略、创新驱动发展战略，这三大战略共同服务于创新型国家的建设。高等教育与经济社会发展紧密相连，对促进就业创业、助力经济社会发展、增进人民福祉具有重要意义。

　　随着网络技术的发展，社会各个领域对网站开发技术的要求日益提高，对网站开发工作人员的需求大大增加。网站开发工作包括市场需求分析、网站策划、网页平面设计、网页页面排版、网络动画设计、网站程序设计、网站的推广等各方面的知识，这是一项对开发人员的综合技能要求很高的系统工程。

　　本书根据各类院校教学实际的课时安排，结合多位任课教师多年的教学经验进行教材内容的设计，力争教材结构合理、难易适中。

关于改版

　　本书是《网页设计与制作实用教程(Dreamweaver＋Flash＋Photoshop)》(第 3 版)的修订升级版。《网页设计与制作实用教程(Dreamweaver＋Flash＋Photoshop)》于 2011 年出版，2017 年升级为第 3 版，前后共重印 20 次，累计发行近 4 万册。由于教材内容新颖、实用，深受广大读者的欢迎，目前全国已有几十所各类院校选择该书作为正式的网页设计与制作课程教材，许多职业培训机构也采用该书作为培训教材。随着软件新版本的发布以及教材使用经验、读者反馈信息的不断积累，教材的修订迫在眉睫。

　　本书主要在以下几个方面进行了改进：

　　(1) 采用 Dreamweaver CC、Animate CC 和 Photoshop CC 简体中文版对图书内容重新进行了创作，注重新技术的应用。

　　(2) 对全书的文字叙述进行了优化，使知识讲解更科学、更清晰。

　　(3) 开发了更加专业的微视频课程，涵盖教材的全部内容，方便教师辅助教学。

主要内容

　　本书涉及网站开发基本知识、Dreamweaver 制作网页和管理网站的方法、Photoshop 制作网页图像和进行网页平面设计的方法、Animate 制作网络动画的方法。本书共分 12 章，各章节的内容如下。

　　第 1 章学习网站开发基础知识，包括网站开发概述、网站开发流程、常用网页设计软件、HTML 入门等。

　　第 2 章学习 Dreamweaver 网页制作基础知识，包括 Dreamweaver CC 2018 的工作环境、建立本地站点、在 Dreamweaver 中制作第一个网页等。

第 3 章学习制作网页内容的知识,包括文字和段落在网页中的应用、图像在网页中的应用、多媒体对象在网页中的应用、超链接等。

第 4 章学习 CSS 样式表的知识,包括 CSS 入门、CSS 样式详解、创建 CSS 样式等。

第 5 章学习网页布局的知识,包括网页布局的类型、用表格进行网页布局、用 CSS 进行网页布局等。

第 6 章学习网页特效与交互的知识,包括行为、AP 元素、JavaScript 基础知识等。

第 7 章学习模板和站点管理的知识,包括模板、资源管理、站点管理和维护等。

第 8 章学习 Photoshop 网页设计基础知识,包括 Photoshop CC 2018 的工作环境、创建 Photoshop 文档、绘制各种图形和设置颜色的方法、认识画笔等。

第 9 章学习 Photoshop 网页设计进阶的知识,包括 Photoshop 的图层与蒙版、Photoshop 的选区和通道、设计网页文字、网页图像的调整、Photoshop 的滤镜等。

第 10 章学习 Photoshop 设计网页元素的知识,包括设计网站图标和 Logo、设计网页广告图像、设计网页按钮和导航条、设计网页等。

第 11 章学习 Animate 动画制作基础知识,包括 Animate CC 2018 的工作环境、Animate 文档的基本操作方法、绘制矢量图形、位图和文字等。

第 12 章学习制作网页动画的知识,包括图层和帧、基础动画、元件及其应用、使用 Animate 制作网络广告等。

为了方便读者的学习,本书还设计了 3 个附录,包括常用 HTML 标签、ASP 服务器的安装、网站上传和下载工具——FlashFXP,可以扫描目录上方的二维码下载。

本书特点

1. 紧扣教学规律,合理设计图书结构

本书作者多是长期从事网页设计与制作教学工作的一线教师,具有丰富的教学经验,紧扣教师的教学规律和学生的学习规律,全力打造难易适中、结构合理、实用性强的教材。

本书采用"知识要点-相关知识讲解-典型应用讲解-习题-上机练习"的内容结构。在每章的开始处给出本章的主要内容简介,以便读者了解本章所要学习的知识点。在具体的教学内容中既注重基本知识点的系统讲解,又注重学习目标的实用性。每章都设计了"本章习题"和"上机练习"两个模块,既可以让教师合理地安排教学内容,又可以让学习者加强实践,快速掌握本章知识。

2. 注重教学实验,加强上机练习内容的设计

网页设计与制作是一门实践性很强的课程,学习者只有亲自动手上机练习,才能更好地掌握教材内容。本书根据教学内容统筹规划上机练习的内容,上机练习以实际应用为主线,以任务目标为驱动,增强读者的实践动手能力。

每个上机练习都给出了操作要点提示,既方便读者进行上机练习,也方便任课教师合理安排练习指导。

3. 配套资源丰富,让教学更加轻松

为便于教学,本书提供丰富的配套资源,包括教学大纲、教学课件、素材、源文件和微课视频。其中,微课视频完全和教材内容同步,累计 10 多个小时,全程语音讲解,真实操作演示,让读者一学就会! 不管是教师还是学生,扫描二维码即可在线观看微课视频,这样更加

有利于教师的教和学生的学。

资源下载提示

  课件等资源：扫描封底的"课件下载"二维码,在公众号"书圈"下载。

  素材(源码)等资源：扫描目录上方的二维码下载。

  视频等资源：扫描封底的文泉云盘防盗码,再扫描书中相应章节的二维码,可以在线学习。

读者对象

  本书既可作为各类院校的网页设计与制作课程教材,也可作为职业培训机构相关专业的培训教材,还可作为网站开发人员和网站开发爱好者的自学参考书。

本书作者

  本书的主编为缪亮(负责编写第 1～6 章)、刘志敏(负责编写第 7～12 章)。另外,感谢开封文化艺术职业学院对本书的创作给予的支持和帮助。

作 者

2023 年 5 月

目 录

扫一扫

配套资源

网站开发基础

随着因特网(Internet)的发展和普及,各种各样的 Web 网站正如雨后春笋般出现,网站设计与开发也越来越成为热门的技术领域。本章介绍一些网页设计和网站开发的基础知识。

本章主要内容:
- 网站开发概述
- 网站开发流程
- 常用网页设计软件
- HTML 入门

1.1　网站开发概述

扫一扫

视频讲解

网站开发就是使用网页设计软件经过平面设计、网络动画设计、网页排版等步骤设计出多个页面,这些网页通过有一定逻辑关系的超链接构成一个网站。

1.1.1　什么是网站

网站(Website)是指在因特网上根据一定的规则使用 HTML 等工具制作的用于展示特定内容的相关网页的集合。简单地说网站是一种通信工具,就像布告栏一样,人们可以通过网站发布自己想要公开的资讯,或者利用网站提供相关的网络服务。人们可以通过网页浏览器来访问网站,获取自己需要的资讯或者享受网络服务。

网站由域名(Domain Name)、网站空间、网页三部分组成。网站域名就是在访问网站时在浏览器地址栏中输入的网址,例如 www.163.com(网易的一级域名)、study.163.com(网易的二级域名)。网页是通过 Dreamweaver 等软件制作出来的,多个网页由超链接联系起来。网站空间由专门的独立服务器或租用的虚拟主机承担,网页需要上传到网站空间中才能供浏览者访问。

1.1.2　网站的类型及定位

网站是一种新型媒体,在日常生活、商业活动、娱乐游戏、新闻资讯等方面有着广泛的应用。在进行网站开发之前需要认识各种网站的主要功能和特点,对网站进行定位。下面介绍几种常见的网站类型。

1．综合门户网站

综合门户网站具有受众群体范围广泛、访问量高、信息容量大等特点，包含了时尚生活、时事新闻、运动娱乐等众多栏目。综合门户网站定位明确，以文字链接为主要内容，版式和色彩较为直观、简洁，以便浏览者在最短的时间内进入下一级页面。

现在国内综合门户网站的代表是新浪（http://www.sina.com.cn）、搜狐（http://www.sohu.com）、网易（http://www.163.com）和腾讯（http://www.qq.com）等。图 1-1 所示为新浪网站的首页。这类网站的开发和维护是一个庞大的工程，需要专业的开发和管理团队来完成。

图 1-1　综合门户网站

2．电子商务网站

电子商务网站是目前最具发展潜力的网站类型。电子商务网站可提供网上交易和管理等全过程的服务，因为它具有广告宣传、咨询洽谈、网上订购、网上支付、电子账户、服务传递、意见征询、交易管理等各种功能。

现在国内的电子商务网站的代表是淘宝（http://www.taobao.com）、京东（http://www.jd.com）、苏宁（http://www.suning.com）等。图 1-2 所示为淘宝网站的首页。这类网站的设计重点是网站的产品管理功能和用户的交互功能。

3．视频分享网站

视频分享网站通常为用户提供视频播客、视频分享、视频搜索及所有数字视频内容的存储和传输服务，可供用户在线观看最新、最热的电视、电影和视频资讯等。

现在国内的视频分享网站的代表是优酷网（http://www.youku.com）、哔哩哔哩（https://www.bilibili.com/）、酷 6（http://www.ku6.com）等。如图 1-3 所示为优酷网的首页。

图 1-2 电子商务网站

图 1-3 视频分享网站

4. 企业宣传网站

企业宣传网站是网站开发工作中最常见的网站类型,企业借助网站推广企业形象、树立企业品牌、发布企业产品。在这类网站的设计中既要考虑商业性,又要考虑艺术性,因为企业宣传网站是商业性和艺术性的结合。好的网站设计有助于企业树立好的社会形象,更好、更直观地展示企业的产品和服务。

如图 1-4 所示为金山软件公司(http://www.kingsoft.com)的网站首页。

图 1-4　企业宣传网站

5. 下载网站

下载网站为用户提供各种资料的下载服务，例如软件、歌曲、影视、图书等内容的下载服务。下载网站的开发重点是资料的管理和分类。

现在国内的下载网站的代表是天空软件（http://www.skycn.com）、非凡软件（http://www.crsky.com）、太平洋下载（http://dl.pconline.com.cn）等。图 1-5 所示为天空软件的首页。

图 1-5　下载网站

6. 搜索引擎网站

搜索引擎网站是为用户提供内容搜索功能的网站,一般为用户提供新闻、网页、图片、视频、MP3 等内容的快速搜索服务。图 1-6 所示为最大的中文搜索引擎网站——百度(http://www.baidu.com)。搜索引擎网站的页面色彩和布局非常简洁,但是具备强大的搜索功能和丰富的网站内容。

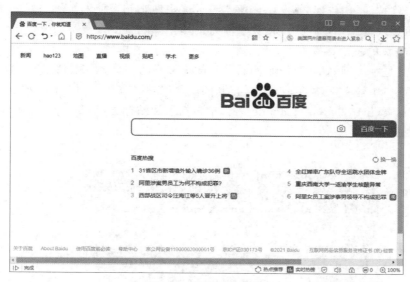

图 1-6　搜索引擎网站

1.1.3　认识网页

网站是由若干网页构成的,这些网页按照一定的逻辑关系形成超链接。下面介绍网页的基本知识。

1. 网页的基本元素

网站是一个整体,它由网页及为用户提供的服务构成,网站为浏览者提供的内容通过网页展示出来,使浏览者了解该网站为用户提供的服务及展示的信息,浏览者浏览网站实际上就是浏览网页。网页是由 HTML(HyperText Markup Language,超文本标识语言)编写的文件。在浏览者浏览网页时,浏览器将 HTML 翻译成浏览者看到的绚丽多彩的网页。

不同的网页虽然内容千差万别,但是万变不离其宗,所有的网页都是由一些基本元素组成的。下面介绍网页中常见的基本元素。

- 文本:文本是网页中最主要的信息载体,浏览者主要通过文字了解各种信息。
- 图片:图片可以使网页看上去更加美观。如果是新闻类或说明类网页,在插入图片后可以让浏览者更加快速地了解网页所要表达的内容。
- 水平线:在网页中主要起到分隔区域的功能,以使网页的结构更加美观、合理。
- 表格:表格是网页设计过程中使用最多的基本元素。首先表格可以显示分类数据;其次使用表格进行网页排版可以达到更好的定位效果。
- 表单:访问者查找一些信息或申请一些服务时需要向网页提交一些信息,这些信息就是通过表单的方式输入 Web 服务器，并根据所设置的表单处理程序进行加工处理的。表单中包括输入文本、单选按钮、复选框和下拉菜单等。

- 超链接：超链接是实现网页按照一定的逻辑关系进行跳转的元素。在浏览网页时将鼠标指针指向具有超链接的文本或图片，鼠标指针通常会变成小手的形状。

- 动态元素：现在网页中的动态元素丰富多彩，包括 GIF 动画、HTML 5 动画、滚动字幕、悬停按钮、广告横幅、网站计数器等。这些动态元素使网页不再是一个静止的画面，可以说动态元素赋予了网页生命力，使网页活了起来。

2．网站首页的基本结构

网站首页是一个网站的门面，是构成网站的最重要的网页。一般情况下，访问者在浏览器窗口的地址栏中输入网站网址后默认打开的就是网站的首页。图 1-7 所示就是一个制作完成的网站首页（http://www.cai8.net），其中包括了网站标志（Logo）、广告条（Banner）、导航栏、主体正文和版权信息等。

图 1-7　网站首页

- Logo：Logo 的本意是标志、徽标。如果说一个网站是一个企业的网上家园，那么 Logo 就是企业的名片，是网站的点睛之处。网站的 Logo 有两种，一种是图 1-7 所示的网页左上角的标志 Logo，另一种是和其他网站交换链接时使用的链接 Logo。

- Banner：Banner 的本意是旗帜。网站上的广告有很多种，常见的有 Banner 广告、浮动广告、弹出窗口广告、文字广告、幻灯片广告等，由于一般都将 Banner 广告条放置在网页的最上面,所以 Banner 广告条的广告效果可以说是最好的。Fireworks、Photoshop、Animate 等软件都可以用来制作 Banner,其中使用 Animate 制作出的广告效果最具冲击力,因为它能打造出酷炫的动态视觉效果,大大激发访问者点击广告的欲望。

- 导航栏:导航栏就像是网站的提纲一样,它统领着整个网站的各个栏目或页面。它也是设计者最关心的问题之一,因为导航栏不仅要美观大方,而且要方便易用,这样才能让网站的访问者比较轻松地找到想要的网页内容。导航栏的设计方法有很多种。
- 横幅广告:横幅广告的作用与 Banner 广告类似,只不过尺寸都比较大,适合在宣传网页重点内容和一些商业产品广告的时候使用。
- 主体正文:主体正文部分展示网页最重要的内容,它将最大限度地呈现网页所包含的信息,以传达到访问者的眼中。这部分也是访问者最关心的内容,所以它的设计风格要由网页内容来决定,或沉稳大方,或轻松明快,都要考虑到访问者的阅读体验,尽量使浏览网页的过程是一个美好奇妙的旅程,这样才能吸引更多的访问者或“回头客”。
- 友情链接:友情链接是指各网站互相在自己的网站上放对方网站的链接。注意,必须要能在网页代码中找到网址和网站名称,而且在浏览网页的时候能显示网站名称,这样才叫友情链接。友情链接是网站流量来源的根本。
- 版权栏:这部分主要显示网站的版权信息,包括网站管理员的联系地址或电话、ICP 备案信息等内容。

1.2　网站开发流程

扫一扫

视频讲解

建设网站是一个系统、复杂的工程项目,本节主要介绍网站的开发流程,以使读者对网站开发有一个概括的认识。

1.2.1　网站总体策划

在建立网站之前应该对自己的网站有一个总体的策划和设计,明确网站的主题,再根据网站主题进一步设计网站的整体风格、网页的色彩搭配、网站的层次结构等内容。

1. 目标用户的定位和网站主题的定位

只有确定了网站的主题和浏览网页的对象才能在网站的内容选取、美工设计、划分栏目等方面尽力做到合理,并吸引住更多的浏览者。

按照访问对象的兴趣把网站内容收集起来加以分类整理就可以大致确定站点的主题和发展方向了,但切忌内容的面面俱到,太多、太杂的内容反而会给浏览者查找信息带来很大的不便。

2. 网站的整体风格的创意设计

确定了网站的主题和浏览对象就可以确定网站的风格了。一个好的创意加上一定基础的美工会使网站收到意想不到的效果,大大增加网站浏览者的回头率。风格(Style)是非常抽象的概念,往往要结合整个站点来看,而且不同的人审美观不同,对于风格的喜好也很不同。所以想使每一个人都满意是不可能的,重要的是先让自己满意(当然自己的满意有很大程度是建立在访问者满意上的),再照顾忠实的支持者。不管用什么风格,风格永远是为主题服务的,也就是要让它做好衬托气氛的任务,而不是单纯地照搬照抄别人的特色。

整个网站应该使用统一的风格,包括背景颜色、字体大小、导航栏、版权信息、标题、注脚、版面布局,甚至文字说明使用的语气都要注意前后一致,或者说前后协调。

3. 网页的色彩搭配

色彩在网站形象中具有重要地位,通常新闻类的网站会选择白底黑字,不仅是因为这种方式对网络带宽要求最低,更多的是因为人们平时习惯于这样阅读报纸,所以在潜意识中这种色彩把新闻传达到人脑海的效率最高。在古董类网站中,色彩的搭配又会有一定的差异,色彩的搭配尽量古朴一些,更要符合民族的一些特色。

根据网站的不同类型选定主体色,背景色选择与之相协调的色彩进行搭配,在满足浏览者视觉美感的同时又给他们一个识别信号来帮助浏览者对网站类型进行判断。

网站色彩总的应用原则应该是"总体协调,局部对比"。主页的整体色彩效果应该是和谐的,只有局部的、小范围的地方可以有一些强烈色彩的对比。在色彩的运用上可以根据主页内容的需要分别采用不同的主色调,因为色彩具有象征性,例如嫩绿色、翠绿色、金黄色、灰褐色可以分别象征春、夏、秋、冬;其次还有职业的标志色,例如军警的橄榄绿、医疗卫生的白色等;色彩还具有明显的心理感觉,例如冷、暖的感觉,进、退的效果等;另外色彩还有民族性,各民族由于环境、文化、传统等因素的影响对色彩的喜好也存在着较大的差异。总之,充分运用色彩的这些特性可以使主页具有深刻的艺术内涵,从而提升主页的文化品位。

下面介绍几种色彩搭配方案。

(1) 暖色调:红色、橙色、黄色、赭色等色彩的搭配。这种色调的运用可以使主页呈现温馨、和煦、热情的氛围。

(2) 冷色调:青色、绿色、紫色等色彩的搭配。这种色调的运用可以使主页呈现宁静、清凉、高雅的氛围。

(3) 对比色调:把色性完全相反的色彩搭配在同一个空间里,例如红与绿、黄与紫、橙与蓝等。这种色彩的搭配可以产生强烈的视觉效果,给人靓丽、鲜艳、喜庆的感觉。当然,对比色调如果用得不好会适得其反,产生俗气、刺眼的不良效果。这就要把握"大调和,小对比"的重要原则,即总体的色调应该是统一、和谐的,局部的地方可以有一些小的强烈对比。

4. 网站的层次结构和链接结构

建立一个网站好比写一篇文章,只有拟好提纲,文章才能主题明确、层次清晰;也好比造一座高楼,只有设计好框架图纸才能使楼房结构合理。

根据网站的主题需要和自己的实际能力来确定网站的栏目、导航层次及具体内容。在策划时还需要考虑技术实现的难易程度、自己的时间和精力以及一些网站资料的来源等问题。

在确定具体栏目后就可以建立网站的文件目录。一个网站的内容会随着不断更新而不断增多,如果把所有的文件都放在根目录中会给日后的管理和更新带来很多的不便,因此有必要在根目录中建立多个子目录,以存放各栏目的相关文件。

5.版面布局设计

网页的版面布局设计是一个网站成功与否的关键,特别是网站首页的版面布局更为重要,访问者往往看到首页就已经对网站有一个整体的感觉。首页是全站内容的目录,是一个索引。一般在首页上可放置网站标志(Logo)、广告条(Banner)、主菜单(Menu)、搜索栏(Search)、友情链接(Links)、计数器(Count)、版权(Copyright)等模块。

可以根据具体需要先确定在首页上放置的内容模块,然后拿起笔在纸上画出首页布局的草图,设计完后还可以根据实际情况进行调整并最终确定方案。图1-8所示为一个网站的首页布局规划效果图。

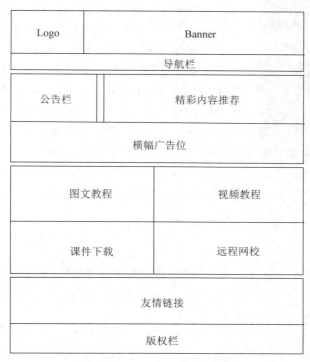

图1-8 一个网站首页的布局规划

1.2.2 设计和制作素材

当网站策划好以后,下面的工作就是搜集和制作网页中所需要的素材,包括网站Logo、Banner的制作,网页内容的相关资料,以及页面中所需的特效代码的准备等,可以把素材放置在相应的文件夹中,以方便制作和日后的管理。

搜集的素材一般包括以下内容:

- 与主题相关的文字、图片资料。
- 一些优秀的页面风格。
- 开放的源代码。

另外,还有一些素材是需要自己设计和制作的,包括网站的Logo、Banner、背景图片、列表图标、横幅广告等。这些素材的制作通常会使用Photoshop、Fireworks和Animate来完成。

在网站所需要的素材制作完成以后还需要分门别类地把它们组织起来，存储在各个类别的文件夹中，以便于今后制作网站时的应用和管理。

1.2.3　建立站点

1. 安装 IIS 和配置 Web 服务器

IIS 是使用比较广泛、支持 ASP 程序的 Web 服务器，要想在本地计算机上模拟 Internet 上的 Web 服务器的工作模式，必须在自己的计算机上安装 IIS 组件，并且根据具体需要将 Web 服务器配置好。安装 IIS 和配置 Web 服务器的具体方法请参看附录 B。

图 1-9　"文件"面板显示的站点结构

2. 在 Dreamweaver 中创建站点

制作网站不是直接制作一些网页，然后随便放在一起那么简单，Internet 上提供给用户浏览的网页文件是经过组织分门别类地放在各个文件夹中后全部存储在站点中的。Dreamweaver 是功能强大的创建和管理站点的工具，在制作具体的网页前必须在 Dreamweaver 中创建站点。

在 Dreamweaver 中创建好的站点都是通过"文件"面板进行编辑和管理的，如图 1-9 所示。

1.2.4　制作网页

1. 创建 CSS 样式

CSS 是整个网站外观风格的灵魂，CSS 可以使整个网站风格做到统一、协调，并且在修改网站风格时只需修改 CSS 文件即可，这样极大地提高了网站的制作效率。

2. 制作网站首页

（1）对首页进行布局：可以利用传统的布局表格方式对首页进行布局，也可以采用表格＋CSS 方式或者 DIV＋CSS 方式对首页进行布局。在布局时，根据前期的规划将首页划分为顶部信息区（Logo、Banner、导航栏等）、主要内容区（分栏布局，展示首页的主要内容）、底部信息区（友情链接、版权栏等）。

（2）添加网页内容：根据版面布局在各个布局区域添加相应的网页内容，并用相应的 CSS 规则进行控制。

3. 制作网站的其他页面

整个站点的主页面及其他页面应该保持统一的风格，如果反差很大，会给人一种不协调的感觉，其他各个页面之间的布局也应该基本保持一致。可以为站点创建一个模板，这样既能统一整个网站的风格布局，也可以在制作时省去很多重复的劳动，大大减少工作量。

4. 制作超链接

在制作完所有的页面后还需要将主页面和其他页面进行链接，使浏览者在主页面中能够方便地通过链接跳转到其他页面中。另外，如果其他页面之间有跳转关系，那么也应该添加超链接。

专家点拨： 在制作网页时应尽量做到以下原则。

- 醒目性：指用户把注意力集中到重要的部分和内容。
- 可读性：指网站的内容让人容易读懂。
- 明快性：指准确、快速地展示网站的构成内容。
- 造型性：维持整体外形上的稳定感和均衡性。
- 创造性：有鲜明个性，创意必不可少。

1.2.5　测试和发布网站

网站建好以后只有发布到 Internet 上才能够让更多的人浏览。在发布网站之前还必须要做一个工作，那就是测试网站，例如测试网页内容、链接的正确性和在不同浏览器中的兼容性等，以免上传后出现这样或那样的错误，给修改带来麻烦。

经过详细的测试，并完成最后的站点编辑工作之后就可以发布站点了。首先需要申请站点的国际域名和租用服务器空间，然后通过 FTP 工具把网站上传到服务器上，这样就可以让世界上每一个角落的访问者浏览到站点的内容了。

1.3　常用网页设计软件

扫一扫

视频讲解

制作网页需要专业的网页设计软件，最常用的软件是 Dreamweaver，借助这个软件可以方便地对网页进行设计和排版。网页中的图片需要使用 Photoshop 进行设计和编辑，网页动画需要用动画制作软件 Animate(Flash 的升级版)进行设计和制作。

1. 网页制作与网站管理软件——Dreamweaver

Dreamweaver 是一个"所见即所得"的网页制作和网站管理开发工具，利用 Dreamweaver 可以设计、开发并维护符合 Web 标准的网站和应用程序。无论网站开发者是喜欢直接编写 HTML 代码的驾驭感还是偏爱在可视化编辑环境中工作，Dreamweaver 都会提供帮助良多的工具，并能丰富用户的 Web 创作体验。

Dreamweaver CC 2018 简体中文版的工作窗口如图 1-10 所示。Dreamweaver CC 2018 是 Adobe 公司推出的软件版本，加强了对 Web 标准的支持，使创建符合 Web 标准的站点更加容易。

2. 平面设计软件——Photoshop

Photoshop 是一款用于图像处理和平面设计的专业处理软件，它功能强大、实用性强，不仅具备编辑矢量图像与位图图像的灵活性，还能够与 Dreamweaver 和 Animate 软件高度集成，成为设计网页图像的最佳选择。图 1-11 所示为 Photoshop CC 2018 简体中文版的工作窗口。

3. 网页动画设计软件——Animate

Flash 以制作网页动画为特长，用它做出的动画效果是其他软件无法比拟的。2015 年，Adobe 公司宣布，Flash 未来版本会采用崭新的名字 Animate CC，为通过 HTML5 和 SVG 产生动画效果提供了另一种选择。Animate CC 将继续支持 Flash SWF 文件。利用 Animate 可以制作简单的网页动画、交互式动画、包含声音效果的动画，甚至可以制作包含视频内容、复杂演示文稿和应用程序以及介于它们之间的任何内容。Animate CC 2018 简体中文版的工作窗口如图 1-12 所示。

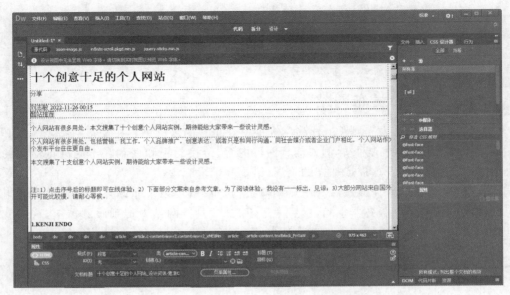

图 1-10　Dreamweaver CC 2018 软件的工作窗口

图 1-11　Photoshop CC 2018 软件的工作窗口

图 1-12　Animate CC 2018 软件的工作窗口

1.4　HTML 入门

在 Internet 上浏览的一个个精美网页都是用超文本标记语言——HTML 制作而成的。本节介绍 HTML 的基础知识。

1.4.1　HTML 的概念

HTML(HyperText Markup Language)即超文本标记语言,是一种用来制作超文本文档的简单标记语言。所谓超文本,是指用 HTML 创建的文档可以加入图片、声音、动画、影视等内容,并且可以实现从一个文件跳转到另一个文件,与世界各地主机的文件连接。

下面进行具体操作。

(1) 打开 IE(Internet Explorer)浏览器,在地址栏中输入网易的网址"http://www.163.com",按 Enter 键后网易网站的首页就呈现在浏览者的面前,如图 1-13 所示。

(2) 现在查看一下这个精美网页的源文件代码。在 IE 浏览器窗口中选择"查看"|"源"命令会弹出一个记事本文件,如图 1-14 所示,可以看到网页的源文件由一行行代码组成,这些就是 HTML 代码。

专家点拨:用 HTML 编写的超文本文档称为 HTML 文档,它能独立于各种操作系统平台(例如 UNIX、Windows 等)。自 1990 年以来 HTML 就一直被用作 WWW(World Wide Web)的信息表示语言,用于描述网页的格式设计和它与 WWW 上其他网页的链接信息。使用 HTML 语言描述的文件需要通过 WWW 浏览器显示出效果。

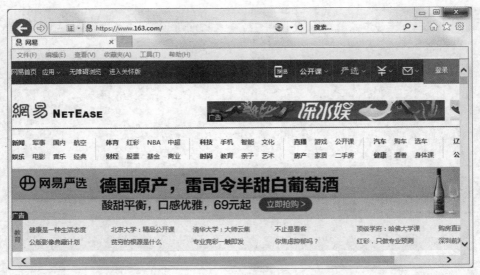

图 1-13　网易网站的首页

图 1-14　网页源文件代码

1.4.2　编写 HTML 网页

了解 HTML 文档的代码结构是学习网页制作的基础，下面从一个简单的实例开始认识 HTML。

（1）单击"开始"按钮，选择"所有程序"|"附件"|"记事本"命令运行"记事本"程序，在"记事本"窗口中输入以下内容：

```
<html>
<head>
```

```
<title> 欢迎光临我的第一个网页</title>
</head>
<body>
这是第一个简单网页！
</body>
</html>
```

（2）选择"文件"|"保存"命令，在弹出的"另存为"对话框中选择要保存的路径，在"文件名"文本框中输入文件名"myweb001.html"，如图 1-15 所示。

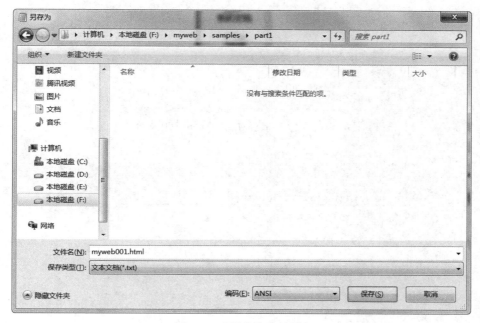

图 1-15　"另存为"对话框

专家点拨：在"文件名"文本框中输入文件名时一定要输入网页文件的扩展名.html（或者.htm），这样保存的文件才是 HTML 网页文档。如果这里不输入.html（或者.htm），那么系统默认会将文件保存为文本文件（TXT 文件）。

（3）打开"资源管理器"窗口，根据刚才保存网页的位置找到 myweb001.html 文件，如图 1-16 所示。

（4）双击 myweb001.html 文件图标，系统会自动启动 IE 浏览器并打开这个网页文件，IE 窗口中显示的网页效果如图 1-17 所示。

1.4.3　HTML 标签

扫一扫

视频讲解

HTML 文档是在普通文件中的文本上加上标签，使其达到预期的显示效果。当浏览器打开一个 HTML 文档时会根据标签的含义显示 HTML 文档中的文本，其中标签由"＜标签名称 属性＞"来表示。

HTML 标签的结构形态有以下几种。

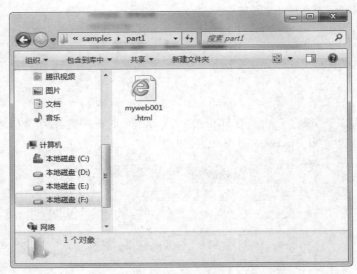

图 1-16　在"资源管理器"窗口中定位文件

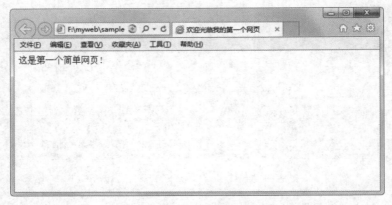

图 1-17　编写的网页效果

1. ＜标签＞ 元素 ＜/标签＞

标签的作用范围是从＜标签＞开始到＜/标签＞结束。例如＜h2＞demo＜/h2＞,其作用就是将 demo 这段文本按＜h2＞标签规定的含义来显示,即以 2 号标题来显示,而＜h2＞和＜/h2＞之外的文本不受这组标签的影响。

2. ＜标签 属性名＝"属性值"＞ 元素 ＜/标签＞

其中属性往往表示标签的一些附加信息,一个标签可以包含多个属性,各属性之间无先后次序,用空格分开。例如:

```
<body background="back_ground.gif" text="red">hello</body>
```

这是一个 body 标签,其中 background 属性用来表示 HTML 文档的背景图片,text 属性用来表示文本的颜色。

3.＜标签＞

标签单独出现，只有开始标签而没有结束标签，也称为"空标签"。

在前面编写的第一个 HTML 文档中可以明显地看到网页代码是由 4 对双标签组成的。

- ＜html＞和＜/html＞：这对标签在最外层，表示在这对标签里面的代码是 HTML 语言。现在也有一些网页省略了这对标签，这是因为".html"或".htm"文件被 Web 浏览器默认为是 HTML 文档。

- ＜head＞和＜/head＞：在这对标签里的内容是网页中的头部信息，例如网页总标题、网页关键字等，若不需要头部信息可省略此标签。

- ＜title＞和＜/title＞：在＜head＞和＜/head＞这对双标签之间还包含着＜title＞和＜/title＞这样一对标签。＜title＞和＜/title＞里面包含的内容"欢迎光临我的第一个网页"就是呈现在网页中的标题，标题会出现在 IE 浏览器窗口的标题栏中，如图 1-18 所示。

图 1-18　网页标题

- ＜body＞和＜/body＞：这对标签之间的"这是第一个简单网页！"部分就是在网页中实际看到的内容。＜body＞和＜/body＞之间是网页的主体内容部分，大部分 HTML 标签都包含在＜body＞和＜/body＞之间。

1.4.4　HTML 文档的基本结构

HTML 文档分为"文件头"和"文件体"两个部分，在文件头里对这个文档进行了一些必要的定义，在文件体中才是要显示的各种文档信息。HTML 文档的结构如下：

```
<html>
    <head>
        头部信息，例如标题
    </head>
    <body>
        在这里放置网页的内容，包括文本、超链接、图像、动画等
    </body>
</html>
```

其中，＜html＞在最外层，表示这对标签间的内容是 HTML 文档。一些 HTML 文档省略了＜html＞标签，因为扩展名为.html 或.htm 的文件被 Web 浏览器默认为是 HTML 文档。＜head＞与＜/head＞之间包括文档的头部信息，例如文档的标题等，若不需要头部信息，则可省略此标签。＜body＞标签一般不省略，表示正文内容的开始。

例如下面是一个简单的超文本文档，使用 HTML 的一些常用标签，例如标题、字体等。

```
<html>
```

```
<head>
<title>一个简单的 HTML 文档</title>
</head>
<body>
    <h1>欢迎光临</h1>
    <br>
    <font size="5" face="华文行楷" color="red">
        这是我的第一个主页,欢迎大家的访问!
    </font>
</body>
</html>
```

该代码的输出结果页面如图 1-19 所示。

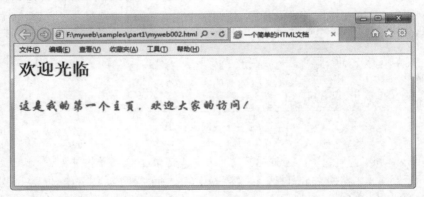

图 1-19　网页效果

视频讲解

1.4.5　关于 HTML5

　　HTML5 是互联网的下一代标准,是构建以及呈现互联网内容的一种语言方式,被认为是互联网的核心技术之一。HTML5 将 Web 带入一个成熟的应用平台,在这个平台上,视频、音频、图像、动画以及与设备的交互都进行了规范。

　　HTML5 是 HyperText Markup Language 5 的缩写,HTML5 技术结合了 HTML4.01的相关标准并革新,符合现代网络的发展要求,在 2008 年正式发布。与传统的技术相比,HTML5 的语法特征更加明显,并且结合了 SVG 的内容。这些内容在网页中使用可以更加便捷地处理多媒体内容,而且 HTML5 中还结合了其他元素,对原有的功能进行调整和修改,进行标准化工作。HTML5 在 2012 年已形成了稳定的版本。

　　新一代网络标准可以使用户能够从包括个人计算机、笔记本式计算机、智能手机或平板式微型计算机在内的任意终端访问相同的程序和基于云端的信息。HTML5 允许程序通过Web 浏览器运行,并且将视频等目前需要插件和其他平台才能使用的多媒体内容也纳入其中,这将使浏览器成为一种通用的平台,用户通过浏览器就能完成任务。此外,用户还可以访问以远程方式存储在"云"中的各种内容,不受位置和设备的限制。由于 HTML5 技术中存在较为先进的本地存储技术,所以其能做到降低应用程序的响应时间,为用户带来更便捷的体验。

1.4.6 了解 XHTML

HTML 的语法要求比较松散,对于网页编写者来说,比较方便,但对于机器来说,语言的语法越松散处理起来越困难,对于传统的计算机来说还有能力兼容松散语法,但对于许多其他设备(例如移动电话、手持设备等)难度就比较大。

例如下面的网页代码不符合 HTML 规则,但它依然可以在计算机的浏览器中工作得很好。

```
<html>
<head>
<title>这是一个不符合规则的 HTML 代码</title>
<body>
    <h1>网站简介
</body>
```

如果将这样糟糕的网页代码放在移动设备(例如手机)的浏览器中运行,那么就会出现问题。为了解决这样的兼容问题,XML 语言应运而生。XML 是一种标记语言,其中所有的东西都要被正确地标记,以产生形式良好的文档。

由于大量的 HTML 网页的存在,立即将 HTML 网页都升级成 XML 网页是不现实的。通过把 HTML 和 XML 各自的长处加以结合,得到了在现在和未来都能派上用场的标记语言——XHTML(eXtensible HyperText Markup Language,可扩展超文本标记语言)。XHTML 可以说是由 HTML 技术向 XML 技术转变的过渡技术。

XHTML 可以被所有支持 XML 的设备读取,同时在所有浏览器升级至支持 XML 之前使网页设计者有能力编写出拥有良好结构的文档,这些文档可以很好地工作于所有的浏览器,并且可以向后兼容。

XHTML 和 HTML 并没有太大的区别,只是在语法上更加严格。下面主要介绍它们的不同之处。

(1)标签名和属性名必须用小写字母。

和 HTML 不一样,XHTML 对大小写是敏感的,<title>和<TITLE>是不同的标签。XHTML 要求所有标签和属性的名字都必须使用小写。例如,<BODY>必须写成<body>、<table WIDTH="100％">必须写成<table width="100％">。

(2)XHTML 标签必须被关闭。

在 HTML 中标签即使没有被关闭也可以在某些浏览器中正确运行,例如有<p>但不一定写对应的</p>来关闭。在 XHTML 中这是不合法的,XHTML 要求有严谨的结构,所有标签必须关闭。如果是单独、不成对的标签,在标签最后加一个"/"来关闭它。例如:

```
<img height="80" alt="网页设计师" src="logo001.gif" width="200"/>
```

(3)XHTML 元素必须被正确地嵌套。

XHTML 要求有严谨的结构,因此所有的嵌套都必须按顺序,以前用 HTML 这样写的代码:

```
<p><b>欢迎大家访问</p></b>
```

必须修改为：

```
<p><b>欢迎大家访问</b></p>
```

也就是说一层一层的嵌套必须是严格对称。

（4）XHTML 文档必须拥有根元素。

所有的 XHTML 元素必须被嵌套于＜html＞根元素中，其余所有的元素均可有子元素。子元素必须成对且被嵌套在其父元素之中。基本的文档结构如下：

```
<html>
<head>…</head>
<body>…</body>
</html>
```

1.5　本章习题

一、选择题

1. 构成网页的基本元素主要有文本、图片、水平线、（　　）、表单、超链接及各种动态元素。

 A. 表格   B. 文件   C. 实物   D. 纸张

2. 静态网页主要是用 HTML 编写而成的，这种网页文档的扩展名为（　　）。

 A. .txt   B. .exe   C. .html   D. .bmp

3. 在浏览网页时网页标题会出现在 IE 浏览器窗口的标题栏中，网页标题是由（　　）标签定义的。

 A. ＜html＞ ＜/html＞   B. ＜head＞ ＜/head＞

 C. ＜body＞ ＜/body＞   D. ＜title＞ ＜/title＞

二、填空题

1. 网站首页是一个网站的门面，是构成网站的最重要的网页。一般情况下，网站首页包括网站标志（Logo）、广告条（Banner）、_____、主体内容和版权信息等内容。

2. 色彩在网站形象中具有重要地位，在设计网站时比较常见的配色方案类型包括暖色调、冷色调和_____。

3. HTML 是英文_____的缩写，中文意思是_____，它是一种用来制作超文本文档的简单标记语言。

1.6　上机练习

练习1　网站规划

自己拟定一个主题进行网站的总体规划，画出网站首页的布局草图并写出大致的规划方案。

练习2　用 HTML 编写网页文档

打开"记事本"程序，用 HTML 编写一个简单的网页文档。

Dreamweaver网页制作基础

Dreamweaver 是一款专业的 HTML 编辑器,用于对 Web 站点、Web 页和 Web 应用程序进行设计、编码和开发。Dreamweaver 中的可视化编辑功能和功能强大的编码环境使不同层次的网页制作者都能拥有更加完美的 Web 创作体验。

本章主要内容:

- Dreamweaver CC 2018 的工作环境
- 建立本地站点
- 在 Dreamweaver 中制作第一个网页

2.1 Dreamweaver CC 2018 的工作环境

与 Dreamweaver 前面的版本相比,Dreamweaver CC 2018 有一个崭新、高效的工作环境,且功能也得到了较大的改进。

2.1.1 Dreamweaver 软件界面

扫一扫

视频讲解

Dreamweaver 简称 DW,是一款可视化网页开发工具,如图 2-1 所示。Dreamweaver 集网页设计、网站开发和站点管理功能于一身,并与最新的网络标准相兼容(同时对 HTML5/CSS3 和 jQuery 等提供支持)。

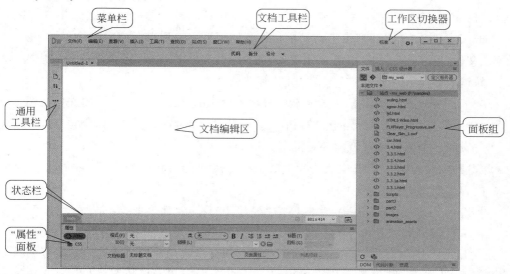

图 2-1　Dreamweaver CC 2018 工作窗口(标准模式)

下面对 Dreamweaver CC 2018 工作窗口中各主要区域的功能分别进行介绍。

（1）工作区切换器：可以切换 Dreamweaver CC 2018 窗口的显示模式。单击工作区切换器可以弹出一个下拉菜单，里面包含若干种工作窗口模式，如图 2-2 所示。用户可以根据需要选择一种合适的工作窗口模式。

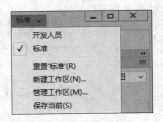

（2）菜单栏：使用 Dreamweaver CC 2018 最基本的渠道，绝大多数功能都可以通过菜单访问。但有时使用菜单不太方便，因此 Dreamweaver CC 2018 提供了工具栏、面板等控件来简化操作。

图 2-2　工作区切换器

（3）文档工具栏：主要用于在文档的不同视图模式进行快速切换，它包含代码、拆分和实时视图 3 个按钮，单击"实时视图"按钮后面的小三角，在弹出的列表中还包括"设计"选项，如图 2-3 所示。

（4）通用工具栏：在 Dreamweaver CC 2018 工作窗口左侧的通用工具栏中，允许用户使用其中的快捷按钮，快速调整与编辑网页代码，如图 2-4 所示。

图 2-3　切换"实时视图"和"设计视图"　　　　图 2-4　"通用"工具栏

- "打开文档"按钮 ：用于在 Dreamweaver 中已打开的多个文件之间相互切换。单击该按钮，在弹出的列表中将显示已打开的网页文档列表。
- "文件管理"按钮 ：用于管理站点中的文件，单击该按钮，在弹出的列表中包含"解除锁定""获取""取出""上传""存回"等选项。
- "实时视图选项"按钮 ：显示不可编辑的、交互式的、基于浏览器的文档视图。
- "显示/隐藏可视媒体查询栏"按钮 ：使用可视媒体查询可在与不同大小的屏幕所对应的各个断点处查看并编辑网页。
- "打开实时视图和检查模式"按钮 ：可以打开视图和检查模式，方便检查网页的内容。
- "自定义工具栏"按钮 ：单击该按钮，打开"自定义工具栏"对话框，用户可以设置在工具栏中增加或减少按钮的显示，如图 2-5 所示。

通用工具栏中的大部分按钮主要用于在代码视图中辅助对网页源代码的文档编辑。在工具栏中单击"代码"按钮，切换到代码视图，这样可以显示更多的按钮，如图 2-6 所示。

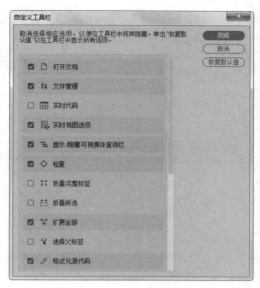

图 2-5 "自定义工具栏"对话框

图 2-6 代码视图下的通用工具栏

（5）文档编辑区：也就是设计区，它是 Dreamweaver 进行可视化编辑网页的主要区域，可以显示当前文档的所有操作效果，例如插入文本、动画、图像等。

（6）"属性"面板：在 Dreamweaver CC 2018 工作窗口的下端是"属性"面板，使用"属性"面板可以很容易地设置页面中元素的最常用属性，从而提高网页制作的效率，如图 2-7 所示。

图 2-7 "属性"面板

专家点拨："属性"面板是一个智能化的控件。当选定的对象不同时，"属性"面板中会出现不同的设置参数，针对此面板的使用在后面的章节中会陆续介绍。

（7）状态栏："属性"面板的上面是状态栏，如图 2-8 所示。其左侧的"标签选择器"用于显示环绕当前选定内容的标签的层次结构。单击该层次结构中的任何标签可以选择该标签及其全部内容。

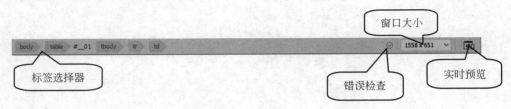

图 2-8　状态栏

状态栏的右侧包含"错误检查""窗口大小"和"实时预览"3 个图标。它们的功能如下。

- "错误检查"图标：显示当前网页中是否存在错误，如果网页中不存在错误，显示 ⊗ 图标，否则显示 ⊘ 图标。
- "窗口大小"图标：用于设置当前网页窗口的预定义尺寸，单击该图标，在弹出的列表中将显示所有预定义尺寸。
- "实时预览"图标：单击该图标，在弹出的列表中用户可以选择在不同的浏览器或移动设备上实时预览网页效果。

（8）面板组：在 Dreamweaver CC 2018 界面的右侧有面板组，每个面板组内部含有若干面板，面板组可以折叠或者展开，处于折叠状态的面板组如图 2-9(a)所示。这时每个面板都显示为一个缩略图，单击缩略图可以展开相应的面板，如图 2-9(b)所示。再次单击缩略图可以折叠面板。

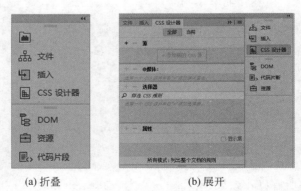

(a) 折叠　　　　　　　　(b) 展开

图 2-9　面板组的折叠和展开

2.1.2　关于"插入"面板

"插入"面板默认在页面的右侧，可以直接拖动到菜单栏下方，如图 2-10 所示。

"插入"面板包括"HTML""表单""模板""Bootstrap 组件""jQuery Mobile""jQuery UI""收藏夹"7 个选项卡，将不同功能的按钮按类别放在不同的选项卡中。

图 2-10　拖放到菜单栏下方的"插入"面板

在 Dreamweaver CC 2018 中"插入"面板可用菜单和选项卡两种样式显示。如果需要菜单样式,可在"插入"面板的选项卡中的任一位置右击,在弹出的快捷菜单中选择"显示为菜单"命令,如图 2-11 所示,更改后的效果如图 2-12 所示。

图 2-11　"显示为菜单"命令

图 2-12　"插入"面板的菜单样式

如果用户需要选项卡样式,可单击 HTML 选项右侧的下三角按钮 ，在下拉菜单中选择"显示为制表符"命令,如图 2-13 所示,这样就又回到了图 2-12 所示的"插入"面板的菜单样式。

图 2-13　"显示为制表符"命令

"插入"面板将一些功能相关的按钮组合成了菜单,当按钮右侧有黑色倒三角符号时,表示其为展开式按钮,如图 2-14 所示。

图 2-14　"插入"面板的展开式按钮

2.1.3　自定义界面

针对不同的用户需要,Dreamweaver CC 2018 提供了多种预定义的界面方案。例如,选择"窗口"|"工作区布局"|"开发人员"命令进入"开发人员"模式,这种界面比较适合习惯编写代码的用户使用,如图 2-15 所示。

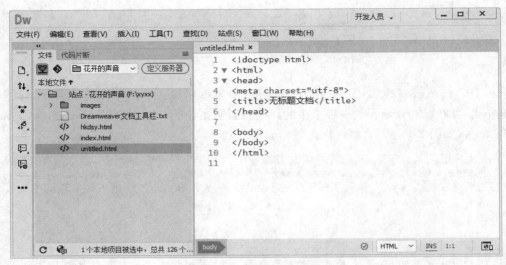

图 2-15　"开发人员"界面方案

专家点拨：如果想返回到默认的标准界面，选择"窗口"|"工作区布局"|"标准"命令即可。

如果用户自己对界面进行了自定义，并且希望自己的界面定义能够保留下来，可以选择"窗口"|"工作区布局"|"新建工作区"命令，在弹出的"新建工作区"对话框中设置"名称"为"我的界面布局"，然后单击"确定"按钮，如图 2-16 所示。

选择"窗口"|"工作区布局"|"管理工作区"命令，弹出"管理工作区"对话框，在这个对话框中可以对自定义的工作区进行管理，例如删除、重命名工作区，如图 2-17 所示。

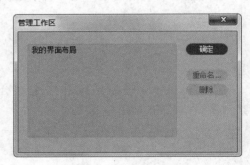

图 2-16　新建工作区　　　　　　　　　　　图 2-17　管理工作区

扫一扫

视频讲解

2.1.4　Dreamweaver 的视图模式

文档工具栏位于新建或者打开的网页文档的上方，如图 2-18 所示。

代码　拆分　实时视图 ▼

图 2-18　文档工具栏

在文档工具栏中单击"代码"按钮 **代码**，可以看到文档编辑区中显示了页面的 HTML 代码,如图 2-19 所示。

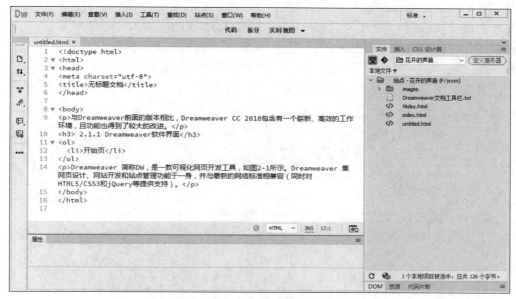

图 2-19　代码视图

专家点拨:在代码视图中可以直接输入网页代码,或者利用 Dreamweaver 提供的代码工具编辑网页代码。

在文档工具栏中单击"拆分"按钮 拆分 可以切换到拆分视图,此时文档编辑区将会分成两个部分,上半部分显示网页在浏览器中的预览效果,下半部分显示代码,如图 2-20 所示。

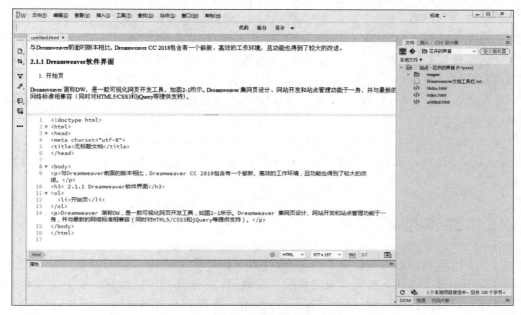

图 2-20　拆分视图

　　专家点拨：在拆分视图中既可以直观地编辑网页中的元素，又可以观察到相关的代码，这样有利于更加灵活地编辑网页。

　　在文档工具栏中单击"实时视图"按钮 **实时视图** 可以切换到实时视图，如图 2-21 所示。实时视图与设计视图的不同之处在于它提供页面在某一浏览器中的不可编辑的、更逼真的呈现外观。"实时视图"按钮不替换"在浏览器中预览"命令，而是在不必离开 Dreamweaver 工作区的情况下提供另一种实时查看页面外观的方式。

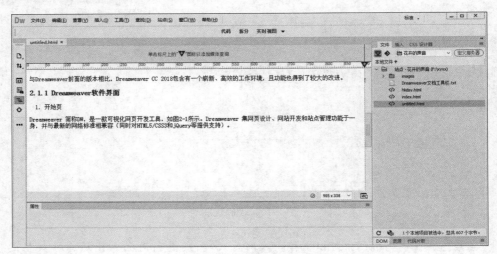

图 2-21　实时视图

　　进入实时视图后设计视图保持冻结的同时代码视图保持可编辑状态，因此可以更改代码，然后刷新实时视图以查看所进行的更改是否生效。在处于实时视图时可以使用其他用于查看实时代码的选项。

　　在通用工具栏中单击"实时代码"按钮 或者选择"查看"|"实时代码"命令，可以切换到实时代码视图，如图 2-22 所示。实时代码视图类似于实时视图，用来显示浏览器为呈现页面而执行的代码版本。与实时视图类似，实时代码视图是非可编辑视图。

　　在文档工具栏中单击"设计"按钮 **设计** 可以切换到设计视图，文档编辑区中将显示网页的预览效果，如图 2-23 所示。

　　专家点拨：在设计视图中以所见即所得的方式编辑网页，制作者只需利用 Dreamweaver 提供的设计工具直接插入和编辑网页中的元素，系统会自动生成 HTML 代码。

2.2　建立本地站点

　　在制作网页之前必须先建立本地站点，这对于创建和维护网站是至关重要的。建立本地站点就是在自己的计算机硬盘上建立一个目录，然后将所有与制作网页相关的文件都存放在里面，以便进行网页的制作和管理。因此，站点可以理解成属于同一个 Web 主题的所有文件的存储地点。

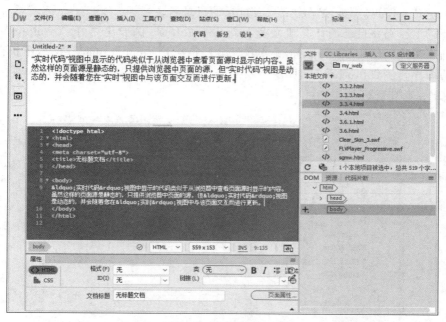

图 2-22　实时代码视图

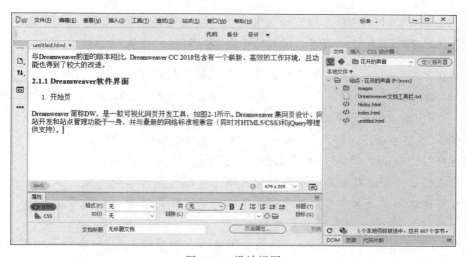

图 2-23　设计视图

2.2.1　创建站点目录

站点目录结构的好坏对浏览者并没有太大的影响,但是对于站点本身的上传和维护、内容的更新和移动就有较大的影响,因此在建立站点目录时应该注意以下几点:

- 不要将所有的文件都存放在根目录下,否则容易混淆,不利于管理和上传。
- 按照文件的类型建立不同的子目录。
- 目录的层次不能太深。

● 目录名要得当,不能使用中文或者过长的目录名。

按照以上原则在自己的计算机硬盘上新建一个目录,例如建立"F:\samples",用于存放所有站点文件。然后在 samples 目录下新建一个名字为 images 的子目录,用于存放站点所需要的图片。接着在 samples 目录下新建一个名字为 part2 的子目录,用于存放制作好的页面文件,如图 2-24 所示。

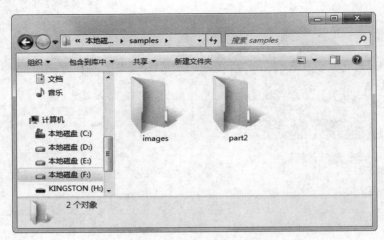

图 2-24　站点目录

2.2.2　在 Dreamweaver 中定义站点

下面在 Dreamweaver CC 2018 中一步步完成站点的定义。

(1) 选择"站点"|"新建站点"命令,弹出"站点设置对象 未命名站点 1"对话框,在"站点名称"文本框中输入站点的名称为 my_web。

(2) 单击"本地站点文件夹"文本框右侧的文件夹图标，在弹出的"选择根文件夹"对话框中选择"F:\samples",然后单击"选择"按钮返回,如图 2-25 所示。

专家点拨:网站的文件夹名称及文件名称可以选用容易理解网页内容的英文名(或拼音),最好不要使用大写或中文。这是由于很多网站服务器使用 UNIX 操作系统,该操作系统对大小写敏感,且不能识别中文文件名。

(3) 在"站点设置对象 my_web"对话框中单击左侧窗格中的"服务器",可以进行远程服务器的设置,如图 2-26 所示。这里先不做任何设置。

(4) 在"站点设置对象 my_web"对话框中单击左侧窗格中的"高级设置"前面的三角按钮展开下级列表,选择"本地信息"选项,如图 2-27 所示。单击"默认图像文件夹"文本框右侧的文件夹图标，在弹出的"选择图像文件夹"对话框中选择"F:\samples\images",然后单击"选择"按钮返回。这样设置以后站点中的网页文件中的图像会自动保存在默认图像文件夹中。

专家点拨:"高级设置"下面的其他选项都保存默认设置,这里不做改变。用户可以选择这些选项,然后在右边查看它们的功能。

(5) 单击"保存"按钮完成站点的定义。在站点定义之后可以看到"文件"面板中列出了

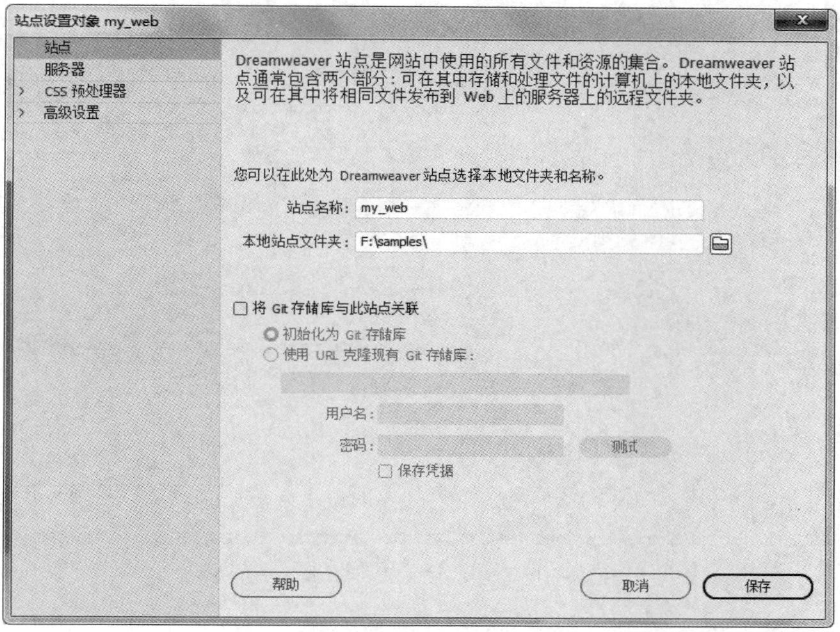

图 2-25　设置站点名称和本地站点文件夹

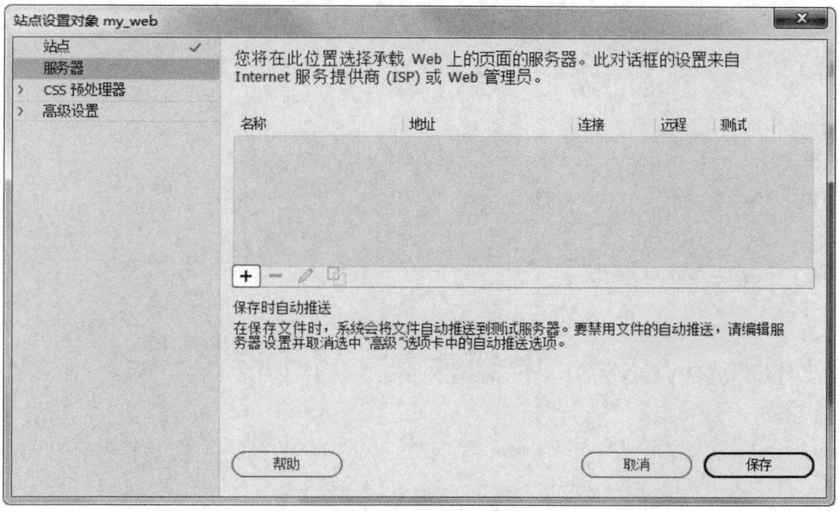

图 2-26　设置服务器

站点中的目录结构,如图 2-28 所示。如果"文件"面板没有显示在窗口中,可以选择"窗口"|"文件"命令将其显示出来。

　　专家点拨:以上操作步骤仅介绍了定义站点向导提供的最基本设置,还有很多设置涉及服务器技术的选用以及利用 Dreamweaver 开发动态网站时开发语言的选择等。因为这部分与本书内容关联不大,所以这里不再赘述。

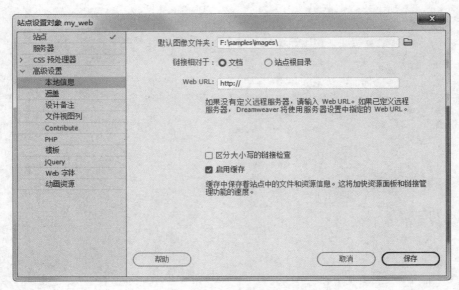

图 2-27　设置本地信息

图 2-28　站点建立后的"文件"面板

2.3　在 Dreamweaver 中制作第一个网页

Dreamweaver 提供了强大的网页制作功能，利用它制作网页十分方便。本节使用 Dreamweaver CC 2018 制作一个简单的网页。

2.3.1　新建 HTML 网页文档

（1）单击"开始"按钮，选择"所有程序"|Adobe Dreamweaver CC 2018 命令启动 Dreamweaver 软件。

（2）选择"文件"|"新建"命令，打开如图 2-29 所示的"新建文档"对话框，在左侧列表中选择"新建文档"选项卡。

（3）在"文件类型"列表中选中 HTML 选项，设置创建一个 HTML 文档。

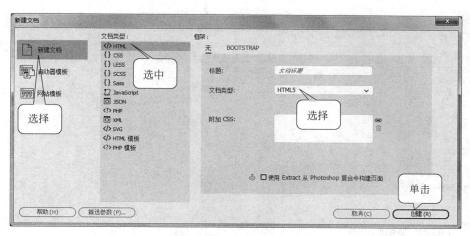

图 2-29　"新建文档"对话框

（4）单击"文档类型"后面的下拉小三角，在弹出的列表中选择 HTML5 选项，设置网页文档的类型。

（5）单击"创建"按钮，即可新建一个空白网页文档。

2.3.2　编辑和保存网页

（1）在文档工具栏中单击"设计"按钮切换到设计视图。在文档编辑区中（即中间大块的白色区域）单击，然后输入"欢迎大家访问我的网站！"字样，如图 2-30 所示。

图 2-30　在文档窗口中编辑网页

（2）选择"文件"|"保存"命令，在弹出的"另存为"对话框中选择要保存的路径（这里保存在"samples\part2"目录下），并将文件名更改为 mypage1.html，如图 2-31 所示。单击"保存"按钮保存文件。

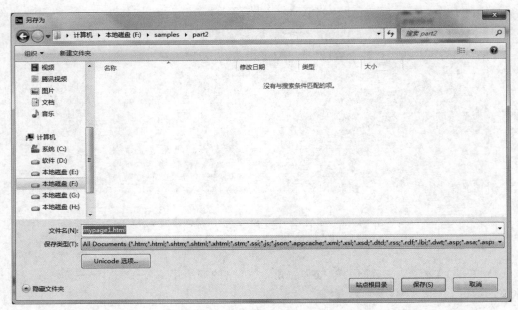

图 2-31 "另存为"对话框

2.3.3 预览网页

保存完网页后单击状态栏上的"实时预览"图标，在弹出的下拉列表中选择 Internet Explorer 命令预览网页，如图 2-32 所示。

图 2-32 预览网页

用户还可以按键盘上的 F12 键，或者选择"文件"|"实时预览"|Internet Explorer 命令预览刚才制作的网页。

　　在制作这个网页时没有输入任何一个代码,其实在直接输入内容到网页文档中时Dreamweaver正在默默地自动生成代码。在文档工具栏上单击"代码"按钮切换到代码视图,可以看到这个网页所有的HTML代码,如图2-33所示。

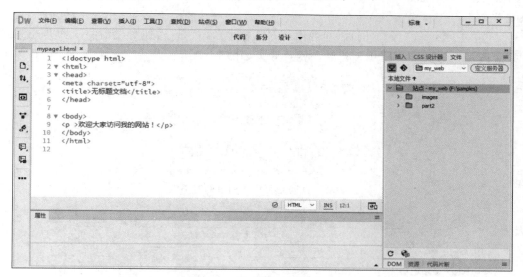

图2-33　网页的HTML代码

2.3.4　继续编辑网页

　　(1)切换到设计视图,先为网页更改一下标题,在"属性"面板中有一个名为"文档标题"的文本框,将里面的文字改为"简单图文网页示例",如图2-34所示。

图2-34　修改网页标题

　　(2)切换到代码视图,可以发现代码发生了改变,<title>和</title>标签中间增加了"简单图文网页示例"字样,如图2-35所示。

```
1    <!doctype html>
2 ▼  <html>
3 ▼  <head>
4    <meta charset="utf-8">
5    <title>简单图文网页示例</title>
6    </head>
7
8 ▼  <body>
9    <p >欢迎大家访问我的网站!</p>
10   </body>
11   </html>
12
```

图2-35　<title>和</title>标签中间的内容发生了改变

（3）在网页中除了文字以外还可以加入其他的元素，例如图像、声音、动画、影视等内容。切换回设计视图，将光标定位在一个新行上，选择"插入"|Image 命令，在弹出的"选择图像源文件"对话框中选择一个图片文件（这里选择"samples\images\汽车 1.jpg"），单击"确定"按钮。

（4）按 F12 键再次预览网页，在弹出的对话框中单击"是"按钮对改动的网页进行保存，如图 2-36 所示。在浏览器中预览到的网页效果如图 2-37 所示。

图 2-36　询问是否保存网页的对话框

图 2-37　网页效果

2.4　本章习题

一、选择题

1. 在 Dreamweaver 中如果要打开"文件"面板，应该选择（　　）中的"文件"命令。

    A．"命令"菜单　　　　　　　　　　　B．"编辑"菜单

    C．"窗口"菜单　　　　　　　　　　　D．"修改"菜单

2. 在建立站点目录时以下说法正确的是(　　　)。

　　A. 目录的层次不能太浅

　　B. 按文件的类型建立不同的子目录

　　C. 目录名尽量用中文

　　D. 可以将所有文件都放在站点根目录下

3. 在 Dreamweaver 中编辑好网页后,如果想在浏览器中预览网页效果,可以按(　　)键。

　　A. F5　　　　　　　　B. F6　　　　　　　　C. F10　　　　　　　　D. F12

二、填空题

1. Dreamweaver 具有 3 种视图模式,分别为 _____、_____ 和 _____。

2. 在 Dreamweaver 中制作网页前必须先定义站点,选择"站点"|"_____"命令可以打开站点定义的向导对话框。

2.5　上机练习

练习1　定义本地站点

在 Dreamweaver 中定义一个本地站点,要求如下:

- 站点名称为 my_web。
- 不使用服务器技术。
- 站点根目录名称为 web_test。
- 站点中的所有图片文件存储在 images 子目录下。
- 站点中的所有声音、动画、视频文件存储在 media 子目录下。

练习2　制作一个简单网页

在 Dreamweaver 中制作一个简单网页,要求如下:

- 在网页中输入一些文字信息。
- 在网页中插入一张图片(路径为 my_web 站点的 images 子目录下)。
- 将网页文件保存在 my_web 站点的根目录下。
- 设置网页标题为"欢迎访问我的第一个网页!"。

第3章 制作网页内容

文字、图像、动画、声音和视频是网页中常见的对象,它们构成了网页的基本内容。Dreamweaver 提供了功能强大的可视化设计工具,用户可以对这些网页对象进行编辑和处理。

本章主要内容:

- 文字和段落在网页中的应用
- 图像在网页中的应用
- 多媒体对象在网页中的应用
- 超链接

3.1 文字和段落在网页中的应用

文字是网页的主体,可以传达各种各样的信息,浏览者主要通过文字了解网页的内容。本节介绍在网页中插入文字、设置文本属性和段落格式的方法。

3.1.1 插入文字

在网页中可以直接输入文字,也可以粘贴剪贴板中的文字。

1. 直接通过键盘输入

(1) 运行 Dreamweaver CC 2018,按 Ctrl＋Shift＋N 组合键,新建一个网页文档。

(2) 在文档窗口中(即中间大块的白色区域)单击,出现光标并且一直在闪动。

(3) 选择合适的输入法在光标处输入文字。输入完一个段落按 Enter 键,然后进行下一段落的输入,如图 3-1 所示。

2. 粘贴剪贴板中的文字

用户可以从其他程序或者窗口中复制或者剪切一些文本内容,然后粘贴在 Dreamweaver 的文档窗口中。

(1) 在 Word 窗口中选中需要的文本内容,按 Ctrl＋C 组合键将所选文本复制到剪贴板上。

(2) 切换到 Dreamweaver 窗口,在文档窗口中单击定位光标,按 Ctrl＋V 组合键将剪贴板上的文本粘贴到当前光标位置。

专家点拨:在粘贴文本到 Dreamweaver CC 2018 的文档窗口中时,该文本不会保持原有的格式,但是会保留原来文本的段落格式。

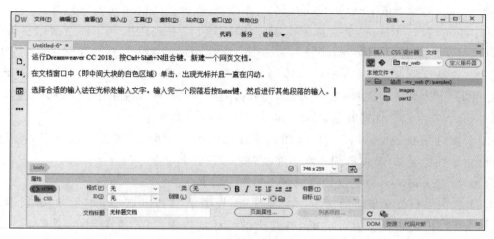

图 3-1　直接输入文字

3.1.2　设置文本格式

在网页中插入文本后可以对这些文本的属性进行相关设置,这样网页将变得更加漂亮。

1. 设置文本格式

Dreamweaver 中的文本格式设置与使用标准的字处理程序类似,可以为文本块设置默认格式(段落、标题 1、标题 2 等),更改所选文本的字体、大小、颜色和对齐方式,或者应用文本样式(例如粗体、斜体和下画线)。

Dreamweaver CC 2018 将两个属性检查器(CSS 属性检查器和 HTML 属性检查器)集成为一个“属性”面板。在使用 CSS 属性检查器时 Dreamweaver 使用层叠样式表(CSS)设置文本格式。CSS 使 Web 设计人员和开发人员能更好地控制网页设计,同时改进功能以提供辅助功能并减小文件的大小。CSS 属性检查器使用户能够访问现有样式,也能创建新样式。

图 3-2　“属性”面板

按 Ctrl+F3 组合键显示“属性”面板,可以通过单击其左上角的 HTML 按钮或者 CSS 按钮进行 CSS 属性检查器和 HTML 属性检查器的切换,如图 3-2 所示。在应用 HTML 格式时 Dreamweaver 会将属性添加到页面正文的 HTML 代码中,在应用 CSS 格式时 Dreamweaver 会将属性写入文档头或单独的样式表中。

专家点拨:使用 CSS 是一种能控制网页样式且不损坏其结构的方式。通过将可视化设计元素(字体、颜色、边距等)与网页的结构逻辑分离,CSS 为 Web 设计人员提供了可视化控制和版式控制,而不牺牲内容的完整性。此外,在单独的代码块中定义版式设计和页面布局,无须对图像地图、font 标签、表格和 GIF 动画、图像重新排序,从而加快了下载速度,简化了站点维护,并能集中控制多个网页页面的设计属性。

2. 设置文本字体

在指定网页文件的文本字体时,用户应使用在所有系统上都安装的基本字体。中文基本字体即 Windows 自带的宋体、黑体、隶书等。

在"属性"面板中单击"字体"后面的下拉小三角,在弹出的堆栈列表中列出了 Cambria、Times、Times New Roman 等字体。应用字体堆栈可以一次性指定 3 种以上的字体。例如,可以对文本应用由宋体、黑体、隶书 3 种中文字体构成的字体堆栈。在网页访问者的计算机中首先确认是否安装了"宋体"字体,如果没有再检查是否有"黑体"字体,如果还没有,就用"隶书"字体来显示页面中的文本,即预先指定可使用的两 3 种字体后,从第一种字体开始逐个确认(第 3 种字体最好指定为 Windows 自带的基本字体)。

第一次打开 Dreamweaver CC 2018 的字体堆栈列表时里面只有几种汉字字体,需要用户自己添加其他字体,具体的编辑字体堆栈列表和设置文本字体的方法如下。

(1) 在 Dreamweaver 的文档编辑区中插入一些文字。

(2) 选中需要改变字体的文本,在"属性"面板中单击 CSS 按钮切换到 CSS 属性检查器。单击"字体"后面的下拉小三角,在弹出的堆栈列表中选择"管理字体"选项,如图 3-3 所示。

图 3-3　选择"管理字体"选项

(3) 弹出"管理字体"对话框,选择"自定义字体堆栈"选项卡,在"可用字体"列表框中选择 Verdana,单击 `<<` 按钮,将其添加到左侧的"选择的字体"框中,然后用同样的方法将宋体加入"选择的字体"框中,这样将得到一个新的字体列表"Verdana,宋体",完成设置后单击"完成"按钮,如图 3-4 所示。

(4) 再次展开"字体"列表,选择刚才新建的字体列表"Verdana,宋体",如图 3-5 所示。这样所选择的字体格式就被设置到所选文本上了。

3. 设置文字大小

输入网页中的文字都是按照默认的大小显示的,用户可以对这些文本的大小进行更改。其具体操作步骤如下。

(1) 选中需要更改文字大小的文本,切换到 CSS 属性检查器,单击"大小"文本框后面的下拉小三角,在弹出的文字大小列表中选择一个类别,如图 3-6 所示。

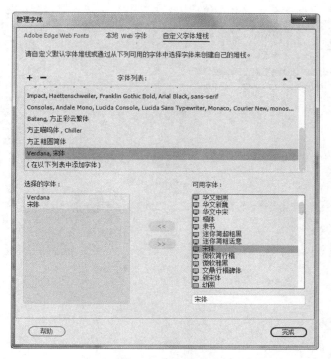

图 3-4 添加字体

图 3-5 选择新字体列表

（2）在"大小"文本框右边还有一个文本框，是设置文字大小的单位的，里面包括 px（像素）、pt（点数）、cm（厘米）等 9 个选项，如图 3-7 所示。用户可以根据需要选择文字大小的单位，在默认情况下通常选择 px（像素）为单位。

（3）如果在文字大小列表中没有需要的大小，将光标定位在"大小"文本框中直接输入文字大小的数字，然后按 Enter 键即可。

4. 设置文本颜色

在默认情况下，输入网页中的文字都是黑色的，用户可以通过文本属性设置文本的颜色。

图 3-6　设置文字大小

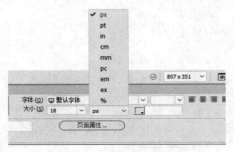

图 3-7　选择文字大小的单位

（1）选中需要更改颜色的文本，在"属性"面板中单击"文本颜色"按钮，弹出如图 3-8 所示的颜色选择器，在其中选择一种需要的颜色即可，也可以直接输入文本颜色的十六进制数值。

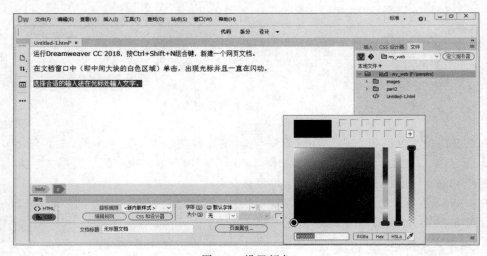

图 3-8　设置颜色

（2）在颜色选择器中还可以选择"吸管"工具 ，然后在屏幕上的任何位置单击进行颜色取样。

3.1.3　设置段落格式

网页中的文章段落分明、有层次感才能让浏览者更好地阅读，也会使页面看起来整洁、美观、大方。下面介绍设置段落格式的方法。

1. 设置文本标题

在一个网站的网页中或者一篇独立的文章中通常都会有一个醒目的标题，告诉浏览者这个网站的名字或该文章的主题。

HTML 的标题标签主要用来快速设置文本标题的格式，典型的形式是＜h1＞＜/h1＞，它用来设置第一层标题，＜h2＞＜/h2＞设置第二层标题，以此类推。

用户可以在设计视图中通过"属性"面板对文本标题进行设置。

（1）在设计视图中将光标定位在要设置标题的段落。

（2）进入"属性"面板，切换到 HTML 属性检查器，然后单击"格式"右侧的下三角按钮，在弹出的列表中就可以选择相应的标题格式，如图 3-9 所示。

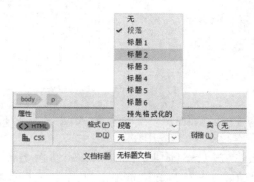

图 3-9　设置标题

（3）如果想取消设置好的标题格式，可以在"属性"面板中单击"格式"右侧的下三角按钮，在弹出的列表中选择"无"。

专家点拨：如果想更改标题文字的外观，比如更改"标题 1"的文字颜色为红色，可以在"属性"面板中单击"页面属性"按钮，打开"页面属性"对话框，选择"标题（CSS）"，然后设置"标题 1"的颜色为红色，如图 3-10 所示。

2. 设置段落对齐

段落的对齐方式有居左对齐、居右对齐、居中对齐和两端对齐。设置段落对齐的具体操作步骤如下：

（1）新建一个 HTML 网页文档，输入一些文本段落，如图 3-11 所示。

（2）切换到代码视图，观察和文本段落相关的代码，如图 3-12 所示。

＜p＞和＜/p＞这对标签是定义文本段落的标签，在＜p＞和＜/p＞之间的文本属于同一个段落。

（3）切换到设计视图，将光标定位到文本"段落居中对齐"的后面。

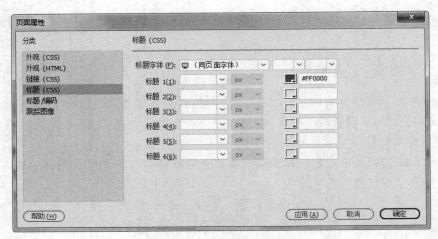

图 3-10　"页面属性"对话框

图 3-11　输入一些文本段落

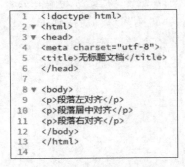

图 3-12　和文本段落相关的代码

（4）进入"属性"面板，单击 CSS 按钮切换到 CSS 属性检查器，然后单击"居中对齐"按钮 ，可以看到设计视图中的文本定位到了页面中间，不论怎样调整窗口大小，这些文字始终保持在中间，如图 3-13 所示。

图 3-13　设置文本居中对齐

专家点拨：在"属性"面板中可以单击"左对齐""右对齐""两端对齐"按钮设置段落的对齐方式，如图 3-14 所示。

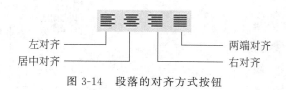

图 3-14 段落的对齐方式按钮

3．分段和换行

（1）在设计视图中输入一些文本，将光标定位到第一个"段落间距"的后面，如图 3-15 所示。

（2）按 Enter 键进行分段，则两个段落之间将会出现较大的间距，如图 3-16 所示。

图 3-15 定位光标

图 3-16 用 Enter 键分段的效果

专家点拨：每次按下 Enter 键换行以后其实就是一个新段落的开始，切换到代码视图可以观察到多了一对<p></p>标签。

（3）将光标定位到第二个"段落间距"的后面，如图 3-17 所示。

（4）按 Shift＋Enter 组合键进行分行，可以看到两行之间的间距很小，如图 3-18 所示。

图 3-17 定位光标

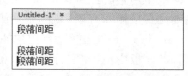

图 3-18 用 Shift＋Enter 组合键分段的效果

专家点拨：切换到代码视图，可以观察到这次操作系统自动生成了一个
标签，这是一个换行标签，它和<p>标签有本质的区别。

4．文本缩进

（1）在设计视图中再输入 3 个文本段落。将光标定位到第二个"文本缩进"的后面，如图 3-19 所示。

（2）进入"属性"面板，单击 HTML 按钮切换到 HTML 属性检查器。

（3）单击"内缩区块"按钮，在设计视图中可以看到文本缩进的效果，如图 3-20 所示。

（4）在设计视图中将光标定位到第 3 个"文本缩进"的后面，如图 3-21 所示。

（5）连续单击两次"内缩区块"按钮，在设计视图中可以看到文本连续缩进后的效果，如图 3-22 所示。

专家点拨：在"属性"面板中可以设置文本的粗体、斜体样式，其他文本样式可以通过选择"工具"｜HTML 下的命令进行设置，例如下画线、删除线样式。

图 3-19　定位光标

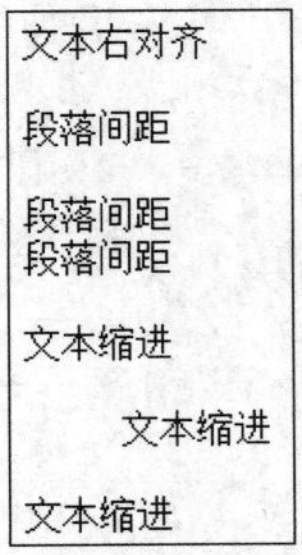

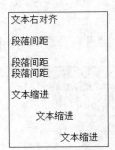

图 3-20　一次文本缩进的效果

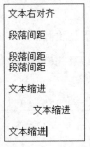

图 3-21　定位光标

图 3-22　两次文本缩进的效果

3.1.4　插入特殊字符

用户在制作网页时经常会应用一些特殊字符,例如版权符号、注册商标符号等,这些特殊符号用键盘直接输入有些困难,需要使用"插入"面板和 HTML 语言单独进行定义。

在 Dreamweaver 中选择"窗口"|"插入"命令,可以打开"插入"面板,如图 3-23 所示。

在"插入"面板中单击"字符"按钮,在弹出的列表中单击相应的字符,即可在网页中插入相应的特殊字符。如果用户在"字符"列表中选择"其他字符"选项,还可以打开"插入其他字符"对话框,在页面中插入其他更多字符,如图 3-24 所示。

图 3-23　"插入"面板

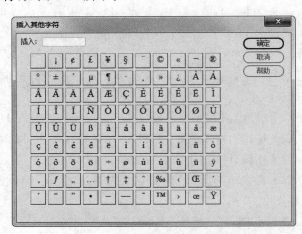

图 3-24　"插入其他字符"对话框

专家点拨：除了可以在"插入其他字符"对话框中插入特殊字符外，用户还可以选择"插入"|HTML|"字符"，在联级菜单中选择需要的特殊字符插入。

（1）在文档编辑区中将光标定位在需要插入特殊字符的位置。

（2）在"插入"面板中选择"字符：其他字符"前的下三角，在弹出的列表中选择"©版权"选项，如图 3-25 所示，即可在网页中插入版权字符。

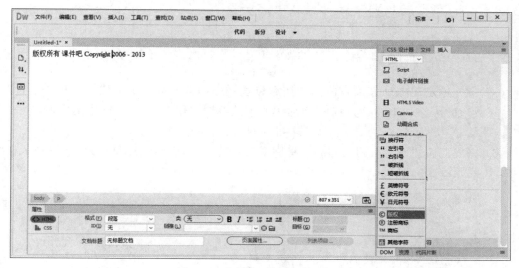

图 3-25 "字符：其他字符"列表

专家点拨：HTML 只允许字符之间有一个空格，若要在文档中添加其他空格，必须插入不换行空格，具体操作方法是在"插入"面板中选择"不换行空格"。

3.1.5 使用段落列表

扫一扫

视频讲解

列表是 HTML 中用于组织多个段落文本的一种方式，列表分成编号列表和项目列表，前一种列表用数字顺序为列表中的项目进行编号，后一种列表在每个列表项目之前使用一个项目符号。

1. 编号列表

（1）新建一个 HTML 网页文档，在页面中输入一些文本段落，然后切换到设计视图，拖动鼠标选择"编号列表"下面的 3 行文本，如图 3-26 所示。

（2）进入"属性"面板，单击"编号列表"按钮 ，这时可以看到设计视图中的列表，如图 3-27 所示。

图 3-26 选择列表项目

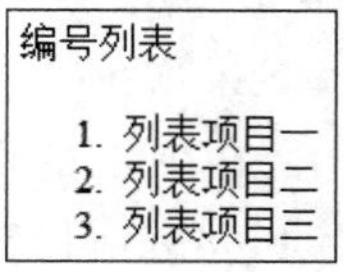

图 3-27 编号列表

（3）如果需要在列表中添加新项目，将光标定位到最后一个列表项目的后面，如图 3-28 所示。

（4）按 Enter 键，列表中将会多出新的一行，并且自动编号，如图 3-29 所示。

图 3-28　定位光标准备插入新的列表项目　　　图 3-29　新增加的列表项目

（5）将光标定位在列表项目内部的任意位置，然后右击，从弹出的快捷菜单中选择"列表"|"属性"命令，在弹出的"列表属性"对话框中选择"样式"下拉列表框中的"大写罗马字母"选项，设置"开始计数"为 2，然后单击"确定"按钮，如图 3-30 所示。

（6）完成上面的设置后列表的编号将用罗马字符表示，起始编号项目为 Ⅱ（罗马字符中的 2），效果如图 3-31 所示。

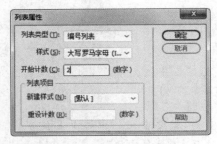

图 3-30　设置编号列表的属性　　　图 3-31　修改属性后的编号列表效果

专家点拨：编号列表又称为有序列表，使用＜ol＞＜/ol＞标签创建编号列表。其具体使用方法如下：

```
<ol>
  <li>列表项目一</li>
  <li>列表项目二</li>
  <li>列表项目三</li>
  <li>列表项目四</li>
</ol>
```

2. 项目列表

（1）在设计视图中选择"项目列表"下面的 3 行文字，如图 3-32 所示。

（2）在"属性"面板中单击"项目列表"按钮 ，默认的列表项目标记为圆形黑点，效果如图 3-33 所示。

（3）在列表中右击，在弹出的快捷菜单中选择"列表"|"属性"命令，然后在弹出的"列表属性"对话框中设置"样式"为"正方形"，单击"确定"按钮，如图 3-34 所示。

（4）在设计视图中可以看到项目列表前面的项目标记变成

图 3-32　选择列表中的项目

黑色的正方形,如图 3-35 所示。

图 3-33 项目列表的效果

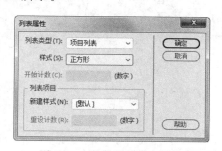
图 3-34 设置项目列表属性

图 3-35 项目列表属性修改后的效果

专家点拨:使用<ul></ul>标签创建项目列表。其具体使用方法如下:

```
<ul>
  <li>列表项目一</li>
  <li>列表项目二</li>
  <li>列表项目三</li>
</ul>
```

3.2 图像在网页中的应用

图像是网页中最常用的元素,要想制作出漂亮的网页是离不开图像这个元素的。网页中的图像一般都是应用 Photoshop、Fireworks 这样的专业图像处理软件进行编辑,然后将这些图像插入 Dreamweaver 中对网页进行修饰和美化。

3.2.1 插入图像

下面结合实例介绍在网页中插入图像和设置网页背景图像的方法。

1. 插入图像的方法

(1)新建一个 HTML 网页文档并将其保存,在设计视图中将光标定位在准备插入图像的位置。

(2)切换到"插入"面板中的 HTML 选项卡,单击 Image 按钮█,如图 3-36 所示。

专家点拨:用户还可以选择菜单栏中的"插入"| Image 命令进行插入图像的操作,另外,还可以按 Ctrl+Alt+I 组合键完成图像的插入。

图 3-36 插入图像

(3)在弹出的"选择图像源文件"对话框中选择 images 文件夹中的"汽车 1.jpg"文件,如图 3-37 所示,单击"确定"按钮。

(4)保存文件,然后按 F12 键进行预览,如图 3-38 所示。

(5)网页中的图像是用<img>标签定义的,可以切换到代码视图查看相关的代码:

```
<img src="images/汽车 1.jpg" width="800" height="496" alt=""/>
```

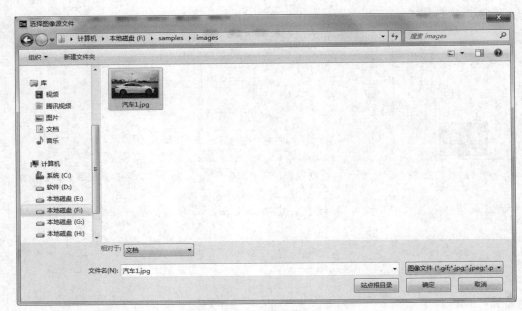

图 3-37 选择图像源文件

图 3-38 网页预览效果

2. 设置网页背景图像

背景图像是网页中另外一种图像的显示方式，在网页中设置背景图像既不影响文本的输入也不影响插入图像时图像的显示。

设置网页背景图像的具体步骤如下：

（1）在"属性"面板中单击"页面属性"按钮，如图 3-39 所示。

图 3-39 "属性"面板

（2）在打开的"页面属性"对话框的"分类"列表框中选择"外观（CSS）"选项，然后单击对话框右侧"外观（CSS）"选项区中的"浏览"按钮，如图 3-40 所示。

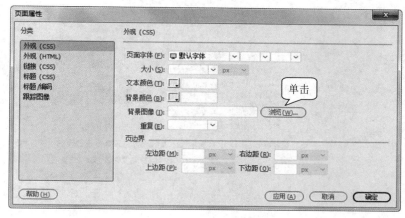

图 3-40 "页面属性"对话框

（3）在打开的"选择图像源文件"对话框中选择一个图像文件，单击"确定"按钮，如图 3-41 所示。

图 3-41 "选择图像源文件"对话框

（4）返回"页面属性"对话框，依次单击"应用"和"确定"按钮，即可为网页设置背景图像，如图 3-42 所示。

图 3-42　网页背景图像效果

专家点拨：在"页面属性"对话框的"外观（CSS）"选项区中，用户可以选择"重复"下拉列表中的选项设置背景图像在网页中的重复显示参数，包括 repeat、repeat-x、repeat-y 和 no-repeat，这 4 个选项分别表示重复显示、横向重复、纵向重复和不重复显示，默认的是重复显示。

3.2.2　设置图像属性

在网页中插入图像以后可以使用"属性"面板设置图像的属性，如图 3-43 所示。下面对"属性"面板中的各个选项进行说明。

图 3-43　图像的"属性"面板

- ID 文本框：在图像缩略图旁边的 ID 文本框中输入一个名称，以便在编写脚本语言（例如 JavaScript 或 VBScript）时可以引用该图像。
- Src 文本框：指定图像的源文件。单击文件夹图标可以浏览找到图像的源文件，也可以直接输入图像源文件所在的路径。
- "无"选项：将用户定义的类形式应用在网页图像中。
- "宽"和"高"文本框：以像素为单位指定图像的宽度和高度。在页面中插入图像时

Dreamweaver 会自动用图像的原始尺寸更新这些文本框。在"宽"和"高"文本框中分别输入数值可以对图像的大小做一个具体调整。若要恢复原始值,可单击"宽"和"高"文本框右侧的"恢复为原始大小"按钮 ⊘。

- "替换"文本框:在该文本框中直接输入文本内容即可。"替换"文本框用于指定在只显示文本的浏览器或已设置为手动下载图像的浏览器中代替图像显示的替换文本。在某些浏览器中,当鼠标指针滑过图像时也会显示该文本。

- "链接"文本框:指定图像的超链接。方法为将"指向文件"图标拖到"站点"面板中的某个文件,单击文件夹图标浏览到站点上的某个文档,也可以直接手动输入 URL。

- "编辑"按钮 ⊡:启动在"外部编辑器"首选参数中指定的图像编辑器并打开选定的图像。

- "编辑图像设置"按钮 ⚙:选择页面中的图像后单击这个按钮打开"图像优化"对话框,在其中可以选择一个预设,指定文件格式,然后指定品质级别,在移动品质级别的滑块时,可以在对话框中看到图像的大小,完成后单击"确定"按钮。

- "从源文件更新"按钮 ⚙:当 Photoshop 中的图像源文件发生变动时此按钮变为可用,在 Dreamweaver 中可以通过使用"从源文件更新"按钮来设置同步更新图像。

- "裁剪"按钮 ⌗:修剪图像的大小,从所选图像中删除不需要的区域。

- "重新取样"按钮 ⬚:当改变了图像尺寸时此按钮有效,可以重新取样已调整尺寸的图像,提高图像在新的大小和形状下的品质。

- "亮度和对比度"按钮 ◑:调整图像的亮度和对比度设置。

- "锐化"按钮 ▲:调整图像的清晰度。

- "地图"文本框和热点工具:允许用户标注以及创建客户端图像地图和热区。

- "目标"下拉列表:指定链接的页面应当载入的框架或窗口。当图像没有链接到其他文件时此选项不可用。当前框架集中所有框架的名称都显示在"目标"下拉列表中。

- "原始"文本框:当网页中的图像太大时会需要很长的时间读取图像。在这种情况下,用户可以在"原始"文本框中临时指定网页暂时先显示一个较低分辨率的图像文件。

3.2.3 使用外部图像编辑器

Dreamweaver 允许用户使用外部图像编辑器对页面上的图像进行编辑,在编辑页面中的图像时先选中图像,然后单击"属性"面板中的"编辑"按钮 ⊡ 就可以启动外部的图像编辑软件对图像进行编辑。

在 Dreamweaver 的"首选项"对话框中使用"文件类型/编辑器"首选参数选择用于启动和编辑图形文件的图像编辑器,可以设置编辑器打开哪些文件类型,并且可以选择多个图像编辑器。

(1)选择"编辑"|"首选项"命令,打开"首选项"对话框,从左侧的"分类"列表中选择"文件类型/编辑器"选项,如图 3-44 所示。

(2)在"扩展名"列表中选择要为其设置外部编辑器的文件扩展名。单击"编辑器"列表上方的加号(+)按钮,在"选择外部编辑器"对话框中浏览到要作为此文件类型的编辑器启动的应用程序,如图 3-45 所示。

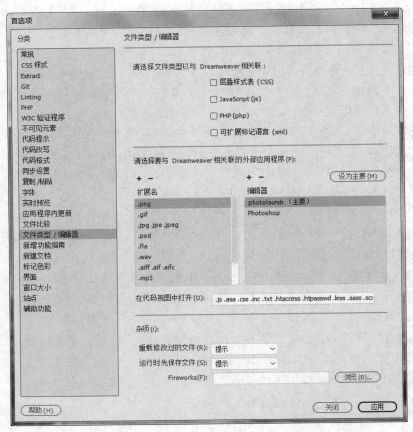

图 3-44 选择"首选项"对话框中的"文件类型/编辑器"选项

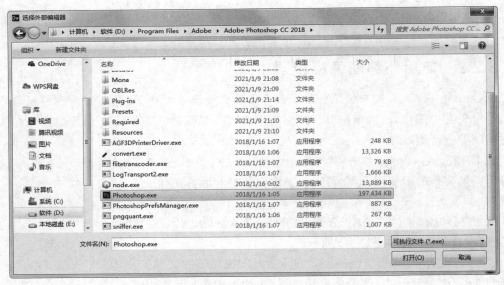

图 3-45 "选择外部编辑器"对话框

（3）在"首选项"对话框中，如果希望该编辑器成为此文件类型的主编辑器，可以单击"设为主要"按钮。

3.3　多媒体对象在网页中的应用

随着多媒体技术的发展，Internet 的功能也得到较大的提高，音乐、动画、视频等媒体的应用越来越广泛，音乐网站、电影网站、播客等融合多媒体技术的网站也越来越多。

3.3.1　在网页中应用 Animate 动画

在制作网页时让 Dreamweaver 与动感、鲜活的 Animate 动画相结合有助于制作出更具动感的网页，网页的表现效果也因此更受用户的青睐。

1. 插入 SWF

在 Dreamweaver 中插入 Animate 动画的方法如下：

（1）新建一个网页文档，并保存为 3.3.1.html。

（2）将光标定位在需要插入 Animate 动画的位置，在"插入"面板的 HTML 选项卡中单击 Flash SWF 按钮 ，如图 3-46 所示。

（3）弹出"选择 SWF"对话框，在其中选择 images 文件夹下的"网络广告.swf"影片文件，并单击"确定"按钮，如图 3-47 所示。

图 3-46　单击 Flash SWF 按钮

（4）这时页面中出现一个 SWF 文件占位符。SWF 文件占位符有一个选项卡式蓝色外框，此选项卡指示资源的类型（SWF 文件）和 SWF 文件的 ID。此选项卡还显示一个眼睛图标，此图标可用于在 SWF 文件和用户在没有正确的 Flash Player 版本时看到的下载信息之间切换。

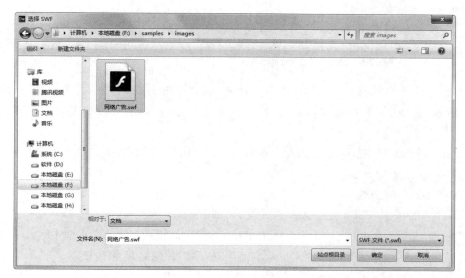

图 3-47　"选择 SWF"对话框

（5）保存文档，按 F12 键，这样就可以在浏览器中播放 Animate 影片，如图 3-48 所示。

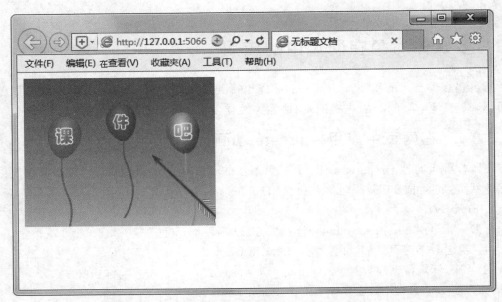

图 3-48　浏览器中的 Animate 动画效果

　　专家点拨：有时候无法在浏览器中显示 Animate 影片，这是因为没有安装 Animate 影片的播放插件。用户可以自己安装插件。但是，当使用的浏览器版本较低或者安装的插件有问题时无法收看 Animate 影片，此时用户需要在 Adobe 公司的主页下载 Flash Player 并安装。

2. 使 SWF 背景透明

　　在页面中插入 SWF 时经常会出现网页的背景色和 SWF 的背景色不一致的情况，这样就影响了页面的显示效果，用户可以在 Dreamweaver 中通过将 SWF 设置成透明背景来解决这个问题。

　　（1）在文档编辑区中插入一个 1 行 1 列的表格，设置这个表格的宽度为 650 像素、边框粗细为 0 像素。在"属性"面板中设置"水平"为居中对齐、"垂直"为居中，设置背景颜色为蓝色。

　　（2）在这个表格中插入一个 SWF 文件（images\trans.swf），然后保存文档并预览，如图 3-49 所示，发现 SWF 的背景色为白色，而表格的背景色为蓝色，没有融合在一起，效果很不好。

　　（3）在 Wmode 下拉列表中选择"透明"选项。然后再次保存文档并预览，可以看到 SWF 的背景变成透明，效果很好，如图 3-50 所示。

3. 设置 SWF 的属性

　　在"属性"面板中可以指定 SWF 的属性，如图 3-51 所示。

- ID 文本框：为 SWF 文件指定唯一的 ID，在"属性"面板最左侧的文本框中输入 ID 即可。
- "宽"和"高"文本框：以像素为单位指定 SWF 影片的宽度和高度。
- "文件"文本框：指定 SWF 文件的路径。单击文件夹图标以浏览到某一文件，或者直接输入路径。

图 3-49 没有将 SWF 设置成透明色

图 3-50 将 SWF 设置成透明色

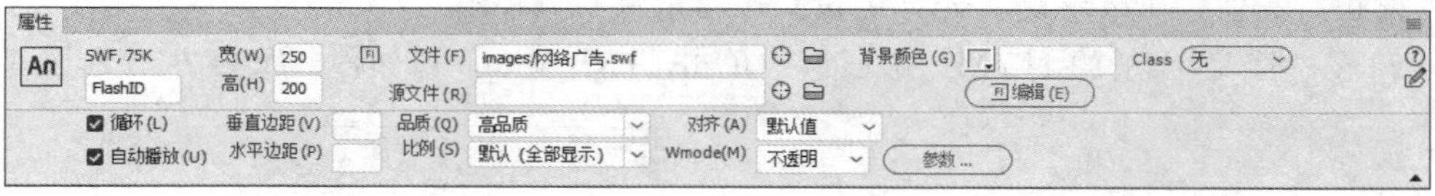

图 3-51 "属性"面板

- "源文件"文本框:指定源文件(FLA 文件)的路径。
- "背景颜色"文本框:指定影片区域的背景颜色。在不播放影片时(在加载时和在播放后)也显示此颜色。
- Class 下拉列表:用于为当前的 Animate 动画指定预定的类。
- "编辑"按钮 回编辑(E):启动 Flash 以更新 FLA 文件(使用 Animate 软件创建的文件)。如果计算机上没有安装 Animate CC,则会禁用此按钮。
- "循环"复选框:使 SWF 影片连续播放。如果没有选中此复选框,则影片将播放一次,然后停止。
- "自动播放"复选框:选中此复选框,则在加载页面时自动播放影片。

- "垂直边距"和"水平边距"文本框：指定影片上、下、左、右空白的像素数。
- "品质"下拉列表：在影片播放期间控制其抗失真。高品质设置可改善影片的外观，但高品质设置的影片需要较快的处理器才能在屏幕上正确呈现。低品质设置会首先照顾到显示速度，然后才考虑外观，而高品质设置首先照顾到外观，然后才考虑显示速度。自动低品质会首先照顾到显示速度，但会在可能的情况下改善外观。自动高品质开始时会同时照顾显示速度和外观，但以后可能会根据需要牺牲外观以确保速度。
- "比例"下拉列表：确定影片如何适合在"宽"和"高"文本框中设置的尺寸。默认设置为显示整个影片。
- "对齐"下拉列表：确定影片在页面上的对齐方式。
- Wmode 下拉列表：为 SWF 文件设置 Wmode 参数以避免与 DHTML 元素（例如 Spry Widget）相冲突。其默认值是不透明，这样在浏览器中 DHTML 元素就可以显示在 SWF 文件的上面。如果 SWF 文件包括透明度，并且希望 DHTML 元素显示在它们的后面，请选择"透明"选项。选择"窗口"选项可以从代码中删除 Wmode 参数并允许 SWF 文件显示在其他 DHTML 元素的上面。
- "参数"按钮（ 参数 ... ）：单击这个按钮打开一个对话框，可在其中输入传递给影片的附加参数，但影片必须已设计好可以接收这些附加参数。

3.3.2　在网页中应用 FLV 视频

FLV（Flash Video 的简称）视频并不是 Animate 动画。在网页中可以轻松添加 FLV 视频，而无须使用 Animate 创作工具，但在操作之前必须有一个经过编码的 FLV 文件。使用 Dreamweaver 插入一个显示 FLV 文件的 SWF 组件，当在浏览器中查看时，此组件显示所选的 FLV 文件以及一组播放控件。

1. 插入 FLV 文件

（1）新建一个 HTML 网页文档，将其保存为 3.3.2.html。在页面中输入文字"播放 FLV 视频"，然后按 Enter 键将光标定位到段落的起点，如图 3-52 所示。

（2）在"插入"面板的 HTML 选项卡中单击 Flash Video 按钮，如图 3-53 所示。

图 3-52　定位光标

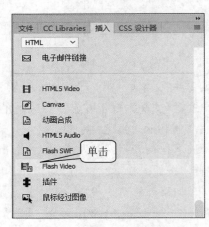

图 3-53　单击 Flash Video 按钮

专家点拨：.flv 是 Flash 视频格式文件的扩展名，要想获得 FLV 文件，可以使用 Riva FLV Encoder 将其他格式的视频（例如 MPEG、AVI）格式转换成 FLV 文件。

（3）弹出"插入 FLV"对话框，在"视频类型"下拉列表框中选择"累进式下载视频"选项，然后单击 URL 文本框右侧的"浏览"按钮，选择 part3 中的 video.flv 文件，在"外观"下拉列表框中选择一种控制栏外观，例如 Clear Skin 3（在列表下方有控制栏的外观预览），如图 3-54 所示。

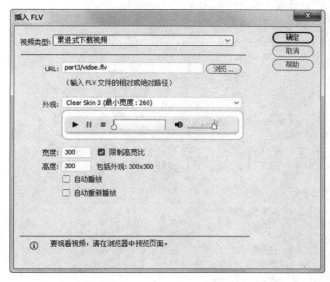

图 3-54 "插入 FLV"对话框

专家点拨：在"插入 FLV"对话框中视频类型有两种，一种是"累进式下载视频"，另外一种是"流视频"。前者可以用于普通的 Web 服务器，若要使用后一种类型必须有专门的流媒体服务器。

2. 设置 FLV 文件的播放

（1）在"插入 FLV"对话框中显示了 FLV 视频的"宽度"和"高度"，用户可以根据需要进行更改。

（2）选中"自动播放"和"自动重新播放"复选框，如图 3-55 所示。"自动播放"指定在网页打开时是否播放视频，"自动重新播放"指定播放控件在视频播放完之后是否返回起始位置。

（3）FLV 视频完成插入后在设计视图中会显示为灰色占位标志，在用户浏览网页的时候 FLV 视频将在这个区域中播放，如图 3-56 所示。

（4）预览网页，效果如图 3-57 所示。在浏览器窗口中播放刚才插入的 FLV 视频，这个视频的下端会有一个视频播放控制条，单击上面的按钮可以控制视频的播放。

在网页中完成插入 FLV 视频的操作以后，在当前网页文档所在的文件夹下会自动产生两个文件，即 Clear_Skin_3.swf 和 FLVPlayer_Progressive.swf。另外，系统还会自动产生两个文件，即 swfobject_modified.js 和 expressInstall.swf，这两个文件保存在站点根目录的 Scripts 文件夹下。要想网页文件正常播放 FLV 视频，必须保证这 4 个文件都存在，缺一

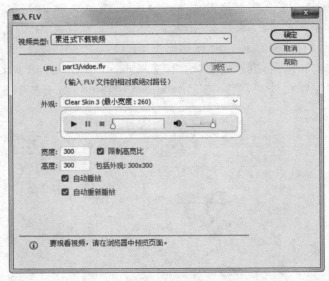

图 3-55　设置视频自动播放选项

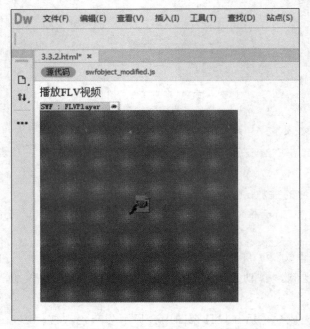

图 3-56　插入 FLV 视频后的页面效果

不可。

　　专家点拨：在本地预览包含 FLV 的视频时可能会遇到不能正常显示 FLV 视频的情况，大部分是因为用户在 Dreamweaver 站点定义中未定义本地测试服务器并且使用该测试服务器来预览视频。解决方法是定义测试服务器（安装 IIS）并使用该测试服务器来预览视频，或者将文件上传到远程服务器并设置远程显示。

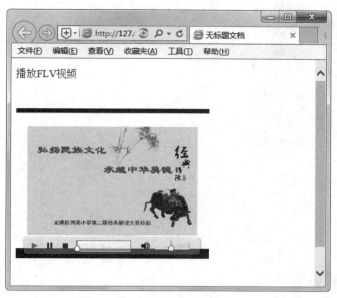

图 3-57 预览网页效果

3.3.3 在网页中应用声音

扫一扫

视频讲解

目前 Internet 上有很多站点都在主页中采用了多媒体技术,表现出类似电影的效果,这种效果在一些音乐网站和电影网站的主页设计中最为常见。在 Dreamweaver 中主要通过在网页中插入媒体插件进行声音和视频的应用。

制作网页背景音乐主要有两个步骤,一是插入音乐文件,二是隐藏音乐的播放条,而在 Dreamweaver 中插入媒体文件是通过插入插件的方法来实现的。

1. 插入音乐

(1) 新建一个 HTML 网页文档,将其保存为 3.3.3.html,并在这个页面中插入文字和图片,然后将光标定位在最后一行,如图 3-58 所示。

(2) 选择"插入"| HTML |"插件"命令,如图 3-59 所示。

(3) 从弹出的"选择文件"对话框中选择 images 下的 music.mp3 文件,然后单击"确定"按钮,如图 3-60 所示。

专家点拨:可以用作网页文档的背景音乐的声音文件格式有 MID、WAV、AIF、MP3 等,但是使用 MP3 格式时文件容量较大,并且要在本地计算机上安装另外的专用播放器,考虑到计算机配置较低的用户,设计者最好选择负荷相对少的 MID 声音格式。

(4) 声音文件完成插入后在设计视图中会显示为一个灰色的插件标志,在用户浏览网页的时候将在这个区域显示一个声音播放控制条,如图 3-61 所示。

图 3-58 定位光标

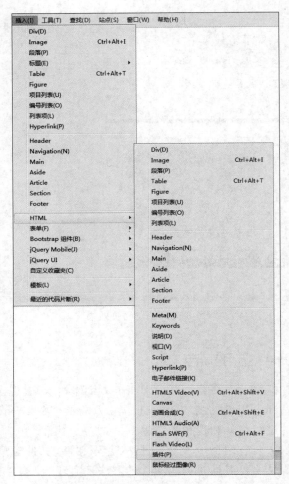

图 3-59   插入插件

图 3-60   选择声音文件

（5）选择插件标志，在"属性"面板中将它的"宽"和"高"分别设置为 400 和 50 像素，如图 3-62 所示，这样可以使网页中显示的音乐播放控制条更清楚。

图 3-61　插入声音后的网页效果

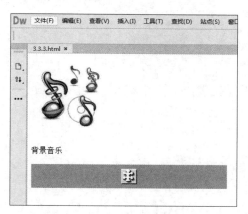

图 3-62　改变插件标志的尺寸

（6）保存文档，按 F12 键预览，在页面加载后用户将会听到音乐，音乐只播放一遍，并且页面上会有一个播放条，如图 3-63 所示。

图 3-63　播放音乐的页面

2．设置参数

（1）回到 Dreamweaver 的界面中，进入设计视图，选择音频文件的插件图标。

（2）进入"属性"面板，单击"参数"按钮，在弹出的"参数"对话框中单击"添加"按钮 ＋，设置参数为 LOOP、值为 TRUE，如图 3-64 所示。这样设置是为了让音乐不断循环，形成背景音乐。

（3）再次单击"参数"对话框中的"添加"按钮 ＋ 添加一个新的参数 HIDDEN，设置其值为 TRUE，如图 3-65 所示。设置这个参数的作用是隐藏音频播放条，让它不显示在页面上。

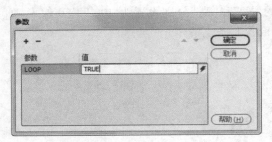

图 3-64　添加 LOOP 参数

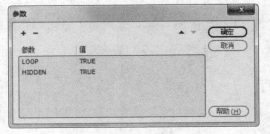

图 3-65　添加 HIDDEN 参数

（4）保存文档，按 F12 键预览，可以发现背景音乐不断重复，并且页面上没有了播放条，如图 3-66 所示。

图 3-66　具有背景音乐的页面

专家点拨：在网页中插入 FLV 视频的方法和插入声音的方法类似，这里不再赘述。

3.3.4　在网页中插入 HTML5 音/视频

Dreamweaver CC 2018 允许用户在网页中插入以及预览 HTML5 音频和视频。HTML5 音频和视频元素提供了一种将音频和视频嵌入网页的标准方式。下面通过实例介绍在网页中插入 HTML5 Audio 和 HTML5 Video 的方法。

1. 插入 HTML5 Audio

（1）新建一个 HTML 网页文档，将其保存为 3.3.4.html。

（2）在设计视图中将光标定位在合适位置，选择"插入"|HTML|HTML5 Audio 命令，如图 3-67 所示，在页面中插入一个如图 3-68 所示的 HTML5 音频。

（3）选中 HTML5 音频标志，在"属性"面板中单击"源"文本框后面的"浏览"按钮 。

（4）在"选择音频"对话框中选择 images 下的 bgmusic.ogg 文件，然后单击"确定"按钮，如图 3-69 所示。

（5）在"属性"面板中选中 Controls 复选框，设置显示音频控件（例如播放、暂停和静音等）；选中 Autoplay 复选框，设置音频在网页打开时自动播放。

（6）保存文档，按 F12 键预览网页，即可通过 HTML5 音频播放控制栏控制音频的播放，效果如图 3-70 所示。

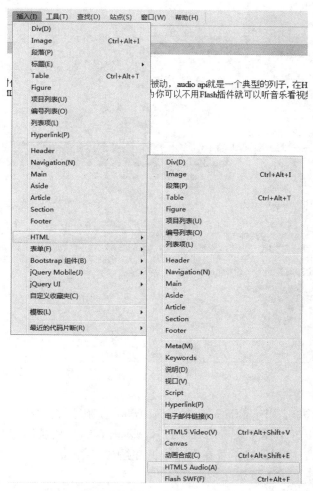

图 3-67 插入 HTML5 音频

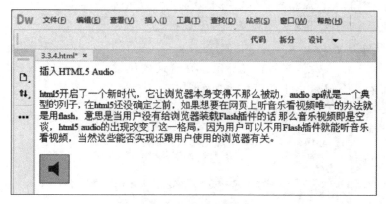

图 3-68 插入 HTML5 音频后的页面

在 HTML5 音频的"属性"面板中，比较常用的选项的功能如下。

● ID 文本框：用于设置音频的标题。

图 3-69　设置音频源文件

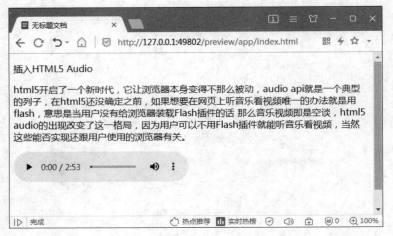

图 3-70　设置音频源文件

- Controls 复选框：用于设置是否在页面中显示音频播放控件。
- Autoplay 复选框：用于设置是否在打开网页时自动加载播放音频。
- Loop 复选框：用于设置是否在页面中循环播放音频。
- Muted 复选框：用于设置是否静音。
- "源"文本框：用于设置 HTML5 音频文件的位置。
- "Alt 源 1"和"Alt 源 2"文本框：用于设置当"源"文本框中设置的音频格式不被当前浏览器支持时，打开第 2 种和第 3 种音频格式。

2. 插入 HTML5 Video

（1）在页面中插入文字，然后将光标定位在合适的位置，选择"插入"｜HTML｜HTML5 Video 命令，插入一个视频文件，如图 3-71 所示。

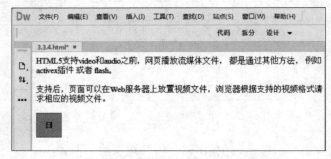

图 3-71　在网页中插入 HTML5 视频

（2）选中 HTML5 视频标志，在"属性"面板中单击"源"文本框后面的"浏览"按钮 。

（3）在"选择视频"对话框中选择 images 下的 digest.mp4 文件，然后单击"确定"按钮。

（4）在"属性"面板的 W 文本框中设置视频在页面中的宽度，在 H 文本框中设置视频在页面中的高度，其他属性参考 HTML5 Audio 的设置方法进行设置。

（5）按 F12 键，在弹出的提示对话框中单击"是"按钮，保存网页，并在浏览器中浏览网页，页面中的 HTML5 视频效果如图 3-72 所示。

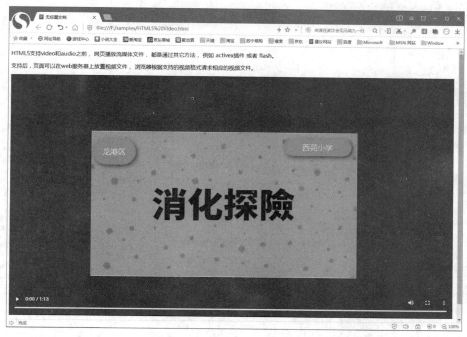

图 3-72　播放网页中的 HTML5 视频

3.3.5　插入 Animate 作品

Animate 是 Adobe 公司出品的制作 HTML5 动画的可视化工具，可以简单地理解为 HTML5 版本的 Flash Professional。使用该软件可以在网页中轻而易举地插入视频，而不需要编写烦琐、复杂的代码。

在网页中插入动画合成作品的具体操作步骤如下。

（1）新建一个 HTML 网页文档，将其保存为 3.3.5.html，在设计视图中将光标定位在合适的位置。

（2）通过以下几种方法启用"动画合成"命令。

① 在"插入"面板的 HTML 选项卡中单击"动画合成"按钮 。

② 选择"插入"|HTML|"动画合成"命令。

③ 按 Ctrl＋Alt＋Shift＋E 组合键。

（3）弹出"选择动画合成"对话框，选择一个动画合成文件，如图 3-73 所示，单击"确定"按钮，在文档窗口中插入动画合成作品。

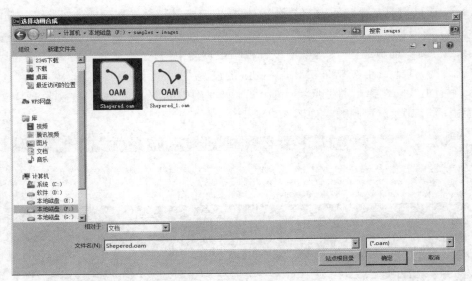

图 3-73　"选择动画合成"对话框

（4）保存文档，切换到实时视图可以直接预览效果，如图 3-74 所示。

图 3-74　具有动画合成文件的页面

专家点拨：使用"动画合成"按钮只能插入扩展名为".oam"的文件，该格式的文件是由 Animate 软件发布的 Animate 作品包。

3.4 超链接

网络之所以引人注目,除了因为其具有丰富多彩的内容之外,更重要的是它具有网络相连的特性。这些网络相连的特性是通过超链接来完成的,在页面中加入超链接后只要在超链接上单击就能够链接到所要查看的网页。

3.4.1 创建超链接的方法

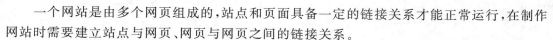

一个网站是由多个网页组成的,站点和页面具备一定的链接关系才能正常运行,在制作网站时需要建立站点与网页、网页与网页之间的链接关系。

所谓超链接是指从一个网页指向一个目标的链接关系,这个目标可以是另一个网页(同一个网站内部的网页或者其他网站的网页),也可以是同一个网页的不同位置,还可以是一个电子邮件地址、一个文件等。

在网页中最常见的就是在文字或者图片上建立超链接,下面通过一个实例介绍给文字和图片创建超链接的方法。

1. 给文字创建超链接

(1)事先制作好 3 个 HTML 文档,把它们存放在站点的同一个文件夹下,"文件"面板中的文件结构如图 3-75 所示。

(2)用 Dreamweaver 打开 3.4.html,在这个页面中有 3 行文字,如图 3-76 所示。下面要给其中的两行文字分别加上超链接,单击添加了超链接的文字后能够打开相应的网页。

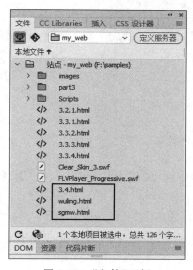

图 3-75 "文件"面板

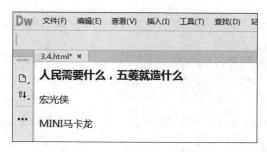

图 3-76 网页 3.4.html 的效果

(3)选中文字"宏光侠",打开"属性"面板,拖动"指向文件"按钮⊕到"文件"面板中的 wuling.html 上。此时光标变成带箭头的形状,松开鼠标后一个超链接就添加完成了,如图 3-77 所示。

(4)可以发现,在"属性"面板的"链接"文本框内已自动填写了 wuling.html。另外,在

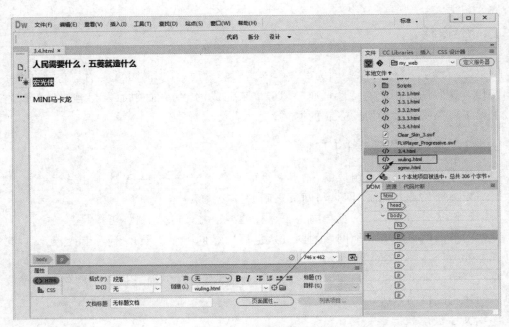

图 3-77　创建超链接

编辑页面上可以看到添加了超链接的文字变成蓝色，而且下面添加了一条下画线，如图 3-78 所示。

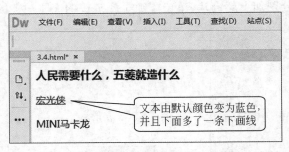

图 3-78　文字添加了超链接后的效果

（5）用另外一种方法给另一个文字添加超链接。选中文字"MINI 马卡龙"，在"属性"面板中单击"浏览文件"按钮 📁。

（6）在弹出的"选择文件"对话框中选择 sgmw.html，如图 3-79 所示。

（7）单击"确定"按钮即可完成超链接的定义。同样，编辑页面上的文字变成了蓝色，而且多了一条下画线。

（8）保存文件，按 F12 键预览网页，单击一下超链接文字就可以打开相应的页面了。

2. 给图片创建超链接

用户除了可以给文本添加超链接外，还可以给图片添加超链接。给图片添加超链接的方法与给文字添加超链接的方法类似。

（1）在网页 3.4.html 中插入一张图片，如图 3-80 所示。

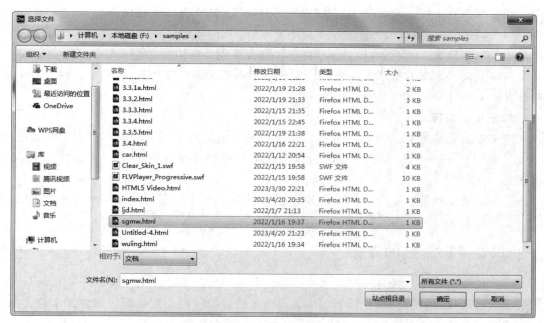

图 3-79 "选择文件"对话框

（2）选中图片，这里要给图片添加一个外部链接，是一个具体的网址。进入"属性"面板，在"链接"文本框中输入"https://www.wuling.com"，如图 3-81 所示。

图 3-80 插入图片

图 3-81 在"链接"文本框中直接输入链接地址

专家点拨：在"链接"文本框中添加一个网址时一定要输入包含协议（例如 http://）的绝对路径，如果直接写 www.wuling.com，Dreamweaver 会把网址当成一个文件名，单击链接后会出现找不到服务器的提示。

（3）保存文件，按 F12 键预览网页，单击图片就链接到对应的网站上了。

3. 添加 E-mail 链接

E-mail 是网上最常使用的功能之一，用户也可以在自己的网页中加入 E-mail 链接。在 Windows 系统中如果设置了 Outlook、Foxmail 等邮件软件，在浏览器中单击 E-mail 链接会自动打开新邮件窗口，并在地址栏中自动添加 E-mail 链接中的邮箱地址。

　　用户可以在 Dreamweaver 中创建电子邮件链接,具体方法是选中需要添加 E-mail 链接的对象,在"属性"面板的"链接"文本框中输入"mailto:电子邮件地址"。这里要注意在冒号与电子邮件地址之间不能输入任何空格,否则会出现错误。

　　专家点拨:如果在网页中单击电子邮件链接后,浏览器没有打开电子邮件编辑软件,说明计算机中没有安装过电子邮件软件。

　　4.添加空链接

　　空链接是指未指派的链接。空链接用于向页面上的对象或文本附加行为。例如可向空链接附加一个行为,以便在指针滑过该链接时会交换图像或显示绝对定位的元素(AP元素)。

　　选中需要添加超链接的对象,在"属性"面板的"链接"文本框中输入一个♯号就可以创建一个空链接。

3.4.2　超链接的路径

　　每个网页甚至每个独立的网页元素(图像、声音、动画、视频等)都有一个唯一的地址,称为统一资源定位符(URL)。在网页的超链接中正是以统一资源定位路径的方式来链接的。一般情况下路径有 3 种表示方法,即绝对路径、文档相对路径和站点根目录相对路径。

　　1.绝对路径

　　绝对路径就是被链接文档的完整 URL,包括所使用的传输协议(对于网页通常是http://)。例如上例中为图片创建的友情链接"http://www.wuling.com"就是一个绝对路径。在创建外部链接时必须使用绝对路径。

　　2.文档相对路径

　　文档相对路径就是以当前文档所在位置为起点到被链接文档经过的路径。在创建内部链接时使用相对路径比较方便。与同文件夹内的文件链接只写文件名即可,例如上例中对文字添加的超链接就是使用了文档的相对路径。如果与下一级文件夹中的文件链接,可以直接写出文件夹名称与文件名,例如 images/google.gif;如果与上一级文件夹中的文件链接,可在文件名前加上../文件夹名。每个../ 表示在文件夹层次结构中上移一级。

　　3.站点根目录相对路径

　　站点根目录相对路径是指所有路径都开始于当前站点的根目录。站点根目录相对路径以一个正斜杠开始,该正斜杠表示站点根文件夹,例如/images/google.gif。当移动含有根目录相对链接的文档时不需要更改这些链接,如果用户不熟悉此类型的路径,最好使用文档相对路径。

　　用户可以在"选择文件"对话框中设置相对路径类型。在"选择文件"对话框的"相对于"下拉列表中有两个选项——文档和站点根目录,用户可以根据需要进行选择,如图 3-82所示。

3.4.3　链接目标

　　链接目标是指当一个链接打开时被链接的文件打开的位置,例如链接的页面可以在当前窗口中打开,或者在新建窗口中打开。

图 3-82 设置相对路径的类型

"属性"面板中的"目标"下拉列表可以进行链接目标的设置,如图 3-83 所示。

图 3-83 "目标"下拉列表中的 5 个选项

在该下拉列表中有 5 个选项,它们的功能分别如下。

- _blank:将链接的文档载入一个新的、未命名的浏览器窗口。
- new:将链接的文档载入一个新浏览器窗口。它和_blank 的不同之处在于如果同一个页面中其他超链接的目标也设置成 new,那么只打开一个新的浏览器窗口。
- _parent:将链接的文档载入该链接所在框架的父框架或父窗口。如果包含链接的框架不是嵌套框架,则所链接的文档载入整个浏览器窗口。
- _self:将链接的文档载入链接所在的同一个框架或窗口。此目标是默认的,所以通常不需要指定它。
- _top:将链接的文档载入整个浏览器窗口,从而删除所有框架。

专家点拨:_parent、_self、_top 这 3 个选项和框架网页有关,框架网页的相关知识请参考第 5 章的内容。

3.5　本章习题

一、选择题

1. 在设计视图中制作网页时，如果要新建一个段落，应按（　　）键。

　　A. Enter　　　　　　　B. Alt＋Enter　　　　C. Shift＋Enter　　　D. Ctrl＋Enter

2. 在 Dreamweaver CC 2018 中可以直接制作（　　）。

　　A. 视频　　　　　　　　B. 音频　　　　　　　C. Animate 动画　　　D. 以上都不对

3. 用户可以在 Dreamweaver 中创建电子邮件链接，具体方法是选中需要添加 E-mail
链接的对象，在"属性"面板的"链接"文本框中输入（　　）。

　　A. mailto：abc@126.com　　　　　　　B. mail：abc@126.com

　　C. mailto＋abc@126.com　　　　　　　D. mail＋abc@126.com

二、填空题

1. 如果想使插入网页中的背景音乐循环播放，应该在"属性"面板中设置参数 _____。

2. 如果要正确地创建超链接，必须灵活使用的 3 种文档路径类型是 _____、
_____、_____。

3.6　上机练习

练习 1　制作文字网页

本练习要制作一个文字网页，效果如图 3-84 所示。请按照图中提示信息进行制作。

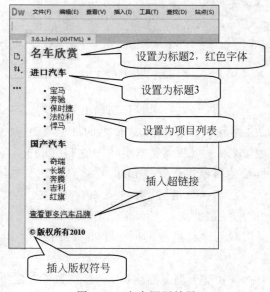

图 3-84　文字网页效果

练习 2　制作图文混排网页

拟定一个主题，例如宝马汽车新闻，制作一个图文混排的网页效果，如图 3-85 所示。在

制作时可以到网上搜索相关的图片和文字。

图 3-85　图文混排网页

练习 3　制作 Animate 导航条

先插入一个 Animate 汽车广告动画，然后再插入 6 个 Animate 按钮，制作一个动感的 Animate 导航条，效果如图 3-86 所示。本练习的 Animate 动画素材在 images 文件夹下。

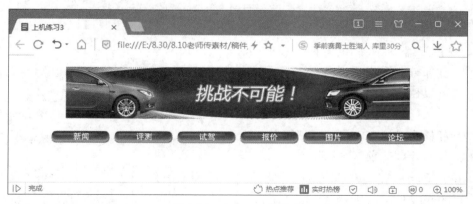

图 3-86　Animate 导航条

第4章

CSS样式表

CSS 是 Cascading Style Sheets(层叠样式表)的简称,使用 CSS 可将网页要展示的内容与样式设定分开,也就是将网页的外观设定信息从网页内容中独立出来,并集中管理,这样在改变网页外观时只需更改样式设定的部分,HTML 文件本身并不需要更改。

本章主要内容:

- CSS 入门
- CSS 样式详解
- 创建 CSS 样式

4.1 CSS 入门

CSS 是 W3C(World Wide Web Consortium)定义和维护的标准,是一种用来为结构化文档(例如 HTML 文档或 XML 应用)添加样式(字体、间距和颜色等)的计算机语言。它可以使网页制作者的工作更加轻松和灵活,现在越来越多的网站采用了 CSS 技术。

4.1.1 "CSS 设计器"面板

在 Dreamweaver 中,"CSS 设计器"面板是新建、编辑、管理 CSS 的主要工具。选择"窗口"|"CSS 设计器"命令可以打开或者关闭"CSS 设计器"面板。

"CSS 设计器"面板提供了两种模式,即全部模式和当前模式。全部模式可以跟踪文档可用的所有规则和属性,当前模式可以跟踪影响当前所选页面元素的 CSS 规则和属性。

1. 全部模式下的"CSS 设计器"面板

在没有定义 CSS 前"CSS 设计器"面板以空白显示,如果在 Dreamweaver 中定义了 CSS,那么"CSS 设计器"面板中会显示所定义好的 CSS 规则,如图 4-1 所示。

在全部模式下,"CSS 设计器"面板由 4 个选项组组成,分别是"源"选项组、"@媒体"选项组、"选择器"选项组和"属性"选项组。

- "源"选项组:用于创建样式、附加样式、删除内部样

图 4-1　全部模式下的"CSS 设计器"面板

式和附加样式表。

- "@媒体"选项组：用于控制所选源中的所有媒体查询。
- "选择器"选项组：用于显示所选源中的所有选择器。
- "属性"选项组：用于显示所选选择器的相关属性，提供仅显示已设置属性的选项，有"布局" ▤、"文本" T、"边框" ▢、"背景" ▨ 和"更多" ⋯ 5 个类别按钮，显示在"属性"选项组的顶部。
- "禁用 CSS 属性"按钮 ⊘：在"属性"选项组中选择一个属性后，此按钮变为可用状态。单击这个按钮可以禁用所选择的 CSS 属性，并且这个 CSS 属性显示为灰色，如果想重新启用这个 CSS 属性，可以再次单击它。
- "删除 CSS 属性"按钮 🗑：在"CSS 设计器"面板中选择一个属性，然后单击这个按钮可以删除选中的 CSS 属性。

专家点拨：用户可以通过拖动选项组之间的边框调整选项组的大小，通过拖动选项组两侧列的分隔线调整列的大小。

2. 当前模式下的"CSS 设计器"面板

单击"CSS 设计器"面板中的"当前"按钮可以切换到当前模式。只有在文档编辑区选择了一个使用 CSS 样式的元素，"CSS 设计器"面板中才能显示这个元素当前正在使用的 CSS 规则，如图 4-2 所示。

在当前模式下，"CSS 设计器"面板也显示为同样的 4 个选项组。

3. CSS 样式表的功能

层叠样式表是 HTML 格式的代码，浏览器处理起来速度比较快。另外，Dreamweaver CC 2018 提供了功能复杂、使用方便的层叠样式表，方便用户制作个性化网页。样式表的功能归纳如下。

（1）灵活地控制网页中文字的字体、颜色、大小、位置和间距等。

（2）方便地为网页中的元素设置不同的背景颜色和背景图片。

（3）精确地控制网页中各元素的位置。

（4）为文字和图片设置滤镜效果。

（5）与脚本语言结合制作动态效果。

图 4-2　当前模式下的"CSS 设计器"面板

4.1.2　定义 CSS 规则

扫一扫

视频讲解

一般情况下可以在 HTML 网页文档（内部 CSS）或者独立的 CSS 样式表文档（外部 CSS）中新建 CSS 规则，下面以在 HTML 网页文档中新建 CSS 规则加以说明。

（1）新建一个 HTML 网页文档，打开"CSS 设计器"面板，在"源"选项组中单击"添加 CSS 源"按钮 ＋，在弹出的列表中选择"在页面中定义"选项，完成内部样式表的创建后，在"源"选项组中将自动创建一个名为<style>的源项目，如图 4-3 所示。

（2）在"源"选项组中选中＜style＞选项，单击"选择器"选项组中的"添加选择器"按钮，在"选择器"选项组中出现一个文本框，根据要定义的样式的类型输入一个 CSS 规则名称，例如定义类选择器，名称以点号.开始，所以输入".text"，按 Enter 键确认输入，即可定义一个"类"选择器，如图 4-4 所示。

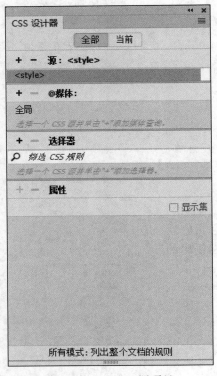

图 4-3　＜style＞源项目

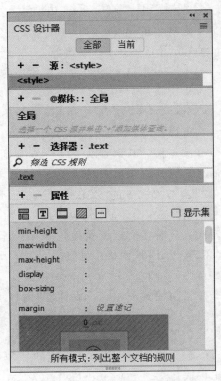

图 4-4　定义一个"类"选择器

（3）在"属性"选项组中，取消"显示集"复选框的选中状态，单击"文本"按钮，切换到文本属性，将"color"设置为红色、"font-family"设置为宋体、"line-height"设置为 30 像素，如图 4-5 所示。这样就完成了一个 CSS 规则的定义。

（4）切换到代码视图，可以看到在 HTML 代码中新增了一段 CSS 样式代码，如图 4-6所示。

从代码视图中可以看出 CSS 代码应该位于＜head＞和＜/head＞标签之间。定义样式表规则的部分用＜style＞和＜/style＞标签来表示。样式表代码的一般格式如下：

```
CSS 规则名称
{
属性 1:值;
属性 2:值;
...
...
}
```

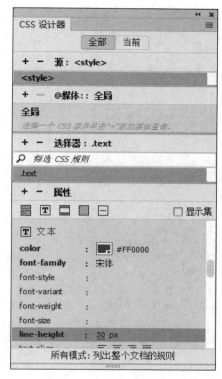

图 4-5　设置文本属性

图 4-6　代码视图

4.1.3　在网页中应用 CSS 样式

定义好 CSS 样式后就可以在网页文档中套用这些样式了,套用样式表的方法主要有两种,下面分别进行介绍。

1. 在"属性"面板中选择应用特定的样式

打开"属性"面板,在"类"下拉列表框中列出了已经定义的一些类规则,如图 4-7 所示;在 ID 下拉列表框中列出了已经定义的一些 ID 规则,如图 4-8 所示。

图 4-7　"类"下拉列表框

在为页面中的元素指定样式时必须先选中将要应用此样式的内容,然后在"类"或者 ID 下拉列表框中选择需要的样式即可将样式应用于选定内容。

2. 利用"标签选择器"应用样式

首先需要在"标签选择器"上选定一个标签,如图 4-9 中的<p>标签,然后在<p>标签上右击,在弹出的快捷菜单中选择"设置类"|text 命令,则可以快速把已经定义的 text 样式指定给<p>标签。

图 4-8　ID 下拉列表框

图 4-9　利用"标签选择器"应用样式

专家点拨：如果清除网页对象上应用的某个类规则，首先选中对象，然后在"属性"面板的"类"下拉列表框中选择"无"，即可清除原有的样式。如果清除网页对象上应用的某个ID规则，首先选中对象，然后在"属性"面板的 ID 下拉列表框中选择"无"，即可清除原有的样式。

4.1.4　添加 CSS 选择器

CSS 选择器用于选择需要添加样式的元素。在 CSS 中有很多强大的选择器，可以帮助用户灵活地选择页面元素。一般情况下，经常添加的 CSS 选择器类型包括类（可应用于任何 HTML 元素）、ID（仅应用于一个 HTML 元素）、标签（重新定义 HTML 元素）、复合内容（基于选择的内容）等。

1. 类（可应用于任何 HTML 元素）

类选择器以英文句点（.）开头，而 ID 选择器以英文井号（#）开头。类选择器和 ID 选择器的不同之处在于类选择器用在不止一个元素上，而 ID 选择器一般只用在唯一的元素上。

在"CSS 设计器"面板的"选择器"选项组中单击 + 按钮，然后在显示的文本框中输入点号.和选择器的名称，即可创建一个类选择器，需要注意此类名称必须以"."开头。以这种方式定义的样式可以用来定义绝大多数的 HTML 对象，可以使这些对象有统一的外观。图 4-10 所示为创建一个.myCSS_Class 的样式。

2. ID（仅应用于一个 HTML 元素）

ID 选择器又称为标识选择器，它的名称以英文井号

图 4-10　创建一个类选择器

（♯）开头,这种选择器样式在页面中一般只用在一个元素上。当然也可以用在多个元素上,但是在某些操作中有可能引起地址(ID属性)冲突。

3. 标签(重新定义 HTML 元素)

在"CSS 设计器"面板的"选择器"选项组中单击 ➕ 按钮,然后在显示的文本框中输入一个标签,即可创建一个标签选择器,可以实现用 CSS 重新定义 HTML 标签的外观的功能。

4. 复合内容(基于选择的内容)

复合内容可以将风格完全相同或部分相同的选择器同时声明。在"CSS 设计器"面板的"选择器"选项组中单击 ➕ 按钮,然后在显示的文本框中输入用于复合规则的选择器。例如,图 4-11 针对<h1>标签、<h2>标签、<h3>标签同时进行了 CSS 规则定义。这样就可以不用针对一个个标签进行同样的 CSS 规则定义,较大地提高了工作效率。

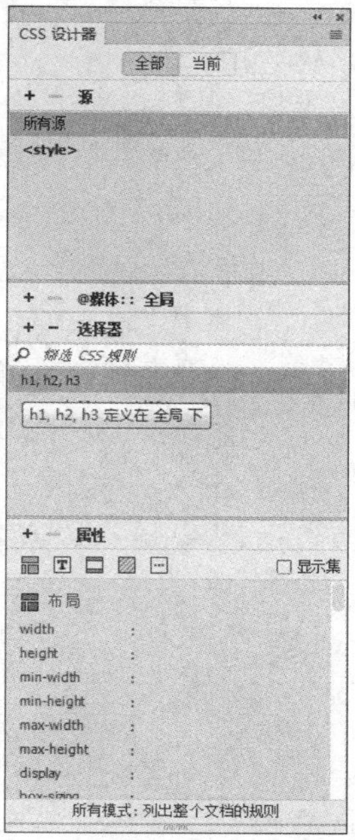

复合内容可以帮助用户轻松地制作出可应用在链接中的样式。例如,当光标移动到链接上方时出现字体颜色变化或显示隐藏背景颜色等效果。

复合内容用于定义 HTML 标签的某种类似的格式,CSS"复合内容"的作用范围比 HTML 标签要小,只是定义 HTML 标签的某种类型。图 4-12 所示为 CSS"复合内容"类型。在该代码中

图 4-11　创建一个复合内容

A 标签用于设置链接。其中,A:visited 表示访问过的超链接状态,如果应用了此 CSS 语句,网页中所有被访问过的链接都将采用语句中设定的格式。超链接的选择器名称有 4 个,利用它们可以对超链接的外观进行重新定义。

```
6 ▼ <style type="text/css">
7 ▼ A:visited {
8       color: blue;
9       font-size: 120%;
10  }
11 </style>
```

图 4-12　定义网页中所有被访问过的链接格式

- a:link 指超链接的正常状态,没有任何动作的时候。
- a:visited 指访问过的超链接状态。
- a:hover 指鼠标指针指向超链接的状态。
- a:active 指选中超链接的状态。

4.2　CSS 样式详解

在 Dreamweaver 的 CSS 样式里包含了 W3C 规范定义的所有 CSS1 的属性,Dreamweaver 把这些属性分为类型、背景、区块、方框、边框、列表、定位、扩展和过渡 9 个部分。

在制作网页时,如果用户需要对页面中具体的对象上应用的 CSS 样式效果进行编辑,可以在"CSS 属性"面板的"目标规则"列表中选中需要编辑的选择器,单击"编辑规则"按钮,打开如图 4-13 所示的"CSS 规则定义"对话框进行设置。

专家点拨:CSS 存在 3 个版本,即 CSS1、CSS2 和 CSS3。CSS1 提供有关字体、颜色、位置和文本属性的基本信息,该版本已经得到了目前解析 HTML 和 XML 的浏览器的广泛支持。

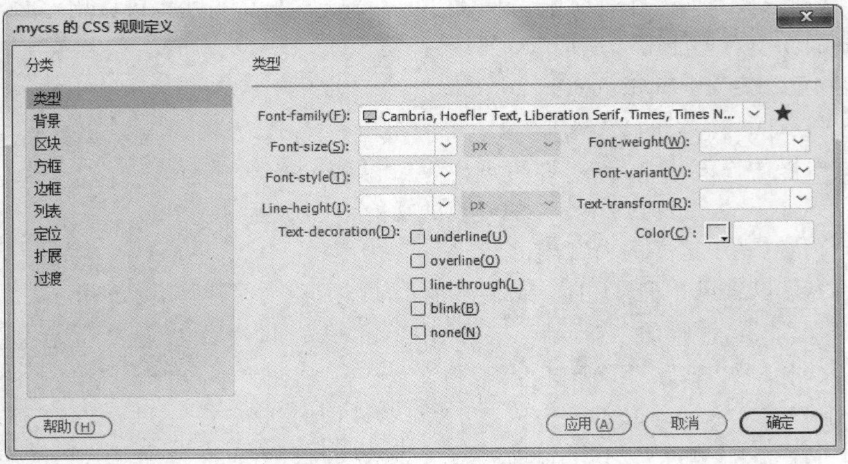

图 4-13　CSS 规则定义

4.2.1　类型

类型选项主要对文字的字体大小、颜色、效果等基本样式进行设置,如图 4-13 所示。注意,它只对要改变的属性进行设置,没有必要改变的属性就使之为空。

1. Font-family(字体)

字体系列是指对文字设定几个字体,当遇到第一个字体不能显示时会自动用系列中的第二个字体或后面的字体显示。其对应的 CSS 属性是 font-family。

Dreamweaver 已经内置了 6 个系列的英文字体,一般英文字体用"Verdana,Arial,Helvetica,sans-serif"这个系列比较好看。如果不用这些字体系列,就需要自己编辑字体系列,可以通过下拉列表框最下面的"编辑字体列表"来创建新的字体系列,还可以直接手动在下拉列表框中写字体名,字体之间用逗号隔开。中文网页默认字体是宋体,一般空着,不要选取任何字体。

2. Font-size(字体大小)

Font-size 通过选取数字和度量单位来选择具体的字体大小,或者选择一个相对的字体大小,最好使用像素作为单位,这样文本在浏览器中不会变形。一般小字体用比较标准的 12 像素。其对应的 CSS 属性是 font-size。

CSS 中长度的单位分为绝对长度单位和相对长度单位,常用的绝对长度单位有以下几种。

- px(像素):根据显示器的分辨率来确定长度。
- pt(字号):根据 Windows 系统定义的字号大小来确定长度。
- in、cm、mm(英寸、厘米、毫米):根据显示的实际尺寸来确定长度。此类单位不随显示器分辨率的改变而改变。

常用的相对长度单位有以下 3 种。

- em:当前文本的尺寸。例如,{font-size:2em}指文字大小为原来的两倍。

- ex：当前字母 x 的高度，一般为字体尺寸的一半。
- ％：以当前文本的百分比定义尺寸。例如，{font-size：300％}指文字大小为原来的 3 倍。
- small 和 large：表示比当前小一个级别或大一个级别的尺寸。

3. Font-style（字体样式）

Font-style 定义字体样式为"normal"（正常）、"italic"（斜体）或"oblique"（偏斜体），默认设置为正常。其对应的 CSS 属性是 font-style。

"斜体"和"偏斜体"都是斜体字体。它们的不同之处在于"斜体"是斜体字，而"偏斜体"是倾斜的文字，对于没有斜体的字体应该用"偏斜体"。

4. Line-height（行高）

Line-height 设置文本所在行的行高，默认为正常，用户也可以自己输入一个精确的数值并选取一个计量单位。其比较直观的写法用百分比，例如 140％是指行高等于文字大小的 1.4 倍。其对应的 CSS 属性是 line-height。

5. Text-decoration（修饰）

Text-decoration 用于向文本中添加下画线、上画线、删除线，或使文本闪烁。常规文本的默认设置是"无"，链接的默认设置是"下画线"。当将链接设置为"无"时可以通过定义一个特殊的类去除链接中的下画线。这些效果可以同时存在，将效果前的复选框选中即可。其对应的 CSS 属性是 text-decoration。

6. Font-weight（字体粗细）

Font-weight 用于对字体应用特定或相对的粗体量。"正常"等于 400，"粗体"等于 700。其对应的 CSS 属性是 font-weight。

7. Font-variant（变体）

Font-variant 设置文本的小型大写字母变体。Dreamweaver 不在文档编辑区中显示此属性。Internet Explorer 支持变体属性，但 Netscape Navigator 不支持。其对应的 CSS 属性是 font-variant。

8. Text-transform（大小写）

Text-transform 用于将选区中每个单词的第一个字母转换为大写，或者令单词全部大写或全部小写。其对应的 CSS 属性是 text-transform。

9. Color（颜色）

Color 定义文字颜色。其对应的 CSS 属性是 color。CSS 中颜色的值有以下 3 种表示方法。

- ＃RRGGBB 格式：红、绿、蓝 3 种颜色的组合值，每种颜色的值为 00～FF 的两位十六进制正整数。例如＃FF0000 表示红色，＃FFFF00 表示黄色。
- RGB 格式：RGB 为三色的值，取 0～255。例如 RGB(255,0,0)表示红色，RGB(255,255,0)表示黄色。
- 用颜色名称：CSS 可以使用已经定义好的颜色名称。例如 red 表示红色，yellow 表示黄色。

4.2.2　背景

背景选项主要对元素的背景进行设置，包括背景颜色、背景图像、背景图像的控制，如

图 4-14 所示。其一般是对 BODY（页面）、TABLE（表格）、DIV（区域）的设置。

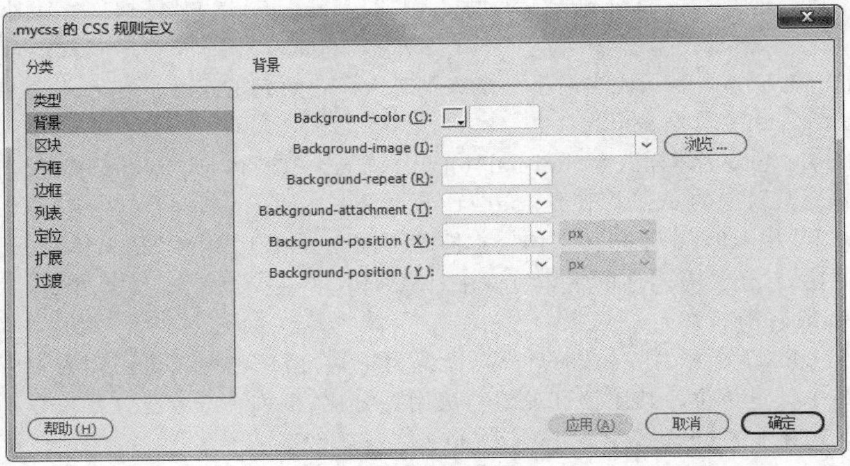

图 4-14　背景选项

1. Background-color（背景颜色）

Background-color 设置元素的背景颜色，其对应的 CSS 属性是 background-color。用户可以单击"颜色"按钮打开调色板，然后在其中选择需要的颜色，或者直接在文本框中输入颜色代码。

2. Background-image（背景图像）

Background-image 设置元素的背景图像，其对应的 CSS 属性是 background-image。用户可以单击"浏览"按钮打开"选择图像源文件"对话框，在其中选择需要的图像文件，或者直接在文本框中输入图像文件的完整路径。

3. Background-repeat（重复）

Background-repeat 确定背景图像是否重复以及如何重复，其对应的 CSS 属性是 background-repeat。在该下拉列表中包括 4 个选项。

- 不重复：在元素的开头显示一遍图像。
- 重复：在元素的背景部分以水平和垂直方向平铺图像。
- 横向重复：在水平方向重复显示。
- 纵向重复：在垂直方向重复显示。

4. Background-attachment（附件）

Background-attachment 确定背景图像是固定在其原始位置还是随内容一起滚动。注意，某些浏览器可能将"固定"选项视为"滚动"。Internet Explorer 支持该选项，但 Netscape Navigator 不支持。其对应的 CSS 属性是 background-attachment。

5. Background-position（水平位置）

Background-position 指定背景图像相对于元素的水平位置，其对应的 CSS 属性是 background-position。在该下拉列表中可以指定为 left（左边）、center（居中）、right（右边）；也可以在文本框中直接输入数值，例如 20px 是指背景距离左边 20 像素。

6. Background-position（垂直位置）

Background-position 指定背景图像相对于元素的垂直位置，其对应的 CSS 属性是

background-position。在该下拉列表中可以指定为 top（顶部）、center（居中）、bottom（底部），也可以在文本框中直接输入数值。

4.2.3　区块

区块选项主要设置对象文本的文字间距、对齐方式、上标、下标、排列方式、首行缩进等，如图 4-15 所示。

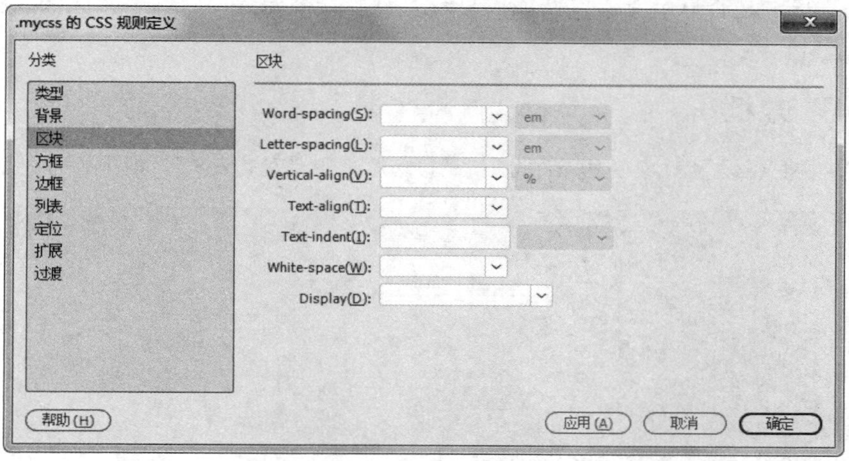

图 4-15　区块选项

1. Word-spacing（单词间距）

Word-spacing 设置单词之间的间距。若要设置特定的值，请在该下拉列表中选择"值"选项，然后输入一个数值。在第二个下拉列表中选择度量单位（例如像素、点等）。其对应的 CSS 属性是 word-spacing。此属性可以指定负值，但显示方式取决于浏览器。Dreamweaver 不在文档窗口中显示此属性。

2. Letter-spacing（字母间距）

Letter-spacing 设置字符之间的间距，可以指定负值，因为中文也是字符，这个参数可以设置文字间的间距。其对应的 CSS 属性是 letter-spacing。

3. Vertical-align（垂直对齐）

Vertical-align 指定元素的垂直对齐方式，可以指定 sub（下标）、super（上标）、top（与顶端对齐）、middle（居中）、bottom（与底端对齐）等。其对应的 CSS 属性是 vertical-align。

4. Text-align（文本对齐）

Text-align 设置文本的排列方式。在该下拉列表中包括 left（左对齐）、right（右对齐）、center（居中）、justify（两端对齐）几个选项。其对应的 CSS 属性是 text-align。

5. Text-indent（文字缩进）

Text-indent 设置文本第一行的缩进值，负值用于将文本第一行向外拉。如果要在每段前空两格，可将其设置为 2em，因为 em 是当前字体尺寸，2em 就是两个字的大小。其对应的 CSS 属性是 text-indent。

6. White-space（空格）

White-space 设置如何处理元素内的空白符，其对应的 CSS 属性是 white-space。在该下拉列表中包括"正常""保留"和"不换行"3个选项。

- 正常：会将空白符全部压缩。
- 保留：如同处理 pre 标签内的文本一样处理这些空白符（也就是说所有的空白符，包括空格、标签、转行等都会得以保留）。
- 不换行：指定文本只有遇到 br 标签时才换行。

7. Display（显示）

Display 指定是否显示元素以及如何显示。对于某个元素，当指定为"无"时将禁用该元素的显示。

4.2.4　方框

方框选项主要设置对象的边界、间距、高度、宽度和浮动方式等，如图 4-16 所示。

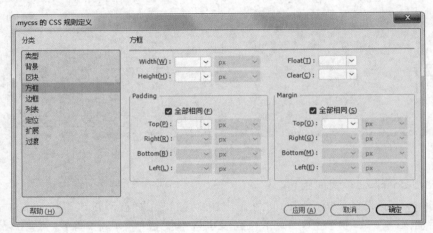

图 4-16　方框选项

1. Width（宽）

Width 定义元素的宽，其对应的 CSS 属性是 width。在该下拉列表中包括"自动"和"值"两个选项。在选择"值"这个选项后可以在文本框中输入具体的数值，并且可在后面的下拉列表中选择一个单位。

2. Height（高）

Height 定义元素的高，其对应的 CSS 属性是 height。在该下拉列表中包括"自动"和"值"两个选项。在选择"值"这个选项后可以在文本框中输入具体的数值，并且可在后面的下拉列表中选择一个单位。

专家点拨：用宽和高定义的对象多为图片、表格、AP 元素等。

3. Float（浮动）

Float 定义元素的浮动方式。在该下拉列表中包括左对齐、右对齐和无 3 个选项。其对应的 CSS 属性是 float。

4. Clear（清除）

Clear 定义不允许 AP 元素的边。如果清除边上出现 AP 元素，则带清除设置的元素将移到该元素的下方。其对应的 CSS 属性是 clear。

5. Padding（填充）

Padding 定义元素内容与其边框的空距（如果元素没有边框就是指页边的空白），可以分别设置上、右、下、左的值。其对应的 CSS 属性分别是 padding-top、padding-right、padding-bottom、padding-left。

如果选中"全部相同"复选框，则为应用此属性的元素的"上""右""下"和"左"设置相同的填充属性。

6. Margin（边界）

Margin 定义元素的边框与其他元素之间的距离（如果没有边框就是指内容之间的距离），可以分别设置上、右、下、左的值。其对应的 CSS 属性分别是 margin-top、margin-right、margin-bottom、margin-left。

如果选中"全部相同"复选框，则为应用此属性的元素的"上""右""下"和"左"设置相同的边界属性。

4.2.5　边框

边框选项可以设置对象边框的宽度、颜色及样式，如图 4-17 所示。

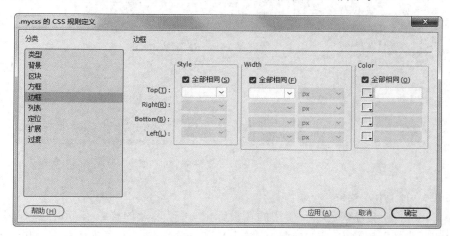

图 4-17　边框选项

1. Style（样式）

Style 设置边框样式，可以设置为 none（无边框）、dotted（点画线）、dashed（虚线）、solid（实线）、double（双线）、groove（槽状）、ridge（脊状）、inset（凹陷）、outset（凸出）等边框样式。其对应的 CSS 属性是 border-style。

专家点拨：dotted（点画线）、dashed（虚线）必须要在 IE5.5 以上版本或者 MAC 平台上实现，否则效果为实线。

如果选中"全部相同"复选框，则为应用此属性的元素的"上""右""下""左"设置相同的边框样式属性。

2. Width（宽度）

Width 设置元素边的宽度，可以分别设定上、右、下、左的值。其对应的 CSS 属性分别是 border-top、border-right、border-bottom、border-left。

如果选中"全部相同"复选框，则为应用此属性的元素的"上""右""下""左"设置相同的边框宽度属性。

3. Color（颜色）

Color 设置边框的颜色，可以分别对每条边设置颜色。其对应的 CSS 属性分别是 border-top-color、border-right-color、border-bottom-color、border-left-color。用户可以通过设置不同的颜色做出亮边和暗边的效果，这样元素看起来是立体的。

如果选中"全部相同"复选框，则为应用此属性的元素的"上""右""下""左"设置相同的边框颜色属性。

4.2.6　列表

列表选项可以设置列表项样式、列表项图片和位置，如图 4-18 所示。

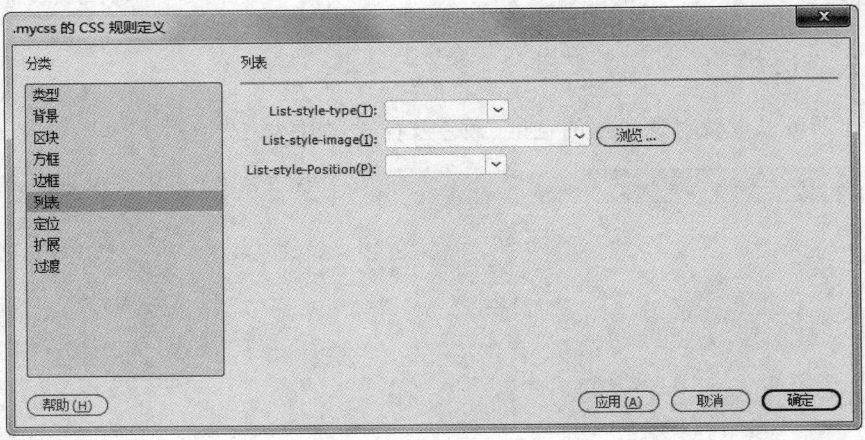

图 4-18　列表选项

1. List-style-type（类型）

List-style-type 设置列表项所使用的预设标记，可以设置的样式有 disc（实心圆）、circle（空心圆）、square（方块）、decimal（阿拉伯数字）、lower-roman（小写罗马数字）、upper-roman（大写罗马数字）、lower-alpha（小写英文字母）、upper-alpha（大写英文字母）、none（无项目符号）。其对应的 CSS 属性是 list-style-type。

2. List-style-image（项目符号图像）

List-style-image 设置列表项的图像，其对应的 CSS 属性是 list-style-image。用户可以在相应的文本框中直接输入图像的 URL 地址或路径，或者单击"浏览"按钮，在弹出的"选项图像源文件"对话框中选择需要的图像文件。

3. List-style-Position（位置）

List-style-Position 设置列表项在文本内还是在文本外，其对应的 CSS 属性是 list-style-position。在该下拉列表中包括两个选项。

- 内：列表项目标记放置在文本以内。
- 外：列表项目标记放置在文本以外。

4.2.7 定位

定位选项中的 CSS 属性用来确定与选定的 CSS 样式相关的内容在页面上的定位方式，如图 4-19 所示。这就相当于将对象放在一个 AP 元素里来定位，它相当于 HTML 的 DIV 标记，可以看作一个 CSS 定义的 AP 元素。

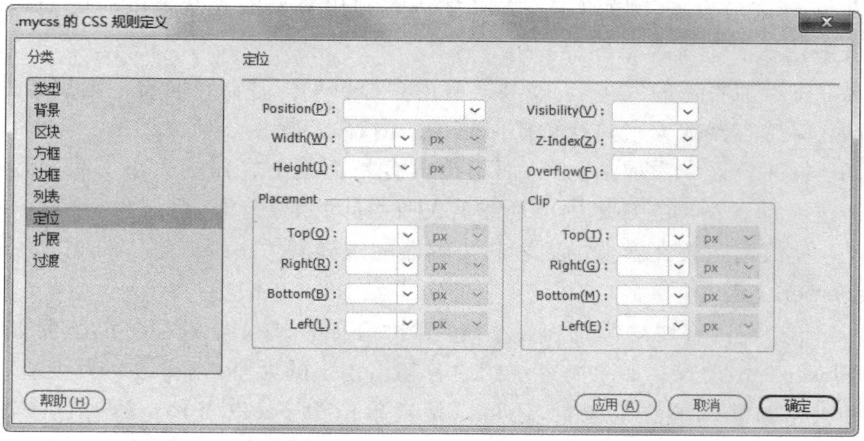

图 4-19　定位选项

1. Position（类型）

Position 设定对象的定位方式，其对应的 CSS 属性是 position。它有 4 种方式可以选择，如下所述。

- 绝对：使用 Position 文本框中输入的、相对于最近的绝对或相对定位上级元素的坐标（如果不存在绝对或相对定位的上级元素，则为相对于页面左上角的坐标）来放置内容。
- 相对：使用 Position 文本框中输入的、相对于区块在文档文本流中的位置的坐标来放置内容区块。例如，若为元素指定一个相对位置，并且其上坐标和左坐标均为 20 像素，则将元素从其在文本流中的正常位置向右和向下移动 20 像素。用户也可以在使用（或不使用）上坐标、左坐标、右坐标或下坐标的情况下对元素进行相对定位，以便为绝对定位的子元素创建一个上下文。
- 固定：使用 Position 文本框中输入的坐标（相对于浏览器的左上角）来放置内容。当用户滚动页面时内容将在此位置保持固定。
- 静态：将内容放在其在文本流中的位置。这是所有可定位的 HTML 元素的默认位置。

2. Visibility（显示）

Visibility 确定内容的初始显示条件，其对应的 CSS 属性是 visibility。如果不指定 Visibility 属性，则默认情况下内容将继承父级标签的值。body 标签的默认可见性是可见的。在 Visibility 下拉列表中包括以下 3 个选项。

- 继承（默认）：继承内容的父级可见性属性。
- 可见：将显示内容，而与父级的值无关。

- 隐藏：将隐藏内容,而与父级的值无关。

3. Z-Index(Z 轴)

Z-Index 确定内容的堆叠顺序。Z 轴值较高的元素显示在 Z 轴值较低的元素(或根本没有 Z 轴值的元素)的上方。其值可以为正,也可以为负。

4. Overflow(溢出)

Overflow 确定当容器(例如 DIV 或 P)的内容超出容器的显示范围时的处理方式。在该下拉列表中包括 4 个选项。

- 可见：将增加容器的大小,以使其所有内容都可见。容器将向右下方扩展。
- 隐藏：保持容器的大小并剪辑任何超出的内容,不提供任何滚动条。
- 滚动：将在容器中添加滚动条,而不论内容是否超出容器的大小。明确提供滚动条可避免滚动条在动态环境中出现或消失所引起的混乱。
- 自动：使滚动条仅在容器的内容超出容器的边界时才出现。

5. Placement(定位)

Placement 指定内容块的位置和大小,包括上、下、左、右 4 个选项。浏览器如何解释位置取决于 Placement 设置。如果内容块的内容超出指定的大小,则将改写大小值。

位置和大小的默认单位是像素,还可以指定单位为 pc(皮卡)、pt(点)、in(英寸)、mm(毫米)、cm(厘米)、em(元素的字体亮度)、ex(字母 x 的高度)或%(父级值的百分比)。单位缩写字母必须紧跟在值之后,中间不留空格,例如 5mm。

6. Clip(剪辑)

Clip 定义内容的可见部分,包括上、下、左、右 4 个选项。如果指定了剪辑区域,可以通过脚本语言(例如 JavaScript)访问它,并可通过“改变属性”行为设置擦除效果。

4.2.8　扩展

扩展选项中的 CSS 属性包括分页、光标和过滤器(滤镜效果)选项,如图 4-20 所示。

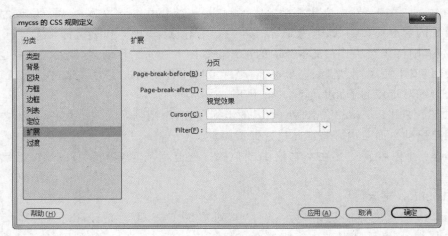

图 4-20　扩展选项

1. 分页

在打印网页时,“分页”属性用于在样式所控制的对象之前或者之后强行分页(Page-break-before 或者 Page-break-after）。在该下拉列表中包括自动、总是、左对齐和右对齐 4 个选项。

　　专家点拨："分页"属性不受任何 4.0 版本浏览器的支持,但可能受未来的浏览器的支持。

　　2.Cursor（光标）

　　Cursor 在鼠标指针位于样式所控制的对象上时改变鼠标指针的外观。在该下拉列表中包括一些具体的选项,选择后可以改变鼠标指针的视觉效果。

　　专家点拨：Internet Explorer 4.0 和更高版本以及 Netscape Navigator 6 支持该属性。

　　3.Filter（过滤器）

　　Filter 对样式所控制的对象应用特殊效果（包括模糊和反转等滤镜效果）。在该下拉列表中包括一些具体的选项,将它们应用到网页中的元素上后可以得到类似于 Photoshop 滤镜的效果。

4.3　创建 CSS 样式

　　在需要设置单个页面的格式时可以使用内部样式表——保存在网页文档内部的样式表;在需要同时控制多个文档的外观以便在多个页面上实现统一的格式时可以使用外部样式表,这是保存在网页文档外部的样式表,它被链接到当前页面。

4.3.1　内部样式表

扫一扫

视频讲解

　　内部样式是定义了只使用当前文档的样式,如果用户想定义只在自己站点的一个页面中使用的样式就可以使用内部样式。

　　下面通过创建 CSS 样式对网页中的文本进行格式化。

　　（1）用 Dreamweaver 打开网页文档"4.3.1.html"。

　　（2）在"CSS 设计器"面板的"源"选项组中单击"添加 CSS 源"按钮＋,在弹出的列表中选择"在页面中定义"选项。

　　（3）在"源"选项组中选中自动生成的＜style＞源项目,在"选择器"选项组中单击"添加选择器"按钮＋,在"选择器"选项组中会出现文本框,输入要定义的 CSS 样式的名称.ziti,按 Enter 键确认输入,如图 4-21 所示。

　　（4）在"属性"选项组中（提示：取消"显示集"复选框的选中状态）单击"文本"按钮**T**,切换到文本属性,如图 4-22 所示。

　　（5）将 font-size（字体大小）设为 12px（像素）,将 line-height（行高）设为 150％,如图 4-23 所示。

　　（6）切换到代码视图,可以看到在＜head＞＜/head＞之间增加了以下代码：

```
<style type="text/css">
.ziti {
    font-size: 12px;
    line-height: 150%;
    }
</style>
```

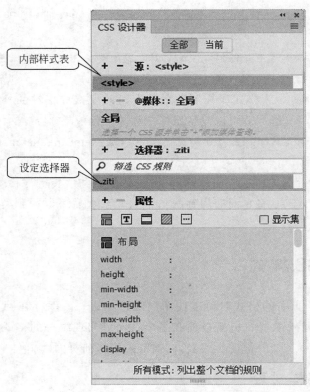

图 4-21　创建内部样式表

图 4-22　切换到文本属性

图 4-23　设置文本属性

这是在 HTML 文档内部定义的 CSS 代码。

（7）切换到设计视图，在"标签选择器"上选定＜body＞标签，然后在＜body＞标签上右击，在弹出的快捷菜单中选择"设置类"｜ziti 命令，这样就可以快速地把已经定义的 ziti 样式类指定给＜body＞标签。切换到代码视图，可以看到＜body＞标签变成了以下代码：

```
<body class="ziti">
```

（8）将网页文档另存为"4.3.1(css).html"，用浏览器预览效果，网页的字体看起来就像专业网站的字体了，并且字体尺寸也不会随浏览器字体大小的设置而改变。

（9）在"属性"面板中单击"编辑规则"按钮，弹出".ziti 的 CSS 规则定义"对话框。

（10）选择"分类"列表中的"区块"，把 Text-indent（文字缩进）设置为两个字体高（ems），即两个汉字，这是让每一段落的行首自动空两个汉字，如图 4-24 所示。

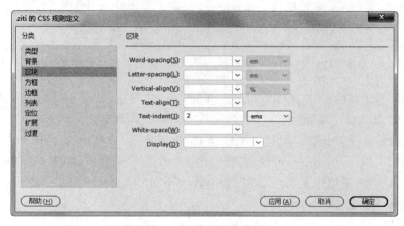

图 4-24　设置文字缩进

（11）单击"确定"按钮，此时每个段落的首位会自动调整为定义的样式。

4.3.2　外部样式表

内部样式表只在一个网页中起作用，如果想制作很多具有统一样式的网页，就必须在每个网页内定义相同的 CSS 样式表。这样很麻烦，效率也很低，使用外部 CSS 样式表能够较好地解决这个问题。其具体实现方法是先建立一个外部 CSS 样式表文件，在这个文件中定义文字、段落、表格、超链接等网页元素的样式，然后在需要的网页上链接这个外部 CSS 样式表文件。

下面通过实例介绍外部 CSS 样式表的创建及应用方法。

1. 创建外部 CSS 样式表

（1）新建一个文档，按 Shift＋F11 组合键（或者选择"窗口"｜"CSS 设计器"命令），打开"CSS 设计器"面板。

（2）在"源"选项组中单击"添加 CSS 源"按钮 ，在弹出的列表中选择"创建新的 CSS 文件"选项，如图 4-25 所示。

图 4-25　创建新的 CSS 文件

（3）打开"创建新的 CSS 文件"对话框，单击其中的"浏览"按钮，如图 4-26 所示。

（4）打开"将样式表文件另存为"对话框，在"文件名"文本框中输入样式文件的名称 mycss，如图 4-27 所示，单击"保存"按钮。

图 4-26　"创建新的 CSS 文件"对话框　　　图 4-27　"将样式表文件另存为"对话框

（5）返回"创建新的 CSS 文件"对话框，单击"确定"按钮，即可创建一个新的外部 CSS 文件。这时在"CSS 设计器"面板的"源"选项组中将显示新创建的 CSS 样式。

（6）在"选择器"选项组中单击"添加选择器"按钮 ＋ ，在出现的文本框中输入要定义的 CSS 样式的名称 .text，按 Enter 键确认，即可定义一个"类"选择器，如图 4-28 所示。

（7）在"属性"选项组中单击"文本"按钮 Ｔ ，依次定义字体、大小、行高分别为宋体、12 像素、150％，如图 4-29 所示。

图 4-28　定义一个"类"选择器　　　图 4-29　定义字体、大小和行高

（8）定义"vertical-align"对齐方式为顶部（top）、定义"text-align"文本对齐方式为左对齐（left），在"text-indent"文本框后面直接输入 2em，即文字缩进为两个字体高，如图 4-30 所示。

（9）完成 .text 样式的定义，这时 mycss.css 文档的代码内容如图 4-31 所示。

（10）新建一个 CSS 样式。在"选择器"选项组中单击"添加选择器"按钮 ＋ ，在文本框中输入表格标签 table，按 Enter 键确认，如图 4-32 所示。

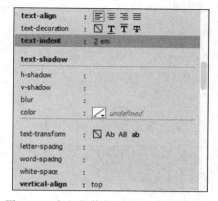

图4-30 定义段落的对齐方式、文字缩进

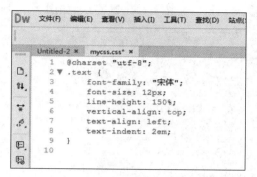

图4-31 mycss.css 的代码内容

（11）在"属性"选项组中单击"边框"按钮▢，然后按照图4-33进行设置。

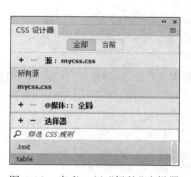

图4-32 定义 table"标签"选择器

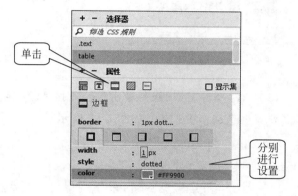

图4-33 定义 table 的 CSS 规则

（12）新建一个 CSS 样式。在"选择器"选项组中单击"添加选择器"按钮➕，在文本框中输入 a:link，按 Enter 键确认，如图4-34所示。

图4-34 定义 a:link"复合内容"选择器

（13）在"属性"选项组中单击"文本"按钮Ⓣ，依次定义字体、大小、颜色、修饰分别为宋体、12像素、♯FFFFFF、无，如图4-35所示。

（14）新建一个 CSS 样式。在"选择器"选项组中单击"添加选择器"按钮 ➕，在文本框中输入 a:hover，按 Enter 键确认，如图 4-36 所示。

图 4-35 新建超链接 CSS 样式

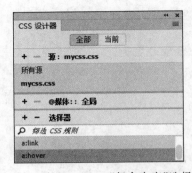

图 4-36 定义 a:hover"复合内容"选择器

（15）在"属性"选项组中单击"文本"按钮 T，定义颜色为♯000000；单击"背景"按钮，定义背景颜色为♯00FF00，如图 4-37 所示。

图 4-37 新建超链接 CSS 样式

（16）选择"文件"|"保存"命令保存 CSS 文件，这时的 CSS 代码为：

```
@charset "utf-8";
.text {
    font-family: "宋体";
    font-size: 12px;
    line-height: 150%;
    vertical-align: top;
    text-align: left;
    text-indent: 2em;
}
table {
    border: 1px dotted ♯FF9900;
}
```

```
a:link {
    font-family: "宋体";
    font-size: 12px;
    color: #FFFFFF;
    text-decoration: none;
}
a:hover {
    color: #000000;
    background-color: #00FF00;
}
```

2. 链接外部 CSS 样式表

前面创建了一个外部 CSS 样式表文件,下面将这个外部样式表链接到某个网页上加以应用。

(1)在浏览器中查看一下,没有应用外部 CSS 样式表时网页的效果(网页文件 4.3.2 .html)如图 4-38 所示。

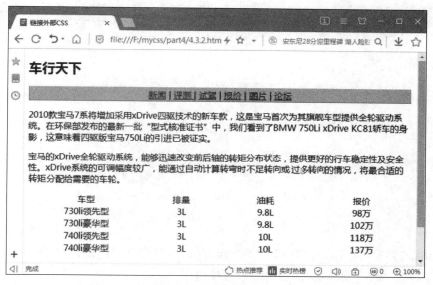

图 4-38　没有应用外部 CSS 样式表时网页的效果

(2)在 Dreamweaver 中打开网页文件"4.3.2.html"。

(3)选择"窗口"|"CSS 设计器"命令,打开"CSS 设计器"面板。在"源"选项组中单击"添加 CSS 源"按钮➕,在弹出的列表中选择"附加现有的 CSS 文件"选项,然后单击"浏览"按钮,选择创建的外部样式表文件 mycss.css,如图 4-39 所示。

(4)单击"确定"按钮返回"使用现有的 CSS 文件"对话框,如图 4-40 所示。

专家点拨:在"使用现有的 CSS 文件"对话框中有两种添加外部样式表的方式,一种是"链接",另一种是"导入"。"导入"是将外部样式表直接导入网页文档中,而"链接"则是一种指向关系,只是有一个指针将网页文件和外部样式表文件联系在了一起。

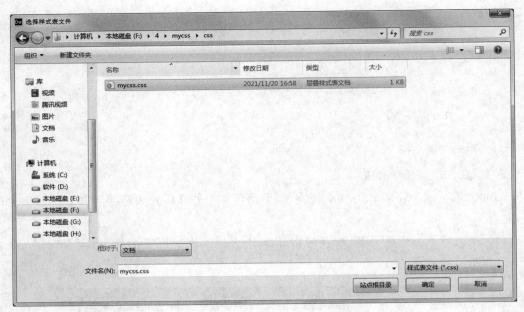

图 4-39　"选择样式表文件"对话框

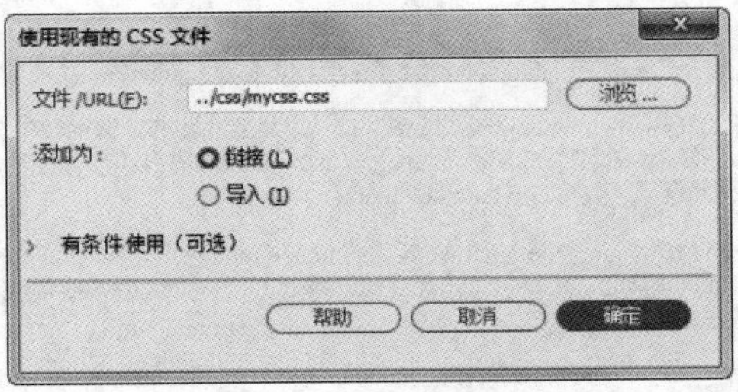

图 4-40　"使用现有的 CSS 文件"对话框

（5）单击"确定"按钮，外部样式表文件 mycss.css 就会自动链接到网页中。刚附加的外部样式会出现在"CSS 设计器"面板的"源"选项组中。

因为控制超链接和表格的 CSS 规则是用相应的标签重新定义得到的，所以网页中的超链接和表格会自动应用样式。

用户可以将.text 样式应用到＜body＞标签上，这样网页中的文字都用.text 这个样式来控制外观。

（6）在浏览器中预览效果，如图 4-41 所示，可以发现在外部样式表中定义的一些样式已经应用到了网页中。

按照上面的方法还可以将外部样式表文件 mycss.css 应用到其他网页文档中。如果需要统一更改这些网页的外观，只需修改外部样式表文件 mycss.css 即可。

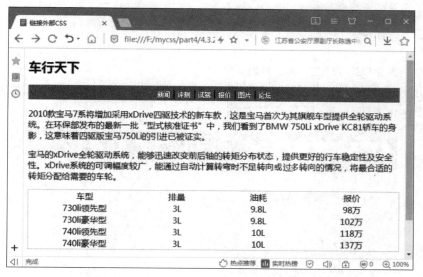

图 4-41　应用外部 CSS 样式表时网页的效果

4.4　本章习题

一、选择题

1. 如果定义了一个名称为 .text 的样式表,那么这个样式表的"选择器类型"为(　　　)。

    A. 类　　　　　　　　B. 标签　　　　　　　C. 复合内容　　　　D. 以上 3 种类型之一

2. 外部 CSS 样式表文件的扩展名是(　　　)。

    A. .htm　　　　　　　B. .html　　　　　　　C. .css　　　　　　　D. .asp

3. 以下说法正确的是(　　　)。

    A. 只要在网页文档中定义了 CSS 样式表,那么样式表效果就可以在网页中自动显示出来

    B. 只要在网页文档中定义了 CSS 样式表就不能把它清除

    C. 有些定义好的 CSS 样式表必须应用到网页的某个元素中(文字、段落或者标签等)才能显示出来效果

    D. 以上都不对

二、填空题

1. 根据运用 CSS 样式表的范围局限于当前网页内部还是可以运用到其他网页文件,CSS 样式表可以分为两种类型,分别是_____和_____。

2. Dreamweaver 把简单运用 CSS 样式表的相关功能都汇集到了_____面板,在这个面板中可以新建、编辑、删除 CSS 样式表。

3. 在定义 CSS 样式表的时候,如果统一改变网页中超链接文字的外观,通常会定义一种 CSS 样式,它的选择器类型为_____。

4.5　上机练习

练习1　使用 CSS 自定义项目列表

在 Dreamweaver 中制作项目列表时系统默认的项目列表图标是圆点。本练习要利用 CSS 定义个性化的项目列表图标，效果如图 4-42 所示。

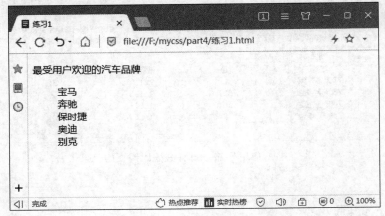

图 4-42　个性化项目列表图标

练习2　外部 CSS 文件的创建和应用

创建一个 CSS 文件，定义若干 CSS 样式（包括对文本段落格式控制的样式、超链接样式、表格样式等）；然后创建一个网页效果，尽量让网页包含一些常用的元素（文字、图像、表格、导航条等）；最后将外部 CSS 文件链接到这个网页上，并应用相应的 CSS 样式控制网页的外观。

网页布局

　　网站的设计不仅体现在具体内容与细节的设计制作上，也需要对框架进行整体的把握。在进行网站设计时需要对网站的版面与布局进行整体性的规划。

　　本章主要内容：

- 网页布局的类型
- 用表格进行网页布局
- 用 CSS 进行网页布局

5.1　网页布局的类型

　　在网页布局的设计上，根据用户的使用习惯与设计经验已经形成了一些常见的布局类型。网页布局类型主要从用户使用的方便性、界面大方美观、网页特色等方面考虑。下面介绍一些常见的网页布局类型。

　　1."国"字型

　　"国"字型布局是一种常见的网页布局类型。这种布局类型是在网页的上、下各设计一个通幅广告条，左面是主菜单或导航条，右面是友情链接或其他链接的内容，中间是网页的主要内容。这样布局可以充分利用网页的版面，信息量较大。"国"字型布局效果如图 5-1 所示。

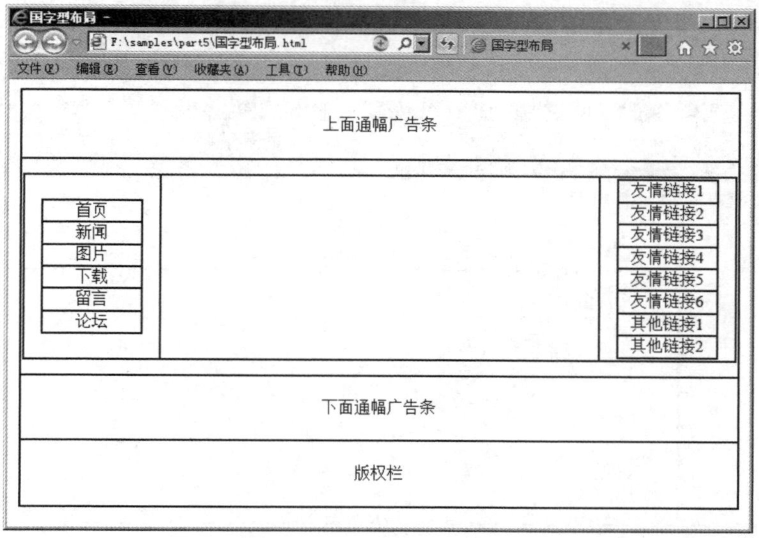

图 5-1　"国"字型布局

2."厂"字型

"厂"字型布局是在网页的上部放置 Logo 和 Banner,在网页的左边放置导航条与其他链接,在网页的右下方放置网页的主要内容。这种布局的好处是网页的各部分布局非常集中,可以在一个区域突出网页的重要内容;网页中的内容主次分明,很有层次感。"厂"字型布局效果如图 5-2 所示。

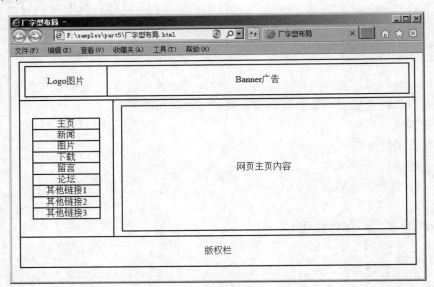

图 5-2 "厂"字型布局

3."框架"型

"框架"型布局是指以框架网页的形式实现网页的布局。框架网页的功能是将浏览器窗口划分为若干区域,每个区域可以分别显示不同的网页,这样框架就可以实现网页的布局。

与其他网页布局类型不同,其他网页布局都是在一个网页上实现的,而框架布局是在几个不同的网页上实现布局,然后再通过框架网页集合在一起。"框架"型布局效果如图 5-3 所示。

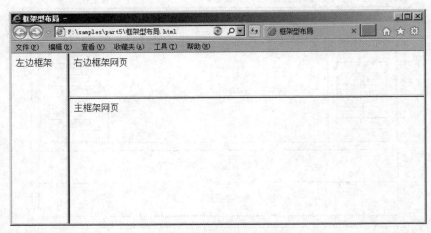

图 5-3 "框架"型布局

4."封面"型

"封面"型布局一般出现在网站的首页,页面上通常是一些精美的平面设计结合一些小的动画,放上几个简单的链接或者仅仅是一个"进入"链接,甚至直接在首页的图片上设计链接。"封面"型布局的网页结构常常很简单,需要使用精美的封面效果来体现网页的内容。"封面"型布局效果如图 5-4 所示。

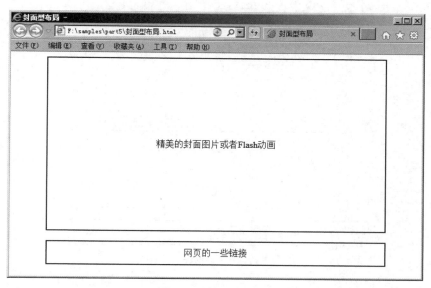

图 5-4　"封面"型布局

5.2　用表格进行网页布局

表格可以用来控制页面布局,通过在表格里放置内容,用户能够把对象放置到页面的指定位置,创建更复杂的视觉结构。表格是一种可以让设计人员初步控制站点布局的 HTML 元素。

5.2.1　在页面中插入表格

新建一个 HTML 文档,选择"插入"|Table 命令,弹出 Table 对话框,如图 5-5 所示。这里插入一个 4 行 3 列的表格,表格宽度为 500 像素,边框粗细为 1 像素,单元格边距和间距都为 0,在"标题"文本框中输入文字"一个简单的表格"。然后单击"确定"按钮,页面中将出现一个表格,效果如图 5-6 所示。

专家点拨:在网页中插入表格有 3 种常用方法,分别是选择"插入"|Table 命令、单击"插入"面板的 HTML 选项卡中的 Table 按钮田和直接按 Ctrl+Alt+T 组合键。

在图 5-5 所示的 Table 对话框中可以看到,在插入表格时可以对表格宽度、边框粗细、单元格边距和间距、页眉以及表格标题等参数进行设置。下面对这些参数进行详细介绍。

1.表格宽度

表格宽度能以百分比和像素两种单位进行设置。以百分比为单位进行设置在浏览网页

图 5-5　Table 对话框

一个简单的表格

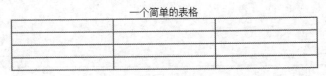

图 5-6　表格效果

时按照网页浏览区的宽度为基准，而以像素为单位进行设置则是表格的实际宽度。在不同的情况下需要使用不同的单位，例如在表格嵌套时多以百分比为单位。

专家点拨：表格的宽度和高度可以通过浏览器窗口百分比或者绝对像素值来定义，比如设置宽度为窗口宽度的 100%，那么当浏览器窗口大小变化的时候表格的宽度也随之变化；如果设置宽度为 760 像素，那么无论浏览器窗口大小为多少，表格的宽度都不会变化。

2. 边框粗细

边框粗细用来设置表格边框的粗细，在插入表格时表格边框的默认值为 1 像素，如果把表格边框的值设置为 0，表格的边框则为虚线，如图 5-7 所示，这样在浏览网页时就看不到表格的边框了。如果把表格边框的值设置为 5 像素，那么表格的边框就变得宽了许多，如图 5-8 所示。

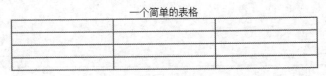

图 5-7　边框值为 0

图 5-8　边框值为 5 像素

3. 单元格边距

单元格边距表示单元格中的内容与边框距离的大小，如果单元格边距为默认值，其单元格中的内容与边框的距离很近，如图 5-9 所示。如果把单元格的边距设置为 8 像素，在单元格中的内容与边框之间就存在了一定的距离，如图 5-10 所示。

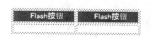

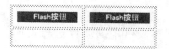

Flash按钮
Flash按钮

图 5-9　单元格边距为默认值

Flash按钮
Flash按钮

图 5-10　单元格边距为 8 像素

4. 单元格间距

单元格边距和单元格间距是两个不同的概念，单元格间距是指单元格与单元格、单元格与表格边框的距离。两者的单位都是像素，在默认情况下边距的值为 1 像素，间距的值为 2 像素。图 5-11 所示为把单元格间距设置为 8 像素的表格外观。

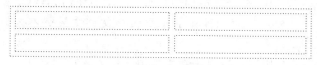

图 5-11　单元格间距为 8 像素

5. 页眉设置

页眉设置其实就是为表格选择一个加粗文字的标题栏，这样对于要求标题以默认粗体显示的表格省去了每次手动执行加粗的动作，提高了工作效率。用户可以将页眉设置为无、左部、顶部，或者左部和顶部同时设置。图 5-12 和图 5-13 所示分别为将页眉设置在左部和顶部时的效果。

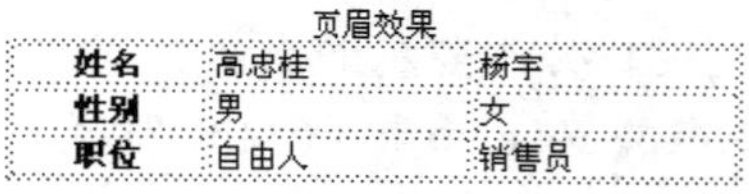

页眉效果
姓名
高忠桂
杨宇
性别
男
女
职位
自由人
销售员

图 5-12　页眉设置在左部

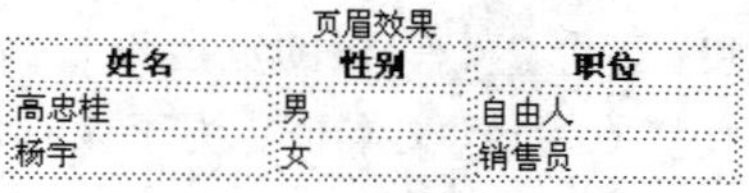

页眉效果
姓名
性别
职位
高忠桂
男
自由人
杨宇
女
销售员

图 5-13　页眉设置在顶部

6. 辅助功能

辅助功能的作用主要是为表格和表格的内容提供一些简单的文本描述。用户可以在“标题”文本框中为表格设置一个标题，在“对齐标题”下拉列表中选择一种标题的对齐方式，在“摘要”文本域中输入对所创建表格的简单描述信息。

5.2.2　设置表格和单元格属性

表格由单元格组成，而表格和单元格的属性完全不同。选择不同的表格对象，“属性”面板将会显示相应的选项参数，修改这些参数可以得到不同风格的表格。

1. 设置表格属性

将鼠标指针移至表格下方，当光标变为▦时单击可以选中整个表格，在“属性”面板中显示表格的各种属性，如图 5-14 所示。

图 5-14　表格的"属性"面板

下面分别对表格中的属性进行说明。

（1）"表格"文本框：用于输入表格的名称，用户可以在此输入一个名称为表格命名。

（2）行和列：可以重新设置表格中行和列的数量。

（3）宽：设定表格的宽度，宽度可以在"表格"对话框中设置，单位有"百分比"和"像素"两种。一般情况下不需要设置表格的高度。

（4）CellPad 文本框：即单元格边距，是单元格内容与单元格边框之间的像素数。

（5）CellSpace 文本框：即单元格间距，是相邻的单元格之间的像素数。

（6）Border 文本框：用于设置表格的边框厚度。在大部分浏览器中，表格的边框都会采用立体效果方式，但在整理网页而使用的布局表格文档中最好不要显示边框，将 Border 值设置为 0。

（7）Align 下拉列表：用于设置表格在文档中的位置，包括"默认""左对齐""居中对齐""右对齐"4 个选项。

（8）Class 下拉列表：用于设置表格样式。

（9）"清除列宽"按钮和"清除行高"按钮：这两个按钮可以将表格中所有明确指定的行高或列宽删除。

（10）"将表格宽度转换成像素"按钮和"将表格宽度转换成百分比"按钮：前者将表格中每列的宽度设置为以像素为单位的当前宽度，还将整个表格的宽度设置为以像素为单位的当前宽度。后者将表格中每列的宽度或高度设置为按占文档窗口宽度百分比表示的当前宽度，还将整个表格的宽度设置为按占文档窗口宽度百分比表示的当前宽度。

（11）"原始档"文本框：用于设置原始表格设计图像的 Fireworks 源文件路径。

2. 设置单元格属性

在任一单元格内单击，"属性"面板中将显示图 5-15 所示的单元格"属性"设置区域，其各选项的作用如下。

图 5-15　单元格的"属性"面板

（1）"合并所选单元格，使用跨度"按钮：将选定的多个单元格、选定的行或列的单元格合并成一个单元格。

（2）"拆分单元格为行或列"按钮：将选定的一个单元格拆分成多个单元格。注意，一次只能对一个单元格进行拆分，若选择多个单元格，此按钮禁用。

（3）"水平"和"垂直"下拉列表：前者用于设置行或列中内容的水平对齐方式。其下拉列表中包括"默认""左对齐""居中对齐""右对齐"4 个选项。一般将标题行的所有单元格设置为"居中对齐"方式。后者用于设置行或列中内容的垂直对齐方式。其下拉列表中包括"默认""顶端""居中""底部"和"基线"5 个选项。一般采用"居中"对齐方式。

（4）"宽"和"高"文本框：用于设置单元格的宽度和高度。

（5）"不换行"复选框：设置单元格文本是否换行。如果选中此复选框，当输入的数超出单元格的宽度时会自动增大单元格的宽度来容纳数据。

（6）"标题"复选框：选中此复选框，将行或列的每个单元格的格式设置为表格标题单元格的格式。

（7）"背景颜色"文本框：用于设置单元格的背景颜色。

5.2.3　表格标签

前面介绍了如何在 Dreamweaver 设计视图下创建表格，为了让读者对表格有更深刻的理解，本节介绍表格标签。与表格相关的标签有＜table＞、＜tr＞、＜td＞等，分别表示表格、行、列。

1.＜table＞标签

＜table＞标签表示一个表格的开始。每一个＜table＞标签都需要一个＜/table＞标签关闭。其相关的属性如下。

- width：表格的宽度。
- height：表格的高度。
- border：表格边框的线宽。
- cellpadding：表格边框之间的填充宽度。
- cellspacing：表格边框之间的间距。
- bordercolor：边框的颜色。
- background：表格背景的图片。
- bgcolor：表格背景的颜色。
- align：表格的对齐方式，可以是 left、center、right 等值。

例如，下面是一个表格的代码：

```
<table width="500" height="200" border="2" cellspacing="1" cellpadding="2"
bordercolor="#CC0000" bgcolor="#0033FF" align="center"></table>
```

这些代码表示开始一个表格，宽 500 像素、高 200 像素，边框宽度为 2 像素，边框之间的填充为 1 像素，外边框和内边框的间距为 2 像素，边框颜色为红色，背景颜色为蓝色，居中对齐。

专家点拨：表格的宽度值和高度值如果是一个数字，例如＜table width＝"500"＞，则尺寸单位为像素；如果是一个百分比，例如＜table width＝"50％"＞，则尺寸单位为百分比，表示宽度或高度占上一级元素的百分比。

2.＜tr＞标签

＜tr＞标签表示表格的一行，具有和＜table＞标签相同的高度、宽度、背景等属性。每一个＜tr＞标签都需要一个＜/tr＞标签关闭。

3. ＜td＞标签

＜td＞标签表示表格的一个单元格，具有和＜table＞标签相同的高度、宽度、背景等属性。每一个＜td＞标签都需要一个＜/td＞标签关闭。

例如下面是网页中一个表格的代码：

```
< table width="500" height="200" border="2" cellpadding="1" cellspacing="1"
bordercolor="#0000FF" bgcolor="#999999">
  <tr>
    <td bgcolor="#990033">设置单元格背景</td>
    <td>灰色背景</td>
    <td>黄色背景</td>
  </tr>
  <tr>
    <td> </td>
    <td align="center">居中对齐</td>
    <td align="left">左对齐</td>
  </tr>
</table>
```

表格的显示效果如图 5-16 所示。

设置单元格背景	灰色背景	黄色背景
	居中对齐	左对齐

图 5-16　表格效果

5.2.4　用表格布局网页

表格是最常用的网页布局实现方式，在表格中可以很容易地对表格的行和列进行调整，从而方便地实现网页布局。本节通过实例介绍使用表格进行网页布局的方法。

网页布局实例效果如图 5-17 所示。这个页面是由 4 个表格组成的，在某些单元格中又嵌套了表格，布局示意图如图 5-18 所示。其中，表 1 为网页的顶部，包括网站的 Logo 及 Banner；表 2 是网站导航条；表 3 是页面的主体区，包括左侧的文章列表、右侧的其他链接和下部的搜索条，其中又分别嵌套了小表格；表 4 是网页的底部，是网站的版权栏。

下面详细介绍本实例的制作步骤。

1. 创建第一个表格

（1）新建一个 HTML 网页文件，将文件另存为"5.2.4.html"。选择"插入"｜Table 命令，在弹出的 Table 对话框中设置表格为 1 行 2 列，宽为 760 像素，边框粗细、单元格边距和单元格间距均为 0，如图 5-19 所示。单击"确定"按钮，即创建了一个表格。

图 5-17 网页布局实例效果

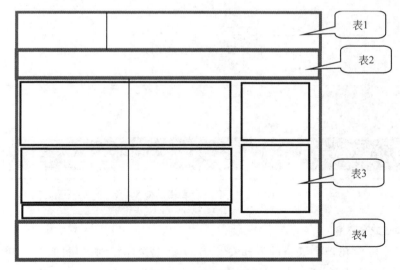

图 5-18 布局示意图

(2) 单击"标签选择器"上的<table>标签选中表格,然后打开"属性"面板,设置对齐方式为"居中对齐",如图 5-20 所示。

(3) 单击表格的第一个单元格,在"属性"面板中设置单元格的宽为 180 像素、高为 60 像素,设置背景颜色为蓝色。单击第二个单元格,在"属性"面板中设置单元格的背景颜色为红色,效果如图 5-21 所示。

图 5-19　Table 对话框

图 5-20　修改表格属性

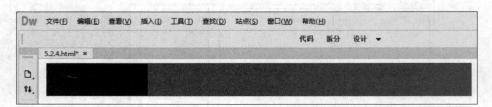

图 5-21　第一个表格的效果

2. 创建第二个表格

（1）将光标定位在整个表格的后面，按 Enter 键把光标移到表格的下面，单击"插入"面板的 HTML 选项卡中的 Table 按钮⊞，插入一个 1 行 1 列、宽为 760 像素的表格。

专家点拨：这次插入的表格继承了前面设置的部分属性，在 Table 对话框中不用再设置边框粗细、单元格边距和单元格间距等属性。

（2）打开"CSS 设计器"面板，在"源"选项组中单击"添加 CSS 源"按钮✚，在弹出的列表中选择"在页面中定义"选项。单击"选择器"选项组中的"添加选择器"按钮✚，在文本框中输入.bimage，如图 5-22 所示。在"属性"选项组中单击"背景"按钮▨，然后在显示的选项设置区域中单击 background-images 选项后的"浏览"按钮🖿，在弹出的"选择图像源文件"

对话框中选择已经准备好的背景图片(\images\bg.jpg),如图 5-23 所示。

图 5-22 定义一个"类"选择器

图 5-23 .bimage 的 CSS 规则定义

(3)选中此表格,在"属性"面板中设置其对齐方式为"居中对齐"。

(4)单击单元格,在"属性"面板中单击 CSS 按钮切换到 CSS 属性检查器,设置单元格高度为 40 像素。

(5)在"目标规则"下拉列表中选择 bimage 选项,该单元格就应用了一个背景图片,如图 5-24 所示。

图 5-24 添加第二个表格后的效果

3. 创建第三个表格

(1)在表格下面的空白处单击,光标就移到了表格的后面,再次插入一个表格,由于 Table 对话框设置了记忆功能,因此这里不进行设置直接单击"确定"按钮即可。

(2)选中这个表格,在"属性"面板中设置表格的对齐方式仍为"居中对齐",在"行"和"列"文本框中分别输入 1 和 3,设置表格为 1 行 3 列。

(3)单击第一个单元格,将光标定位在此单元格中,在"属性"面板中设置单元格的宽度为 570 像素、单元格内容的垂直对齐方式为"顶端",如图 5-25 所示。

图 5-25 单元格属性设置

（4）将光标定位在第二个单元格中，设置其宽度为 10 像素、垂直对齐方式为"顶端"。

（5）将光标定位在第三个单元格中，设置宽度为 180 像素、背景颜色为浅灰色、垂直对齐方式为"顶端"，这样 3 个单元格的宽度合起来正好是 760 像素。

（6）在第一个单元格中单击，插入一个 2 行 3 列、宽为 570 像素的表格。选中此表格的第一行的第一个单元格，设置其宽为 280 像素、高为 24 像素、背景颜色为"♯CC8800"；设置第二个单元格的宽为 10 像素、背景颜色为白色。第三个单元格的设置和第一个单元格的设置一样。选中第二行的第一个单元格，将高度设置为 120 像素，将背景颜色设置为浅灰色。选中第二行的第二个单元格，将背景颜色设置为白色。选中第二行的第三个单元格，将背景颜色设置为浅灰色。

（7）选中这个宽度为 570 像素的表格，按 Ctrl＋C 组合键进行复制；将光标移到这个表格的后面（在选中表格的状态下只需按一下向右方向键，光标即移到此表格的右侧了），按 Ctrl＋V 组合键进行粘贴，效果如图 5-26 所示。

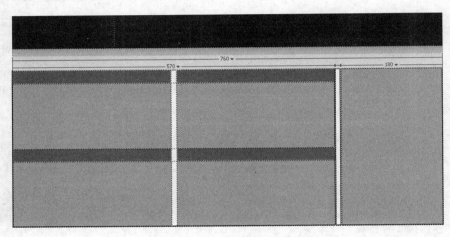

图 5-26　复制内嵌表格后的效果图

（8）在所有表格下部的空白处单击，使光标移到大表格的后面，再按 Ctrl＋V 组合键粘贴一次。选中新复制的表格，将其行、列属性改为 2 行 1 列，将宽度设置为 180 像素，然后单击第一个单元格，将背景颜色改为"♯805500"。

（9）选中这个新复制的表格，按 Ctrl＋X 组合键剪切，然后将光标移到右侧浅灰背景的单元格中连续粘贴两次。

（10）将光标移到左侧两个内嵌表格的后面，再插入一个 1 行 1 列、宽度为 570 像素的表格，设置表格的高度为 36 像素、背景颜色为深灰色。

4. 创建第四个表格

（1）将光标移到所有表格的下面，插入一个 1 行 1 列、宽度为 760 像素的表格，设置其对齐方式为"居中对齐"。

（2）将光标移至单元格内，设置单元格高度为 60 像素、单元格垂直对齐方式为"顶端"、背景颜色为浅灰色。选择"插入"｜HTML｜"水平线"命令，插入一条水平线，设置其高度为 1 像素。

最后在相应的单元格中添加文字和图片并保存网页，完成本实例的制作。

5.3 用 CSS 进行网页布局

随着 Web 2.0 的广泛流行,越来越多的网站工程师采用符合 W3C 标准的技术开发网页,这是今后网页设计的发展方向。CSS 页面布局使用层叠样式表格式(而不是传统的 HTML 表格或框架),用于组织网页上的内容。CSS 布局的基本构造块是 div 标签,它是一个 HTML 标签,在大多数情况下用作文本、图像或其他页面元素的容器。

5.3.1 表格+CSS 布局

表格+CSS 布局是从传统的网页设计技术到符合 Web 2.0 标准的网页设计技术的一种过渡。本节介绍表格+CSS 布局的方法。

传统的网页设计往往都是利用表格进行网页布局,其实<table>标签的本意并不是用来布局网页,它的本意是创建表格数据,用来表现网页中具有二维关系的数据。传统的网页设计采用大量嵌套的表格进行布局,容易将网页内容、结构和表现混杂在一起,这样设计出来的网页不利于维护和搜索引擎的搜索。

图 5-27 所示为传统布局方式的一个网页的源文件代码片段,可以看出这个网页利用了大量的嵌套表格进行布局,代码十分复杂,不利于维护和管理。

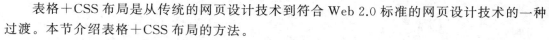

图 5-27 传统的表格布局代码

符合 Web 2.0 标准的网页设计是将网页内容、结构与表现分开,做到"表现和结构相分离"。表格+CSS 布局可以使设计的网页结构更加合理,更便于维护和更改网页的样式,但是从本质上讲这种布局网页的方式只是从传统的网页设计技术到符合 Web 2.0 标准的网页设计技术的一种过渡。

图 5-28 所示为用户在网站首页布局中经常会看到的局部布局效果,位置一般在网页的两侧。

图 5-28　布局效果

针对这个布局效果，传统的表格布局方法是创建一个 3 行 1 列的表格，然后直接设置表格和每个单元格的属性。表格＋CSS 布局的方法不是这样，具体方法是先创建一个 3 行 1 列的表格，表格和每个单元格的样式用 CSS 来控制，示意如图 5-29 所示。

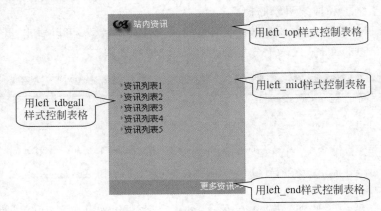

图 5-29　用 CSS 样式控制表格的示意图

这里定义了 4 个 CSS 类选择符，即 .left_tdbgall、.left_top、.left_mid、.left_end，它们分别用来控制表格的样式和 3 个单元格的样式。

下面详细介绍这个网页布局实例的制作方法。

1. 创建 CSS 文件

（1）按 Ctrl＋N 组合键，在弹出的"新建文档"对话框的左侧列表中选择新建文档选项卡，在"文档类型"列表中选择 CSS 选项，创建一个 CSS 文档，保存为 5.3.1.css。

（2）按 Shift＋F11 组合键，打开"CSS 设计器"面板，此时"源"选项组中显示了创建的 CSS 样式，如图 5-30 所示。

（3）在"CSS 设计器"面板的"选择器"选项组中单击➕按钮，在显示的文本框中输入".left_tdbgall"，按 Enter 键，即可定义一个"类"选择器，如图 5-31 所示。

（4）在"属性"选项组中单击"背景"按钮▨，切换到背景属性设置，将 background-color（背景颜色）设置为 ＃666666（灰色），如图 5-32 所示。

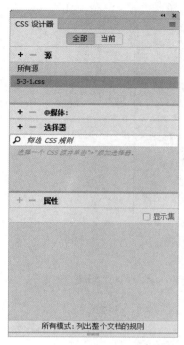

图 5-30 新建的"5.3.1.css"外部样式

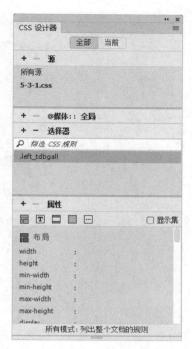

图 5-31 定义一个"类"选择器

单击"布局"按钮 ，切换到布局属性设置，将 width（宽）和 height（高）分别设置为 190px 和 250px，如图 5-33 所示。

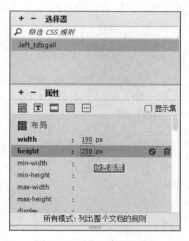

图 5-32 设置背景属性　　　　　　　　　图 5-33 设置布局属性

单击"边框"按钮 ，切换到边框属性设置，将 width 设置为 1px、style 设置为 solid、color 设置为 ♯99CC00，如图 5-34 所示。

完成 CSS 规则定义以后，单击"确定"按钮。这时文档窗口中增加了如下代码：

```
/* 表格样式定义 */
.left_tdbgall {
```

图 5-34　设置边框属性

```
background-color: #666666;              /*定义背景颜色为灰色*/
width: 190px;                           /*定义单元格宽度*/
height: 250px;                          /*定义单元格高度*/
border: 1px solid #99CC00;              /*定义表格边框为1像素绿色细线*/
}
```

（5）按照同样的方法定义.left_top 类选择符，这个 CSS 样式用来控制第一个单元格（顶部单元格）。其代码如下：

```
/*顶部单元格的背景、文字、段落格式等定义*/
.left_top {
    color: #FFFFFF;                          /*定义文字颜色*/
    height: 30px;                            /*定义单元格高度*/
    width: 190px;                            /*定义单元格宽度*/
    text-align: left;                        /*定义段落对齐方式为左对齐*/
    background-image: url(img/head.png);     /*定义单元格背景图像*/
    background-position: center;             /*定义背景图像居中*/
    background-repeat: no-repeat;            /*定义背景图像不重复*/
    padding-left: 35px;                      /*设置方框中填充对象的左边距为35像素*/
    font-size: 12px;                         /*定义文字大小*/
    vertical-align: middle;                  /*定义文字在单元格垂直方向上居中对齐*/
}
```

（6）按照同样的方法定义.left_mid 类选择符，这个 CSS 样式用来控制第二个单元格（中部单元格）。其代码如下：

```
/*中部单元格的背景、文字、段落格式等定义*/
.left_mid {
    padding: 5px;                            /*定义填充内容的边距*/
    height: 200px;                           /*定义单元格高度*/
    width: 190px;                            /*定义单元格宽度*/
```

```
    font-size: 12px;                        /*定义文字大小*/
    background-color: #CCCCCC;              /*定义背景颜色为浅灰色*/
    color: #000000;                         /*定义文字颜色*/
    list-style-position: inside;            /*定义列表位置为内部*/
    list-style-image: url(img/s_left.gif);  /*定义列表项前面的图标*/
}
```

（7）按照同样的方法定义.left_end类选择符，这个CSS样式用来控制第三个单元格（底部单元格）。其代码如下：

```
.left_end {
    height:20px;                    /*定义单元格高度*/
    width: 190px;                   /*定义单元格宽度*/
    font-size: 12px;                /*定义文字大小*/
    color: #FFFFFF;                 /*定义文字颜色*/
    text-align: right;              /*定义段落对齐方式为右对齐*/
    background-color: #99CC00;      /*定义背景颜色为绿色*/
}
```

　　专家点拨：如果用户对CSS已经有了相当的理解，也可以直接在代码视图中输入需要的CSS代码。利用手工输入的方式可以创建更加简洁的CSS代码。

2．创建网页文档

（1）新建一个网页文档，保存为5.3.1.html。在"CSS设计器"面板中单击"源"选项组中的➕按钮，在弹出的列表中选择"附加现有的CSS文件"选项，如图5-35所示。

　　在"使用现有的CSS文件"对话框中单击"文件/URL"选项右侧的"浏览"按钮，如图5-36所示。在弹出的"选择样式表文件"对话框中选择CSS样式文件，如图5-37所示。单击"确定"按钮，返回到"使用现有的CSS文件"对话框。

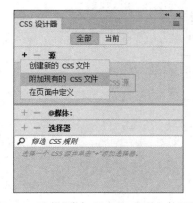

图5-35　选择"附加现有的CSS文件"选项

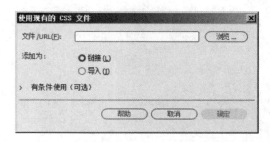

图5-36　"使用现有的CSS文件"对话框

　　单击"确定"按钮，完成外部样式的附加。刚附加的外部样式出现在"CSS设计器"面板的"源"项目组中，如图5-38所示。

（2）在设计视图下插入一个3行1列的表格。切换到代码视图，重新编辑<body>标签内的代码，最终<body>标签内的代码如下。

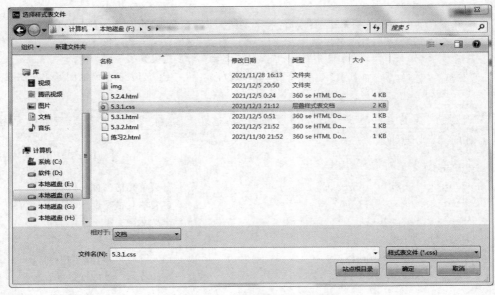

图 5-37　"选择样式表文件"对话框

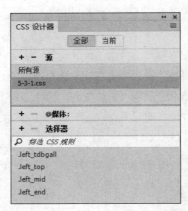

图 5-38　附加到"CSS 设计器"面板中的外部样式

```
<body>
<table border="0" cellpadding="0" cellspacing="0" class="left_tdbgall">
    <tr>
      <td class="left_top">站内资讯</td>
    </tr>
    <tr>
      <td class="left_mid">
      <li>资讯列表 1
      <li>资讯列表 2
      <li>资讯列表 3
      <li>资讯列表 4
      <li>资讯列表 5
```

```
        </td>
      </tr>
      <tr>
        <td class="left_end">更多资讯>></td>
      </tr>
</table>
</body>
```

以上创建的网页文件结构合理,代码比较简洁,网页内容和内容的表现(外观)基本是分开的,各自独立创建在不同的文件中。如果用户想改变网页外观,可以直接编辑 5.3.1.css 文件,重新设定相应的样式即可,这样也比较易于网站的维护。

5.3.2　DIV＋CSS 布局

利用 DIV＋CSS 布局网页是一种盒子模式的开发技术,它通过由 CSS 定义的大小不一的盒子和盒子嵌套来排版网页。因为用这种方式排版的网页代码简洁、更新方便,能兼容更多的浏览器,所以越来越受到网页开发者的欢迎。

1. CSS 布局简介

网页中的表格或者其他区块都具有内容(content)、填充(padding)、边框(border)、边界(margin)等基本属性,一个 CSS 盒子也都具有这些属性。图 5-39 所示为一个 CSS 盒子的示意图。

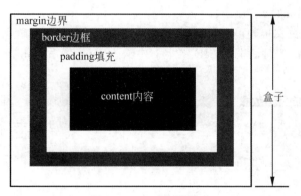

图 5-39　CSS 盒子模型

在利用 DIV＋CSS 布局网页时需要利用 CSS 定义大小不一的 CSS 盒子以及盒子嵌套。图 5-40 所示为一个网站首页的 CSS 盒子布局示意图。

从图 5-40 可以看出这个网页一共设计了 7 个盒子,最大的盒子是 body{},这是一个 HTML 元素,是 HTML 网页的主体标签。在 body{}盒子中嵌套一个♯container{}盒子(这里的♯container 是一个 CSS 样式定义,是一个标识选择符),可以称这个盒子为页面容器。在♯container{}盒子中又嵌套 3 个盒子♯header{}、♯main{}和♯bottom{},这 3 个盒子分别是网页的头部(Banner、Logo、导航条等)、中部(网页的主体内容)、底部(版权信息等)。在♯main{}盒子中嵌套♯left{}、♯right{}两个盒子,这是一个两栏的页面布局,这两个盒子分别用来容纳左栏和右栏的内容。

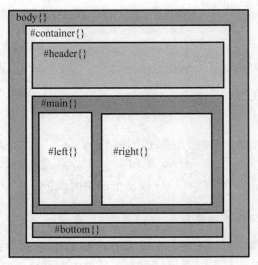

图 5-40　CSS 布局示意图

2. 利用 DIV＋CSS 布局

　　XHTML 是一种在 HTML 4.0 基础上优化和改进的新语言，目的是基于 XML 应用。XHTML 是一种增强了的 HTML，它的可扩展性和灵活性将适应未来网络应用更多的需求。

　　在网页文档中利用 Div 标签定义 XHTML 代码进行网页布局。下面使用 DIV＋CSS 制作一个科技网站首页的头部区域。

　　（1）新建一个网页文档，保存为 5.3.2.html。选择"插入"|Div 命令。

　　（2）打开"插入 Div"对话框，在 ID 文本框中输入 pics，然后单击"新建 CSS 规则"按钮，如图 5-41 所示。

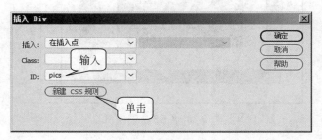

图 5-41　"插入 Div"对话框

　　（3）打开"新建 CSS 规则"对话框，保持默认设置，直接单击"确定"按钮。

　　（4）打开"＃pics 的 CSS 规则定义"对话框，在"分类"列表框中选择"方框"选项，将 Width 设置为 1150 像素、Height 设置为 300 像素；取消 Margin 选项区域中的"全部相同"复选框，设置 Top 和 Bottom 为 0，设置 Left 和 Right 为 auto，如图 5-42 所示。

　　（5）单击"确定"按钮，返回"插入 Div"对话框，然后单击"确定"按钮，在页面中插入如图 5-43 所示的 Div 标签。

　　此时在 style 标签中间新增了＃pics CSS 样式，在 body 标签中间新增了一对 div 标签，如图 5-44 所示。

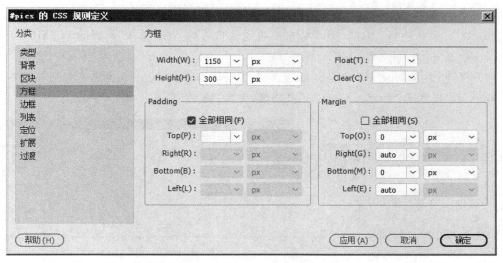

图 5-42 设置"方框"选项区域

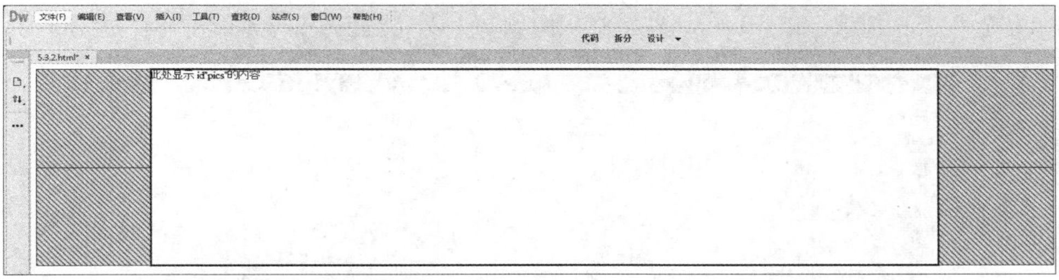

图 5-43 在网页中插入 Div 标签

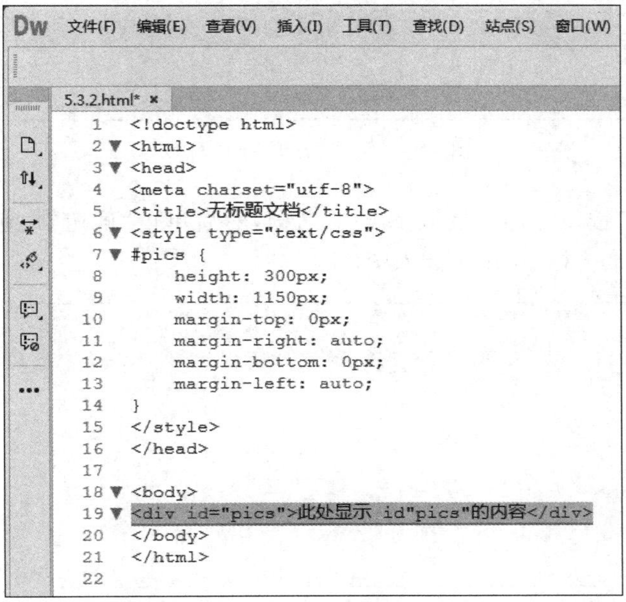

图 5-44 新增一对 div 标签

这对 div 标签定义了一个盒子结构，♯pics CSS 样式控制这个盒子的外观。

（6）将光标置于 Div 内部，删除系统自动生成的文本。在"插入"面板的 HTML 选项卡中单击 Div 按钮，如图 5-45 所示。

（7）打开"插入 Div"对话框，在 ID 文本框中输入 big，如图 5-46 所示。然后单击"新建 CSS 规则"按钮，打开"新建 CSS 规则"对话框，单击"确定"按钮。

图 5-45　"插入"面板

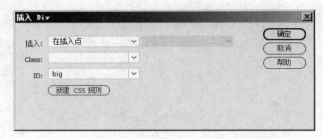

图 5-46　创建 big 样式

（8）打开"♯big 的 CSS 规则定义"对话框，在"分类"列表框中选择"方框"选项，将 Width 设置为 900 像素、Height 设置为 300 像素，Float 设置为 left，如图 5-47 所示。

图 5-47　设置"方框"选项区域

（9）单击"确定"按钮，返回"插入 Div"对话框，然后单击"确定"按钮，即可插入一个如图 5-48 所示的嵌套 Div 标签，用于插入图像。

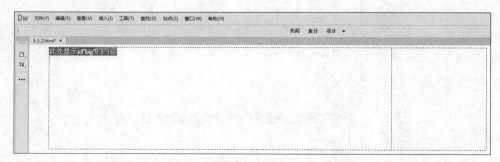

图 5-48　用于插入图像的嵌套 Div 标签

（10）将光标置于 Div 内部，删除系统自动生成的文本。选择"插入"|Image 命令，在嵌套 Div 标签中插入图像文件，效果如图 5-49 所示。

图 5-49　在 Div 标签中插入图像

（11）将光标置于右侧单元格内，选择"插入"|Div 命令，打开"插入 Div"对话框，在 ID 文本框中输入 wrap。然后单击"新建 CSS 规则"按钮，单击"确定"按钮。

（12）打开"♯wrap 的 CSS 规则定义"对话框，在"分类"列表框中选择"方框"选项，将 Width 设置为 240 像素、Float 设置为 right，如图 5-50 所示，单击"确定"按钮，返回"插入 Div"对话框，单击"确定"按钮，在页面中插入如图 5-51 所示的 Div 标签。

图 5-50　设置 wrap 规则的"方框"属性

（13）将光标置于 Div 内部，删除系统自动生成的文本。

（14）将光标置于 ID 为 wrap 的 Div 标签内，选择"插入"|Div 命令。

（15）打开"插入 Div"对话框，在 ID 文本框中输入 small_1，然后单击"新建 CSS 规则"

图 5-51 在网页中插入 Div 标签

按钮。

(16) 打开"新建 CSS 规则"对话框,单击"确定"按钮。打开"♯ small_1 的 CSS 规则定义"对话框,在"分类"列表框中选择"方框"选项,将 Width 设置为 240 像素、Height 设置为 146 像素,如图 5-52 所示,单击"确定"按钮,返回"插入 Div"对话框,单击"确定"按钮,在页面中插入 Div 标签。

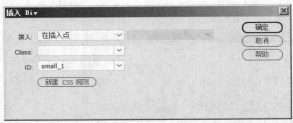

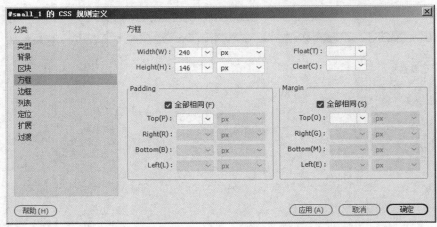

图 5-52 设置 small_1 规则的"方框"属性

(17) 将光标置于 Div 内部,删除系统自动生成的文本。选择"插入"|Image 命令,在其中插入图像,效果如图 5-53 所示。

(18) 切换到代码视图,将光标定位在 ID 为 small_1 的 Div 标签后,如图 5-54 所示。

(19) 选择"插入"|Div 命令,打开"插入 Div"对话框,在 ID 文本框中输入 middle,然后

图 5-53 插入 Div 标签并在其中添加图像

```
31 ▼ <body>
32 ▼   <div id="pics">
33        <div id="big"><img src="images/banner.jpg" width="900" height="300" alt=""/></div>
34 ▼     <div id="wrap">
35          <div id="small_1"><img src="images/byte.jpg" width="240" height="146" alt=""/></div>
36        </div>
37      </div>
38    </body>
39  </html>
40
```

将光标定位在此

图 5-54 定位光标的位置

单击"新建 CSS 规则"按钮,单击"确定"按钮。

(20)打开"♯middle 的 CSS 规则定义"对话框,在"分类"列表框中选择"方框"选项,取消 Margin 选项区域中的"全部相同"复选框,设置 Top 为 8,如图 5-55 所示。

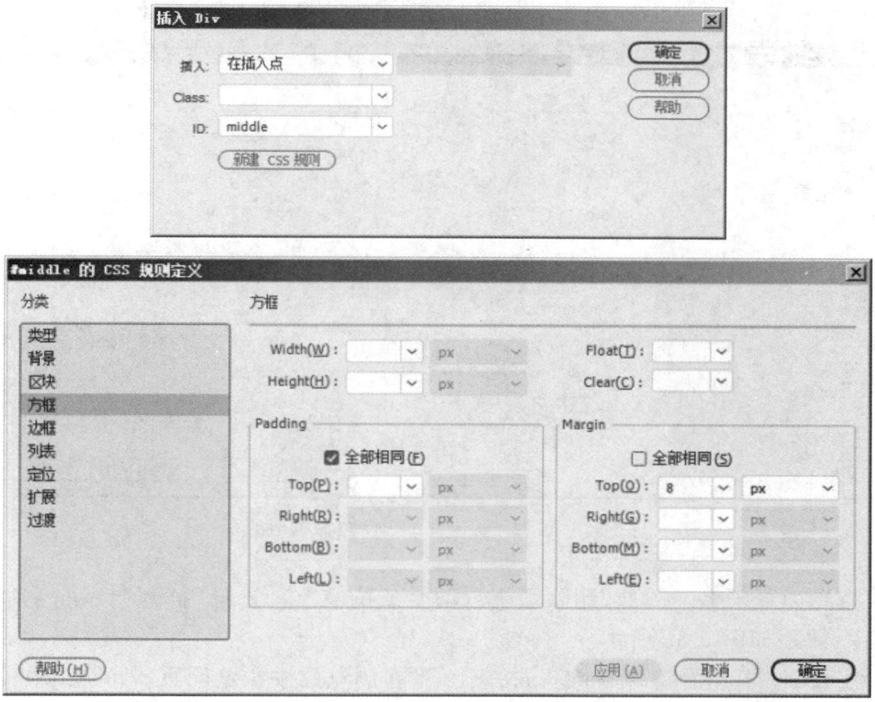

图 5-55 设置 middle 规则的"方框"属性

（21）将光标置于 Div 内部，删除系统自动生成的文本。在代码视图中将光标定位在 ID 为 middle 的 Div 标签后，如图 5-56 所示。

```
34 ▼ <body>
35 ▼ <div id="pics">
36       <div id="big"><img src="images/banner.jpg" width="900" height="300" alt=""/></div>
37 ▼    <div id="wrap">
38       <div id="small_1"><img src="images/byte.jpg" width="240" height="146" alt=""/></div>
39       <div id="middle"></div>
40       </div>
41     </div>
42   </body>
43   </html>
```

将光标定位在此

图 5-56　定位光标的位置

（22）选择"插入"|Div 命令，打开"插入 Div"对话框，在 ID 文本框中输入 small_2，然后单击"新建 CSS 规则"按钮，单击"确定"按钮。

（23）打开"♯small_2 的 CSS 规则定义"对话框，在"分类"列表框中选择"方框"选项，将 Width 设置为 240 像素、Height 设置为 146 像素，如图 5-57 所示，单击"确定"按钮，返回"插入 Div"对话框，单击"确定"按钮，在页面中插入 Div 标签。

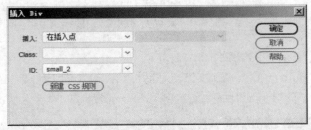

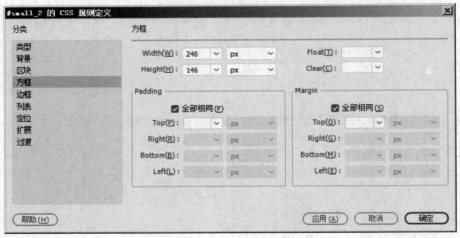

图 5-57　设置 small_2 规则的"方框"属性

（24）将光标置于 Div 内部，删除系统自动生成的文本。选择"插入"|Image 命令，在其中插入图像，效果如图 5-58 所示。

（25）按 Ctrl+S 组合键保存网页，按 F12 键在浏览器中预览网页，效果如图 5-59 所示。

图 5-58 插入 Div 标签并在其中添加图像

图 5-59 网页预览效果

5.4 本章习题

一、选择题

1. 在定义表格的属性时,在<table>标签中设置( )属性可以设置表格的边框颜色。

    A. border   B. bordercolor   C. color   D. colspan

2. 以下说法中正确的是( )。

    A. 如果要选择多个非连续的单元格,只要按住 Ctrl 键依次单击要选择的单元格即可

    B. 表格一旦创建,单元格就不能被合并和拆分了

    C. 表格的列的宽度和行的高度不能重新设置

    D. 以上都不正确

3. 对于盒子模型,网页中的表格或者其他块都具有内容、( )、边框、边界等基本属性,一个 CSS 盒子也具有这些属性。

    A. 框架   B. 形式   C. 填充   D. 模样

二、填空题

1. 一个表格主要由 3 种标签组成,分别是_____,它们分别对应表格、行、单元格。

2. 单元格边距和单元格间距是两个不同的概念,单元格间距是指_____、单元格与表格边框的距离。

5.5 上机练习

练习1 利用表格布局网页实例

本练习利用表格制作一个网页布局规划，效果如图5-60所示。这个布局总体上从上到下共有4个表格，依次是顶部表格、导航表格、网页主体表格、版权表格。其中，网页主体表格中又嵌套了3个表格，将主体区域分成了左、中、右三部分。

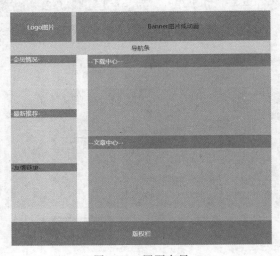

图 5-60 网页布局

练习2 利用 DIV＋CSS 布局网页实例

本练习实现一个网站首页的 CSS 盒子布局规划，效果如图5-61所示，将网页布局分成网页顶部（Logo、Banner、导航条）、网页中部（网页主体，分成左、右两栏）、网页底部（版权信息）3个盒子，网页中部的盒子中又嵌套了左栏和右栏两个盒子。

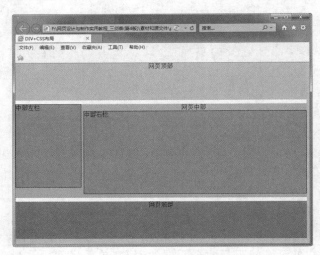

图 5-61 网站首页布局

第6章

网页特效与交互

在制作网页时为了丰富网页内容可以在网页中添加特效与交互,这样制作出来的网页不仅新颖、有风格,而且也能增加网站的访问量。Dreamweaver 内置了一些行为,行为是被用来动态响应用户操作、改变当前页面效果或执行特定任务的一种方法,利用行为可以高效地实现网页的互动效果。另外,利用 AP 元素(层)也可以实现网页的交互功能。

本章主要内容:
- 行为
- AP 元素
- JavaScript 基础知识

6.1 行为

行为是由一个事件(Event)所触发的动作(Action),因此又把行为称为事件的响应,它是被用来动态响应用户操作、改变当前页面效果或执行特定任务的一种方法。事件是浏览器产生的有效信息,也就是访问者对网页所做的事情。例如单击某个图像、鼠标指针经过指定的元素等。

Dreamweaver CC 2018 内置了几十种行为,利用这些行为不需要书写一行代码就可以实现丰富的动态页面效果,例如拖动 AP 元素、显示/隐藏元素、弹出消息、打开新浏览窗口等功能,达到用户与页面的交互。

6.1.1 附加行为

行为可以附加到整个文档,即附加到<body>标签,还可以附加到文字、图像、AP 元素、超链接、表单元素或多种其他 HTML 元素中的任何一种。

1. 添加行为的方法

(1) 在页面上选择需要添加行为的对象,例如一个图像或一个链接,然后选择"窗口"|"行为"命令打开"行为"面板,如图 6-1 所示。

(2) 单击"行为"面板上的"添加行为"按钮+,从弹出的菜单中(如图 6-2 所示)选择一个动作,例如"打开浏览器窗口"命令,在打开的相应动作设置对话框中设置好各个参数后单击"确定"按钮,返回到"行为"面板。

(3) 在动作设置好以后就要定义事件了,在"行为"面板的事件列表中显示了动作的默认事件,单击该事件,会出现下拉按钮⌄,单击该按钮,在弹出的下拉列表中选择一个合适的事件,如图 6-3 所示。

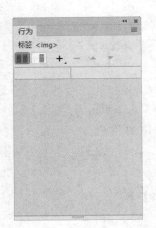

图 6-1 "行为"面板

图 6-2 弹出的菜单

(4) 这样完成操作以后与当前所选对象相关的行为就会显示在行为列表中,如果设置了多个事件,则按事件的字母顺序进行排列。如果同一个事件有多个动作,将以在列表上出现的顺序执行这些动作。如果行为列表中没有显示任何行为,则说明没有行为附加到当前所选的对象。在图 6-4 中"行为"面板显示了 3 个行为。

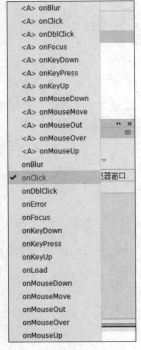

图 6-3 选择事件

图 6-4 "行为"面板中的行为列表

专家点拨：不同的浏览器、同一个浏览器的不同版本对事件的支持不尽相同，通常来说高版本的浏览器支持的事件要比低版本支持的多，而 IE 比 Netscape 支持的事件要多。

2. 修改行为

选择一个附加了行为的对象，然后选择"窗口"|"行为"命令打开"行为"面板，执行下列操作之一。

- 删除行为：将行为选中后单击"删除事件"按钮 ━ 或按 Delete 键。
- 改变动作参数：双击该行为名称或将其选中并按 Enter 键，然后更改弹出对话框中的参数，最后单击"确定"按钮。
- 改变给定事件的动作顺序：当"行为"面板中包括多个相同事件的动作时选择某个动作，然后单击"降低事件值"按钮 ▼ 或者单击"增加事件值"按钮 ▲，可以更改动作执行的顺序。用户也可以选择该动作，然后剪切，并将它粘贴到其他动作中所需的位置。

6.1.2 行为应用实例——网页加载时弹出公告页

用户在访问网页的时候经常会遇到这样的情况：打开网站页面时会弹出写有通知事项或特殊信息的小窗口。利用 Dreamweaver 的"打开浏览器窗口"行为可以制作这种效果。

1. 制作用作公告页的网页文档

（1）新建一个 HTML 网页文档，将其保存为 mywindow.html。

（2）插入一个 2 行 1 列的表格，创建如图 6-5 所示的页面效果。

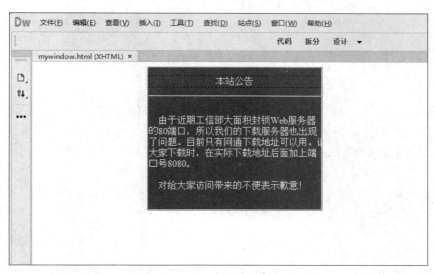

图 6-5 mywindow.html 页面效果

专家点拨：在制作用作公告页的网页文档时一定要考虑将来所弹出窗口的大小。如果公告页中的内容比弹出窗口大，那么在弹出窗口中显示的时候只截取部分内容显示。因此，一般情况下将用作通告的内容制作得比弹出窗口稍微小一些，这样可以保证在弹出窗口中全部显示。

2. 在另一个网页中添加"打开浏览器窗口"行为

（1）另外打开一个需要添加弹出公告的网页文档，一般为网站的首页，这里是 6.1.2.html。

图 6-6　对标签＜body＞添加
行为时的"行为"面板

（2）在"标签选择器"中单击＜body＞标签选定整个网页文档，这时在"行为"面板上方会显示"标签＜body＞"字样，如图 6-6 所示。

（3）在"行为"面板中单击"添加行为"按钮 ＋ ，在弹出的菜单中选择"打开浏览器窗口"命令。

（4）弹出"打开浏览器窗口"对话框，在其中单击"浏览"按钮打开"选择文件"对话框，在"选择文件"对话框中选择用作公告的网页文件 mywindow.html。

（5）单击"确定"按钮后返回到"打开浏览器窗口"对话框，在其中设置"窗口宽度"和"窗口高度"分别为 400 像素和 300 像素，如图 6-7 所示，最后单击"确定"按钮。

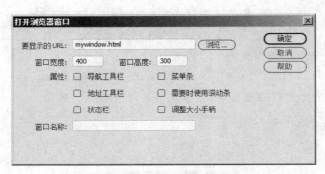

图 6-7　"打开浏览器窗口"对话框

专家点拨：在"打开浏览器窗口"对话框的"属性"选项组中有 6 个复选框，这些复选框用于控制显示或者隐藏导航工具栏、菜单栏、地址工具栏、滚动条、状态栏等浏览器构成元素。另外，在"窗口名称"文本框中输入弹出窗口的名称，这样可以根据情况用 JavaScript 进行控制。

3. 设置事件

（1）为了在加载网页文档时显示弹出窗口，在"行为"面板左边的事件栏中将事件设置为 onLoad，完成后的"行为"面板如图 6-8 所示。

（2）保存网页文档，然后按 F12 键在浏览器中查看效果，用户会发现在加载网页文档时弹出一个 400×300 像素的窗口，弹出窗口中的内容就是刚才制作的 mywindow.html。

图 6-8　添加"打开浏览器窗口"
行为后的"行为"面板

4. JavaScript 代码

行为一般是 JavaScript 针对网页中的对象进行编程控制实现的。在 6.1.2.html 网页中切换到代码视图，可以看到如下代码：

```
<!DOCTYPE html PUBLIC "-//W3C//DTD XHTML 1.0 Transitional//EN" "http://www.w3.
org/TR/xhtml1/DTD/xhtml1-transitional.dtd">
<html xmlns="http://www.w3.org/1999/xhtml">
<head>
<meta http-equiv="Content-Type" content="text/html; charset=utf-8"/>
<title>网站首页</title>
<script type="text/javascript">
<!--
function MM_openBrWindow(theURL,winName,features) { //v2.0
  window.open(theURL,winName,features);
}
//-->
</script>
</head>
<body onload="MM_openBrWindow('mywindow.html','','width=400,height=300')">
<h2>网站首页
</h2>
</body>
</html>
```

在<head>与</head>标签之间利用 JavaScript 定义了一个 MM_openBrWindow（）
函数。在<body>标签中加入了 onload 事件，其发生时调用 MM_openBrWindow（）函数。
在网页运行时会产生一个 onload 事件，这个事件会调用已经定义的行为函数。

6.1.3 内置行为简介

Dreamweaver CC 2018 内置了 30 多个行为动作，这些自带的行为动作是为了在
Netscape Navigator 4.0 和更高版本以及 Internet Explorer 4.0 和更高版本中使用而编写
的。下面说明每一个动作的功能，如表 6-1 所示。

表 6-1 常用动作列表

动 作 名 称	动 作 的 功 能
交换图像	发生设置的事件后用其他图片来取代选定的图片，此动作可以实现图像感应鼠标的效果
弹出信息	设置事件发生后显示警告信息
恢复交换图像	此动作用来恢复设置"交换图像"，却又因为某种原因而失去交换效果的图像
打开浏览器窗口	在新窗口中打开 URL，可以定制新窗口的大小
拖动 AP 元素	可让访问者拖动绝对定位的（AP）元素。使用此行为可创建拼板游戏、滑块控件和其他可移动的界面元素
改变属性	使用"改变属性"行为可更改对象某个属性（例如 div 的背景颜色或表单的动作）的值

续表

动 作 名 称	动作的功能
效果	这是"Spry 效果"，提供视觉增强功能，可以将它们应用于使用 JavaScript 的 HTML 页面上的几乎所有元素
显示-隐藏元素	可显示、隐藏或者恢复一个或多个页面元素的默认可见性
检查插件	确认是否设有运行网页的插件
检查表单	能够检测用户填写的表单内容是否符合预先设定的规范
设置文本	（1）设置容器的文本：在选定的容器上显示指定的内容 （2）设置文本域文字：在文本字段区域显示指定的内容 （3）设置框架文本：在选定的框架页上显示指定的内容 （4）设置状态条文本：在状态栏中显示指定的内容
调用 JavaScript	事件发生时调用指定的 JavaScript 函数
跳转菜单	制作一次可以建立若干个链接的跳转菜单
跳转菜单开始	在跳转菜单中选定要移动的站点后只有单击"开始"按钮才可以移动到链接的站点上
转到 URL	选定的事件发生时可以跳转到指定的站点或者网页文档上
预先载入图像	为了在浏览器中快速显示图片，事先下载图片之后显示出来

6.2　AP 元素

　　AP 元素（也称为层）是分配有绝对位置的 HTML 页面元素。AP 元素可以包含文本、图像或其他任何可放置到 HTML 文档正文中的内容。AP 元素提供了一种在网页上比较自由地进行布局和设计的途径，在进行页面布局时可以任意调整 AP 元素的大小、背景、叠放顺序等，加强网页设计的灵活性。

6.2.1　创建和编辑 AP 元素

扫一扫

视频讲解

　　AP 元素本质上还是一个 Div，只不过是采用了绝对定位的 Div 标签。用户要在 Dreamweaver CC 2018 中插入 AP 元素就得先插入一个 Div，以此来进一步实现 AP 层对象效果。

1. 插入 AP 元素

　　（1）新建一个 HTML 网页文档，将其保存为 6.2.1.html。

　　（2）选择"插入"|Div 命令，打开"插入 Div"对话框。在 ID 文本框中输入 apDiv1 后单击"新建 CSS 规则"按钮，如图 6-9 所示。

　　（3）打开"新建 CSS 规则"对话框，保持默认设置，直接单击"确定"按钮。

　　（4）打开"♯apDiv1 的 CSS 规则定义"对话框，在"分类"列表框中选择"定位"选项，在对话框右侧的选项区域中单击 Position 按钮，在弹出的列表中选择 absolute（绝对定位）选项，将 Width 和 Height 分别设置为 159 像素和 141 像素；在 Placement 选项中将 Top 和 Left 分别设置为 35 像素和 39 像素，如图 6-10 所示。

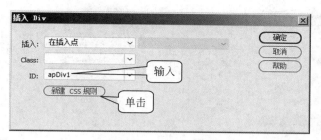

图 6-9 "插入 Div"对话框

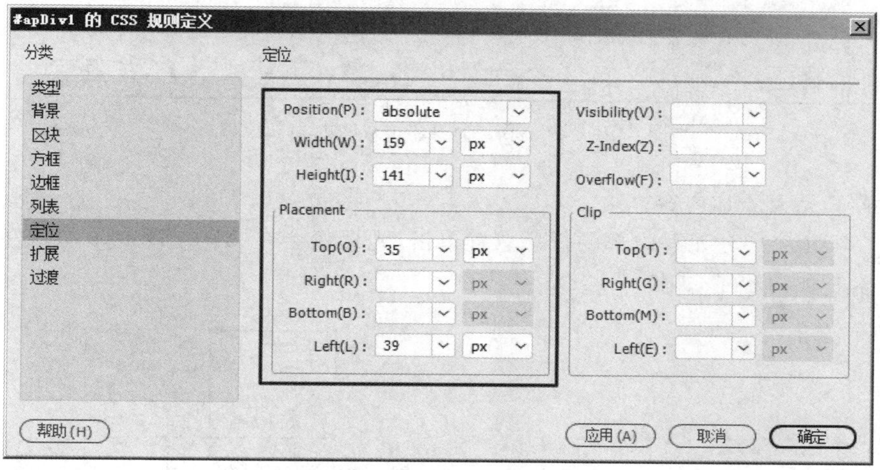

图 6-10 设置"定位"选项区域

（5）单击"确定"按钮，返回"插入 Div"对话框，然后单击"确定"按钮，在网页中插入一个
ID 为 apDiv1 的 Div 标签，这就是一个 AP 元素，将光标置于
Div 内部，删除系统自动生成的文本。注意，当 AP 元素处于
选中状态时周围有蓝色的粗线边框，左上角有个 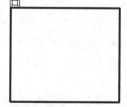 图标，如
图 6-11 所示。

专家点拨：AP 元素的位置是可以随意设置的，选中 AP
元素后，在左上角的 图标上按下鼠标左键并拖动就能将
AP 元素摆放在页面的任意位置。在"CSS 规则定义"对话框
的 Placement 选项中可以设置 Top 和 Left 属性来精确地控
制 AP 元素的位置。

图 6-11 选中状态的 AP 元素

（6）在 AP 元素的右边再添加一个 ID 为 apDiv2 的 Div 标签，并在"♯apDiv2 的 CSS 规
则定义"对话框的"分类"列表框中选择"定位"选项，在对话框右侧的选项区域中单击
Position 按钮，在弹出的列表中选择 absolute（绝对定位）选项，将 Width 和 Height 分别
设置为 159 像素和 141 像素；在 Placement 选项中将 Top 和 Left 分别设置为 35 像素和 198
像素，如图 6-12 所示。

（7）按照同样的方法再创建两个 AP 元素，最后的效果如图 6-13 所示。

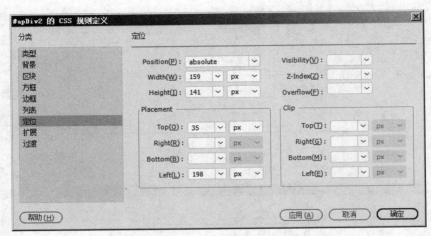

图 6-12　设置第 2 个 AP 元素的大小和位置

2. 为 AP 元素添加内容

（1）在第 1 个 AP 元素内部的任意位置单击，光标将会在 AP 元素中闪动，这时就可以为 AP 元素添加内容了，如图 6-14 所示。

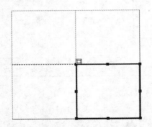

图 6-13　绘制 4 个 AP 元素

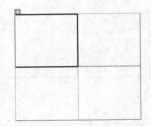

图 6-14　为 AP 元素添加内容

（2）按 Ctrl＋Alt＋I 组合键，在弹出的“选择图像源文件”对话框中选择一个图片插入 AP 元素，这时设计视图中的效果如图 6-15 所示。

（3）按照同样的方法在其他 3 个 AP 元素中也插入图像，效果如图 6-16 所示。

图 6-15　在 AP 元素中插入图像

图 6-16　AP 元素中的内容

3. AP 元素的可见性

（1）在设计视图中单击选择第 4 个 AP 元素，如图 6-17 所示。

（2）进入“属性”面板，展开“可见性”后面的下拉列表选择 hidden 选项，如图 6-18 所示。

图 6-17 选择 AP 元素

图 6-18 设置 AP 元素的"可见性"

（3）设置完成后在设计视图中的任意空白位置单击，这个 AP 元素将"消失"，如图 6-19 所示。实际上它仍然在页面中，只不过暂时被隐藏了起来。

4. AP 元素的重叠

（1）AP 元素被隐藏后编辑起来就不方便了，切换到拆分视图，在代码＜div id＝"apDiv4"＞内单击，然后进入"属性"面板，展开"可见性"后面的下拉列表选择 default 选项。设置完成后在设计视图中的任意空白位置单击，这个 AP 元素又出现了。

（2）回到设计视图中，随意拖动 AP 元素，AP 元素之间可以互相重叠，如图 6-20 所示。

图 6-19 AP 元素被隐藏后的效果

图 6-20 AP 元素重叠

6.2.2 AP 元素的属性详解

如果想正确地运用 AP 元素来设计网页必须了解 AP 元素的属性和设置方法，从上面的介绍中知道利用 AP 元素的属性可以精确、快速地调整和操作 AP 元素，下面全面地了解 AP 元素的属性及其设置方法。

1. 单个 AP 元素的属性

先来看一个单个 AP 元素的"属性"面板，如图 6-21 所示。

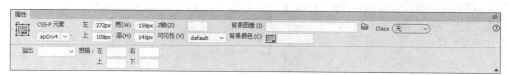

图 6-21 单个 AP 元素的"属性"面板

（1）编号：给 AP 元素指定一个名称以便在代码中识别它。注意，只能用标准数字、文字符号定义名称，不要用特殊字符，例如空格、连字符、斜线或者句号。每个 AP 元素必须拥有一个区别于其他 AP 元素的名称。

（2）左、上：指定 AP 元素相对于页面或者其父 AP 元素（假如是被嵌入的）顶部和左上角的位置。其中"左"的值对应于 AP 元素距离页面左边（嵌套 AP 元素对应的是父 AP 元素的左边框）的像素值，"上"的值对应于 AP 元素距离页面上面（嵌套 AP 元素对应的是父 AP 元素的上边框）的像素值。

（3）宽、高：指定 AP 元素的宽度和高度。如果 AP 元素的内容超过指定的大小，这些值将被覆盖。

（4）Z 轴：确定 Z 轴选项，或者说叠加顺序。数值高的 AP 元素将显示在数值低的上面。数值可以是正的也可以是负的。

（5）可见性：指定 AP 元素显示的初始情况（显示与否）。具体选项如下。

- default（默认）：不指定可视性属性，但大多数浏览器解释为 inherit（继承）。
- inherit（继承）：就是继承该 AP 元素的父 AP 元素的可视性属性。
- visible（可视）：显示 AP 元素的内容，不管其父 AP 元素的值。
- hidden（隐藏）：不显示 AP 元素的内容，不管其父 AP 元素的值。

（6）背景图像：为 AP 元素指定背景图像。单击右边的文件夹按钮 ▭ 选择要设置的背景图像。

（7）背景颜色：为 AP 元素指定背景颜色。将这个选项空着为指定透明背景。

（8）溢出：指定当 AP 元素中的内容超出了 AP 元素的大小时 AP 元素将如何反应。具体选项如下。

- Visible（可视）：当 AP 元素中的内容超出了 AP 元素的大小时增大 AP 元素的尺寸。AP 元素的扩展方向为下方和右方。
- Hidden（隐藏）：保持 AP 元素的大小并裁掉容纳不下的东西，并且不会出现滚动。
- Scroll（卷轴）：无论 AP 元素中的内容是否超出了 AP 元素的大小都为 AP 元素添加滚动条。
- Auto（自动）：只有当 AP 元素中的内容超出了它的边界时才出现滚动条。

（9）剪辑：定义 AP 元素中的显示区域（AP 元素边距，类似于 Word 中通过设置页边距来定义版心），可以指定以像素为单位的相对于该 AP 元素的边框的距离。

2. 多个 AP 元素的属性

当选择两个或者多个 AP 元素时，AP 元素的"属性"面板将显示文本属性和普通 AP 元素的属性的子集，允许一次修改多个 AP 元素。图 6-22 所示为多个 AP 元素的"属性"面板。

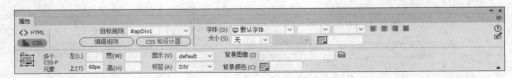

图 6-22　多个 AP 元素的"属性"面板

由于文本属性部分在前面的学习中已经讲过，这里就不再重复了。下面简单介绍该面板下半部分的设置。

- 左和上：指定 AP 元素相对于页面或者其父 AP 元素左上角的位置。

- 宽和高：指定 AP 元素的宽和高。当 AP 元素中的内容超出设定值时这些值将失效。
- 显示：指定 AP 元素显示的初始情况（显示与否）。
- 标签：指定所用的 HTML 标签，推荐使用 Div。
- 背景图像：为 AP 元素指定背景图像。
- 背景颜色：为 AP 元素指定背景颜色。将这个选项空着为指定透明背景。

6.2.3　AP 元素拖动效果

用户在一些网站首页经常会看到可以拖动的广告效果，这种效果可以利用"拖动 AP 元素"行为来实现。下面通过一个实例介绍"拖动 AP 元素"行为的使用方法。

（1）新建一个 HTML 文档，并将其保存。

（2）选择"插入"|Div 命令，打开"插入 Div"对话框。在 ID 文本框中输入 AP 后单击"新建 CSS 规则"按钮。

（3）打开"新建 CSS 规则"对话框，保持默认设置，直接单击"确定"按钮。

（4）打开"♯AP 的 CSS 规则定义"对话框，在"分类"列表中选择"定位"选项，在对话框右侧的选项区域中单击 Position 按钮，在弹出的列表中选择 absolute（绝对定位）选项，将 Width 和 Height 分别设置为 400 像素和 280 像素，如图 6-23 所示。

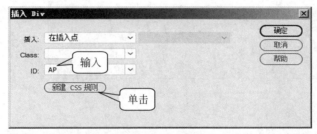

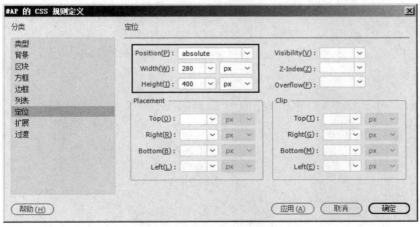

图 6-23　插入 AP 元素并设置其"定位"选项区域

（5）在 AP 元素中输入一些文字信息，并用 CSS 进行外观控制，效果如图 6-24 所示。

（6）在网页文档的空白处单击，按 Shift＋F4 组合键打开"行为"面板，然后单击"添加行为"按钮，在弹出的列表中选择"拖动 AP 元素"命令。

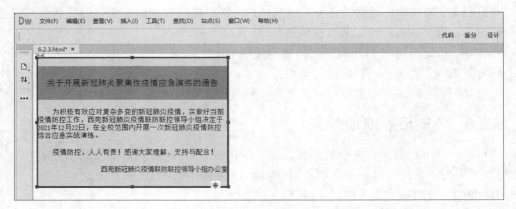

图 6-24　插入 AP 元素并输入文字信息后的页面效果

(7) 弹出"拖动 AP 元素"对话框,在"AP 元素"下拉列表中选择需要拖动的 AP 元素的名称,在"移动"下拉列表中选择"不限制",如图 6-25 所示。

图 6-25　"拖动 AP 元素"对话框

(8) 单击"确定"按钮,在"行为"面板的事件列表中单击默认的事件,会出现下拉按钮 ⌄ ,单击该按钮,在弹出的下拉列表中选择 onMouseDown,如图 6-26 所示。

图 6-26　"行为"面板

(9) 选择文档编辑区的 AP 元素,在"属性"面板中设置其背景颜色为灰色。

(10) 保存文档并预览,可以看到打开的网页中有一个 AP 元素,其中显示了网站公告信息,用鼠标可以拖动这个公告到网页的任意位置,如图 6-27 所示。

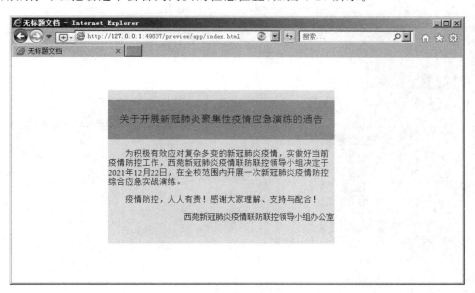

图 6-27　页面效果

6.2.4　添加网页图文特效

扫一扫
视频讲解

通过在网页中应用"行为"制作弹跳、抖动等网页图文特效。

(1) 打开网页素材文件,选中图 6-28 所示的汽车图片。

图 6-28　选中网页中的图片

(2) 按 Shift＋F4 组合键,打开"行为"面板,然后单击"添加行为"按钮 ＋ ,在弹出的列表中选择"效果"|Bounce 选项,如图 6-29 所示。

(3) 打开 Bounce 对话框,将"目标元素"设置为"＜当前选定内容＞"选项,将"效果持续时间"设置为 1000ms,将"可见性"设置为 show,将"方向"设置为 left,将距离设置为 20 像素,将"次"设置为5,如图6-30所示。

图 6-29 "行为"面板　　　　　　　　　　图 6-30 设置 Bounce 对话框

(4)单击"确定"按钮,在"行为"面板中添加了一个 Bounce 行为。单击该行为"事件"后的 ☑ 按钮,在弹出的列表中选择 onMouseOver 选项,如图6-31所示,即当鼠标指针经过图片时触发弹跳行为特效。

(5)重复步骤2和步骤3的操作,在打开的 Bounce 对话框中参照图6-32进行设置。

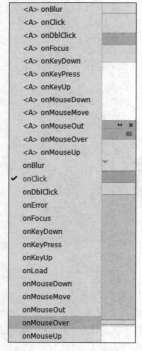

图 6-31 修改行为触发事件　　　　　　图 6-32 设置第2个 Bounce 行为的参数

（6）单击"确定"按钮，重复步骤 4 的操作，将步骤 5 添加的 Bounce 行为的触发事件修改为 onMouseOver。

（7）选中步骤 5 创建的 Bounce 行为，单击"行为"面板中的"降低事件值"按钮 ▼，设置该行为在步骤 4 创建的 Bounce 行为之后再发生，如图 6-33 所示。

图 6-33　降低行为的事件值

（8）选中网页文档中的文本，单击"行为"面板中的"添加行为"按钮 ＋，在弹出的列表中选择"效果"|Highlight 选项，如图 6-34 所示。

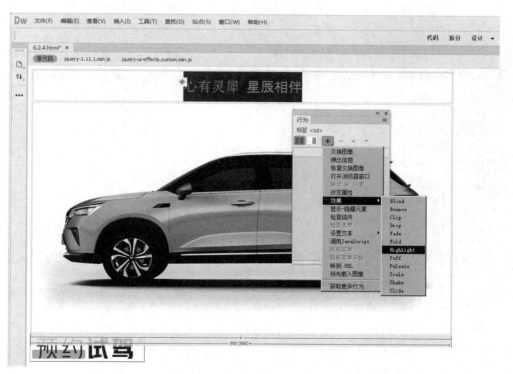

图 6-34　添加 Highlight 行为

（9）在打开的 Highlight 对话框中参照图 6-35 进行设置，单击"确定"按钮，在"行为"面板中添加了一个 Highlight 行为,单击该行为"事件"后的 ∨ 按钮,在弹出的列表中选择 onMouseOver 选项。

图 6-35　设置 Highlight 对话框

（10）单击"行为"面板中的"添加行为"按钮 +,在弹出的列表中选择"效果"|Highlight 选项,在打开的 Highlight 对话框中参照图 6-36 进行设置,单击"确定"按钮,创建第 2 个 Highlight 行为。

（11）单击步骤 10 创建的 Highlight 行为的"事件"后的 ∨ 按钮,在弹出的列表中选择 onMouseOver 选项。然后单击"降低事件值"按钮 ▼,使其在步骤 9 创建的 Highlight 行为 之后再发生,如图 6-37 所示。此时,如果按 F12 键预览网页,将鼠标指针放置在文本上时, 文本将按设置的颜色高亮显示。

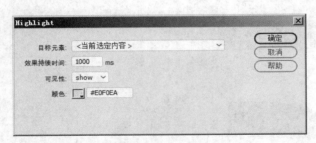

图 6-36　设置第 2 个 Highlight 行为

图 6-37　设置 Highlight 行为何时发生

（12）将光标置于网页中的任意位置,选择"插入"|Div 命令,打开"插入 Div"对话框。 在 ID 文本框中输入 Test,然后单击"新建 CSS 规则"按钮,如图 6-38 所示。

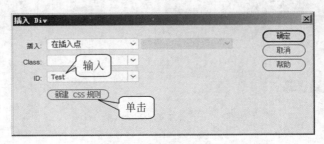

图 6-38　"插入 Div"对话框

（13）打开"新建 CSS 规则"对话框，保持默认设置，单击"确定"按钮。

（14）在打开的"♯Test 的 CSS 规则定义"对话框中参照图 6-39 进行设置，单击"确定"按钮，在网页中插入一个 AP 元素。

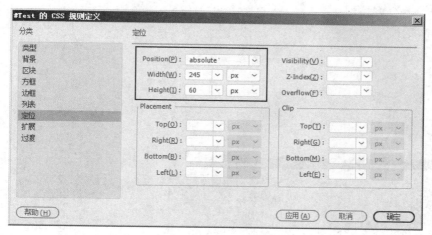

图 6-39 "♯Test 的 CSS 规则定义"对话框

（15）将光标置于 Div 内部，删除系统自动生成的文本。选择"插入"|Image 命令，插入一个如图 6-40 所示的图片。

图 6-40 插入 Div 标签和图片

（16）选中 Div 标签中的图片，单击"行为"面板中的"添加行为"按钮 +，在弹出的列表中选择"效果"|Shake 选项。

（17）在打开的 Shake 对话框中参照图 6-41 进行设置，单击"确定"按钮，此时在"行为"面板中添加了一个 Shake 行为，单击该行为"事件"后的 ∨ 按钮，在弹出的列表中选择 onLoad 选项，将行为的触发事件设置为网页加载时，如图 6-42 所示。

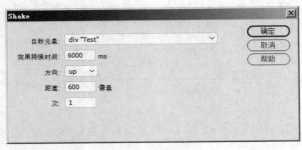

图 6-41　Shake 对话框　　　　　　　　　　　图 6-42　修改行为的触发事件

（18）按 Ctrl＋S 组合键保存网页,在打开的提示对话框中单击"确定"按钮,保存两个插件文件。

（19）按 F12 键,在浏览器中预览网页效果,当网页被加载后,页面中的图片将向上浮动一次,如图 6-43 所示。

图 6-43　网页预览效果

6.3 JavaScript 基础知识

JavaScript 是目前在网页中广泛使用的脚本语言,它是 Netscape 公司利用 Java 程序概念将自己原有的 LiveScript 重新设计后产生的脚本语言。

JavaScript 是一种基于对象和事件驱动并具有安全性能的脚本语言,有了 JavaScript 可以使网页变得生动、活泼。使用它的目的是与 HTML(超文本标识语言)、Java 小程序(Java Applet)一起实现在一个网页中链接多个对象,与网络客户进行交互,从而可以开发客户端的应用程序。它是通过嵌入或调入在标准的 HTML 语言中实现的。

6.3.1 ＜script＞标签

所有脚本程序都必须封装在一对特定的 HTML 标签之间,＜script＞标签表示一个脚本程序的开始,＜/script＞则表示该脚本程序的结束,在一个网页中可能有多个脚本程序。使用＜script＞标签的语法结构如下:

```
<script language="JavaScript">
  ⋮
</script>
```

如果要在网页中用 VBScript 建立脚本程序,应该将＜script＞标签的 language 属性赋值为 VBScript,其语法结构如下:

```
<script language="VBScript">
  ⋮
</script>
```

另外,为了照顾广大互联网用户,必须考虑那些使用了不支持客户脚本程序的旧版本浏览器的用户。因为浏览器会忽略掉它不支持的任何 HTML 标签,所以脚本程序可能会像纯文本那样显示。这是网页设计者所不想看到的,为了避免出现这样的情况,可以在 HTML 注释中封装脚本程序。

```
<script language="JavaScript">
<!-
  ⋮
-->
</script>
```

旧版本的浏览器忽略＜script＞标签,同时也忽略封装在 HTML 注释中的脚本程序,而一个新版本的浏览器即使是将脚本程序封装在 HTML 注释中,也会识别其中的＜script＞标签并解释运行其中的脚本程序。

script 块可以出现在 HTML 页面的任何地方(body 或者 head 部分之中),最好将所有的通用 script 代码放在 head 部分,以使所有的 script 代码集中放置,这样既可以编译管理 script 代码,又可以确保在 body 部分调用代码之前使所有的 script 代码都被读取并解码。

```
<html>
<head>
  ⋮
```

```
<script language="JavaScript">
<!-
//在这里集中放置脚本代码,定义函数
⋮
-->
</script>
</head>
<body>
⋮
<script language="JavaScript">
//这里调用在 head 部分定义的脚本程序(函数)
⋮
</script>
⋮
</body>
</html>
```

在一般情况下,大多数 script 代码被定义成过程函数（Function）放在 head 部分,在 body 部分调用函数时执行它。对于一些简单的 script 代码也可以直接放在 body 部分的 script 标签中。

6.3.2　编写一个简单的 JavaScript 程序

本节通过编写一个简单的 JavaScript 程序制作一个带链接的水平滚动字幕效果,在网页中这种效果用于广告宣传会非常醒目。本例的最终效果如图 6-44 所示,在网站首页的导航条下有一个带链接的字幕在水平方向上滚动。

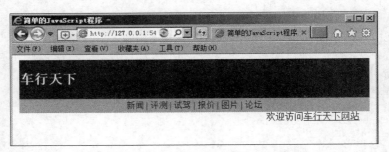

图 6-44　带链接的水平滚动字幕效果

本实例的制作步骤如下。

1. 创建网页

（1）新建一个网页文档,将其保存为 6.3.2.html。

（2）在这个网页中利用表格进行布局,并在表格中输入相应的网站标题文字和制作导航条,效果如图 6-45 所示。

2. 编写 JavaScript 程序

（1）切换到代码视图,在<head></head>之间输入以下 JavaScript 代码:

```
<script language="JavaScript">
function gundong(){
```

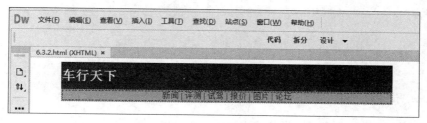

图 6-45　制作网页

```
var marqueewidth=400              //定义字幕宽度变量
var marqueeheight=20              //定义字幕高度变量
var speed=4                       //定义滚动速度变量
var marqueecontents='欢迎访问<a href="http://www.cxtx.com">车行天下网站
</a>'
//定义滚动字符串变量
document.write('<marquee scrollAmount='+speed+' style="width:'+
marqueewidth+'">'+marqueecontents+'</marquee>')
    //利用文档对象 document 的 write 方法输出<marquee>标签实现字幕滚动
}
</script>
```

这里用 JavaScript 定义了一个函数,函数名称是 gundong(),这个函数实现的功能就是带链接的水平滚动字幕效果。

(2) 因为本实例中滚动字幕的位置在导航条下边,所以要在导航条对应的代码后面插入 JavaScript 代码。

在代码视图中将光标定位在最后一个</table>标签的后面,如图 6-46 所示。

```
16 ▼ <script language="JavaScript">
17 ▼ function gundong(){
18         var marqueewidth=400   //定义字幕宽度变量
19         var marqueeheight=20   //定义字幕高度变量
20         var speed=4   //定义滚动速度变量
21         var marqueecontents='欢迎访问<a href="http://www.cxtx.com">车行天下网站</a>'
22    //定义滚动字符串变量
23         document.write('<marquee scrollAmount='+speed+' style="width:"+marqueewidth
24    +'">'+marqueecontents+'</marquee>')
25    //利用文档对象document的write方法输出<marquee>标签实现字幕滚动
26         }
27    </script>
28    </head>
29
30 ▼ <body>
31 ▼ <table width="600" border="0" align="center" cellpadding="1" cellspacing="0" bgcolor="#0033FF">
32 ▼   <tr>
33 ▼     <td height="50"><div align="left" class="STYLE1">
34         <h2>车行天下</h2>
35       </div></td>
36     </tr>
37    </table>
38 ▼ <table width="600" border="0" align="center" bgcolor="#c9c9c9">
39 ▼   <tr>
40         <td class="text"><div align="center"><a href="../part4/xinwen.html" class="text">新闻</a> | <a
        href="../part4/baojia.html" class="text">报价</a> | <a href="../part4/tupian.html" class="text
41     </tr>
42    </table>                将光标定位在
43    |                       这个位置
44    </body>
45
46    </html>
47
```

图 6-46　将光标定位在最后一个</table>标签的后面

输入以下 JavaScript 代码：

```
<script language="JavaScript" type="text/javascript">
gundong()             //调用函数
</script>
```

至此本实例制作完毕，保存文档并查看网页效果。

6.3.3　使用"代码片段"面板

JavaScript 是在网页中实现动态和交互效果的基本手段之一，Dreamweaver 提供了很多 JavaScript 代码片段，可以在网页中直接引用。

本小节利用"代码片段"面板制作一个 JavaScript 实例，当用户在页面中单击一幅汽车图片时可以弹出一个消息框，显示这辆汽车的有关信息。读者通过这个实例可以学会使用"代码片段"面板的方法以及调用 JavaScript 的方法。

1. 插入脚本标记

（1）新建一个网页文档，输入标题"代码片段的应用"，将其保存为 6.3.3.html。切换到代码视图，将光标定位到代码视图中的<head></head>标签内，如图 6-47 所示。

图 6-47　定位光标到代码视图中

（2）单击"插入"面板的 HTML 选项卡中的 Script 按钮，在弹出的"选择文件"对话框中的"文件名"输入框内输入"♯"号，如图 6-48 所示。

（3）单击"确定"按钮，在代码视图中添加了一对<script></script>标签，将"src＝"♯""删除，将光标定位到这对标记之间，如图 6-49 所示。

2. 插入消息框的 JavaScript 代码

（1）选择"窗口"|"代码片段"命令打开"代码片段"面板（快捷键为 Shift＋F9），然后依次展开 JavaScript|"对话框"，选择 Message Box，单击"插入"按钮，如图 6-50 所示。

专家点拨：为了丰富"代码片段"面板中的功能，可以将收集来的 JavaScript 代码添加到"代码片段"面板中。"代码片段"面板右下角有"新建代码片段文件夹"按钮和"新建代码片段"按钮，利用它们可以轻松地添加代码片段。

（2）这时在<head></head>标签之间的<script></script>标签内多出一段 JavaScript 代码，如图 6-51 所示。

图 6-48　插入脚本

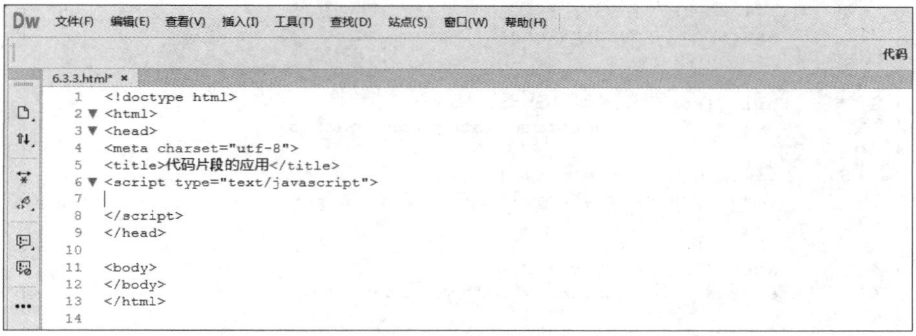

图 6-49　＜script＞＜/script＞标签

图 6-50　"代码片段"面板

```
 6 ▼ <script type="text/javascript">
 7    // Example:
 8    // value1 = 3; value2 = 4;
 9    // messageBox("text message %s and %s", value1, value2);
10    // this message box will display the text "text message 3 and 4"
11
12 ▼ function messageBox() {
13     var msg = "",
14      argNum = 0,
15      startPos,
16      endPos;
17     var args = messageBox.arguments;
18     var numArgs = args.length;
19
20 ▼   if (numArgs) {
21       var theStr = args[argNum++];
22
23 ▼     if (numArgs === 1 || theStr === "") {
24        msg = theStr;
25 ▼     } else {
26
27         startPos = 0;
28         endPos = theStr.indexOf("%s", startPos);
29
30 ▼       if (endPos === -1) {
31          startPos = theStr.length;
32         }
33
34 ▼       while (startPos < theStr.length) {
35          msg += theStr.substring(startPos, endPos);
36
37 ▼         if (argNum < numArgs) {
38            msg += args[argNum++];
39           }
40
41           startPos = endPos + 2;
42           endPos = theStr.indexOf("%s", startPos);
43
44 ▼         if (endPos === -1) {
45             endPos = theStr.length;
46           }
47         }
48 ▼       if (!msg) {
49          msg = args[0];
50         }
51       }
52     }
53     return(msg);
54   }
55   </script>
```

图 6-51　JavaScript 代码

3. 调用 JavaScript 函数

（1）在代码视图中定位光标到＜body＞＜/body＞标签之间，参照前面的方法再次插入一对＜script＞＜/script＞标签，然后将光标定位到这对＜script＞＜/script＞标签之间，这时代码视图如图 6-52 所示。

（2）在＜script＞＜/script＞标签之间输入：

value1=2022; value2=3;

```
<body>
<script type="text/javascript">
|
</script>

</body>
</html>
```

图 6-52　插入＜script＞＜/script＞标签

（3）切换到设计视图，在文档编辑区中输入一些文字信息并插入一张汽车图片，效果如图 6-53 所示。

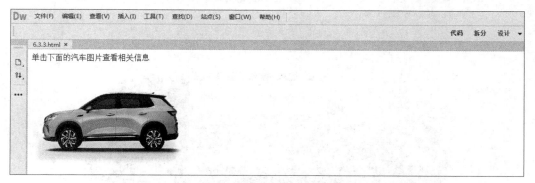

图 6-53　输入文字信息并插入汽车图片

（4）选中汽车图片，打开"行为"面板，然后单击"添加行为"按钮，在弹出的菜单中选择"调用 JavaScript"，弹出"调用 JavaScript"对话框，在 JavaScript 文本框中输入"'这辆汽车是', value1,'年生产的第', value2,'代产品'"，如图 6-54 所示。

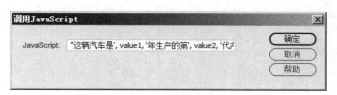

图 6-54　"调用 JavaScript"对话框

（5）单击"确定"按钮。

（6）切换到代码视图，对图 6-55 所示的代码进行更改，更改后的代码内容如下。

```
function MM_callJS(str1, str2, str3, str4, str5) { //v2.0
  //return eval(jsStr)
  str = str1 + str2 + str3 + str4 + str5;
  alert(str)
}
```

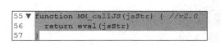

图 6-55　部分代码更改前后对比

（7）保存文件，然后按 F12 键预览，在页面上单击汽车图片时会弹出一个消息框，如图 6-56 所示。

图 6-56　弹出消息框

6.4　本章习题

一、选择题

1. 下列（　　）表示按下鼠标再放开左键时发生的事件。

 A. onMouseOver   B. onMouseUp

 C. onMouseDown   D. onMouseOut

2. 如果想设置页面上的某个 AP 元素不可见，可以进入"属性"面板，展开"可见性"后面的下拉列表，在其中选择（　　）。

 A. default   B. delete

 C. none   D. hidden

3. 所有脚本程序都必须封装在一对特定的 HTML 标签之间，这对标签是（　　）。

 A. ＜script＞＜/script＞   B. ＜title＞＜/title＞

 C. ＜table＞＜/table＞   D. ＜screen＞＜/screen＞

二、填空题

1. 所谓行为，就是一段预定义好的＿＿＿＿＿＿＿通过浏览器的＿＿＿＿＿＿＿并＿＿＿＿＿＿＿的过程。

2. AP 元素是分配有＿＿＿＿＿＿＿的 HTML 页面元素。AP 元素可以包含文本、＿＿＿＿＿＿＿或其他任何可放置到 HTML 文档正文中的内容。

3. JavaScript 是一种基于对象和＿＿＿＿＿＿＿并具有安全性能的脚本语言，有了 JavaScript 可使网页变得生动、活泼。

6.5 上机练习

练习1 行为应用实例——关闭网页时弹出信息

"弹出信息"行为的使用方法比较简单而且非常有用,所以它也是一个常用的行为。利用这个行为可以在网页中弹出信息,例如弹出警告信息等。本练习制作关闭网页文档时显示告别语的效果,当关闭网页时会弹出一个告别信息框,效果如图 6-57 所示。

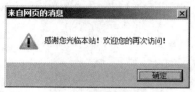

注意,为了在关闭网页时显示弹出信息框,将事件设置为 onUnLoad。

图 6-57　关闭网页时弹出信息

练习2 JavaScript 应用实例——问候对话框

本练习利用 JavaScript 实现打开网页时弹出一个问候对话框,并根据不同时间段弹出不同的问候信息,效果如图 6-58 所示。

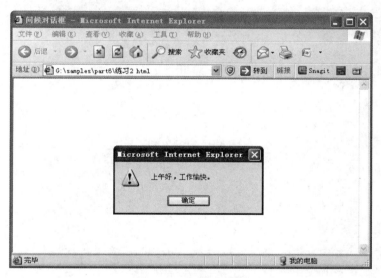

图 6-58　问候对话框

参考代码如下。

```
<html xmlns="http://www.w3.org/1999/xhtml">
<head>
<meta http-equiv="Content-Type" content="text/html; charset=utf-8"/>
<title>问候对话框</title>
<script type="text/javascript">
void function hello()                    //声明一个函数
{
var str;
now=new Date(),hour=now.getHours()      //取得当前时间的小时数
if(hour<6)                              //针对不同时段进行问候语赋值
```

```
    str="太晚了,请休息。";
    else if(hour<12)
    str="上午好,工作愉快。";
    else if(hour<14)
    str="中午好,祝好心情。";
    else if(hour<18)
    str="下午好。工作愉快。";
    else if(hour<22)
    str="晚上好,祝玩得开心。";
    else if(hour<24)
    str="夜深了,注意休息。";
    alert(str);                          //弹出问候对话框
    }
</script>
</head>
<body onload="hello();">    <!--网页事件与调用函数-->
</body>
</html>
```

第**7**章

模板和站点管理

在网站设计中,如果网站的规模比较大,模板的应用就显得特别重要。模板是一种特殊的网页文档,用户可以把它作为创建其他网页文档的基础。创建模板可以提高网站设计的工作效率,快速地修改或更新站点中多个页面的外观。

站点管理是 Web 开发至关重要的组成部分,它对于站点的持续发展十分重要。Dreamweaver 提供了大量的管理工具,可以让用户方便地更新和控制 Web 站点、维护本地文件夹和远程服务器上的站点文件。

本章主要内容:

- 模板
- 资源管理
- 站点管理和维护

扫一扫

视频讲解

7.1 模板

Dreamweaver 提供了模板这种特殊文档,使用它能批量地生成风格类似的网页,还能实现关联网页自动更新,大大简化了网页制作。

7.1.1 新建模板的方法

1. 利用"资源"面板新建模板

(1)选择"窗口"|"资源"命令打开"资源"面板,单击左侧的"模板"按钮 切换到模板类别,如图 7-1 所示。

(2)单击该面板下方的"新建模板"按钮 ,也可以在"名称"下方的空白处右击,然后在弹出的快捷菜单中选择"新建模板"命令。

(3) Dreamweaver 会自动建立一个空的模板,如图 7-2 所示,用户可以修改新模板的名称,单击面板下方的"编辑"按钮 进入模板编辑区对模板进行编辑。

2. 利用菜单或者"插入"面板新建模板

(1)选择"插入"|"模板"|"创建模板"命令,或者单击"插入"面板的"模板"选项卡中的"创建模板"按钮 ,如图 7-3 所示。

图 7-1　"资源"面板中的"模板"按钮

图 7-2　新建一个空模板

图 7-3　单击"创建模板"按钮

图 7-4　"另存模板"对话框

（2）在弹出的"另存模板"对话框中可以对模板名称等进行编辑，如图 7-4 所示，最后单击"保存"按钮进行保存。

（3）选择"文件"|"新建"命令，在弹出的"新建文档"对话框中选择"新建文档"选项，在"文档类型"列表框中选择"HTML 模板"选项，如图 7-5 所示。单击"创建"按钮，将创建一个与新建的 HTML 文档一样的网页模板文档，如图 7-6 所示。

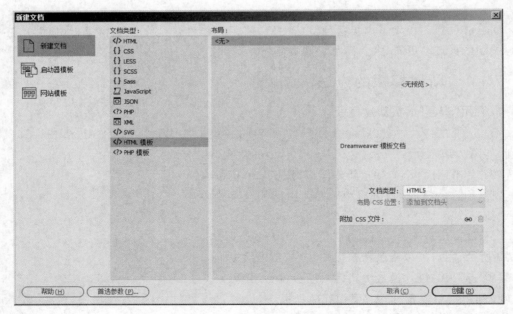

图 7-5　选择创建 HTML 模板

图 7-6　空白网页模板

用以上 3 种方法创建的新模板文档此时还没有添加任何元素,用户可以像编辑普通网页一样在模板文档中添加表格、图像、文字等。添加完后选择"文件"|"保存"命令保存模板时会弹出一个对话框,如图 7-7 所示,这是因为模板文档中不包含任何可编辑区域。一般情况下,在创建模板时应创建可编辑区域。所谓可编辑区域就是基于模板创建的页面里能够修改的文档部分。

图 7-7　保存模板时弹出的对话框

专家点拨:模板经保存后可以在默认站点文件夹的 Templates 子文件夹下找到,文件扩展名为.dwt。注意不要将模板文件移动到 Templates 文件夹之外或者将任何非模板文件放在 Templates 文件夹中,也不要将 Templates 文件夹移动到本地根文件夹之外,否则模板中的路径会发生错误。

7.1.2　可编辑区域

在创建模板时可以在模板页面中创建可编辑区域和锁定区域。在基于模板创建的网页文档中只能在可编辑区域中进行修改操作,填入不同的网页内容,而无法修改锁定区域。

1. 插入可编辑区域

(1)打开事先制作好的网页文件 7.1.2.html,选择"文件"|"另存为模板"命令,弹出"另存模板"对话框,在其中选择站点并输入模板文件名,如图 7-8 所示,然后单击"保存"按钮即可得到一个模板文档,下面在其中进行操作。

(2)选中要插入可编辑区域的表格,选择"插入"|"模板"|"可编辑区域"命令,打开"新建可编辑区域"对话框,在"名称"文本框中会自动包含Dreamweaver 系统生成的默认名称,名称末尾的数字是自动递增的。

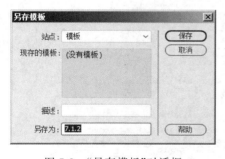

图 7-8　"另存模板"对话框

专家点拨:在"名称"文本框中可以为该可编辑区域输入唯一的名称,在实际应用中可以给编辑区域取一个与作用相关的名称,注意不要在"名称"文本框中使用特殊字符(引号、括号等)。

(3)在这里使用其默认名称,单击"确定"按钮。可编辑区域在模板页面中以高亮显示,该区域左上角的选项卡显示该区域的名称,如图 7-9 所示。

专家点拨:如果看不到可编辑区域的名称和轮廓,可以选择"视图"|"设计视图选项"|

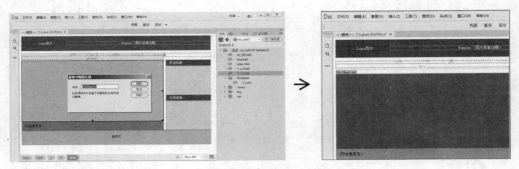

图 7-9　创建可编辑区域

"可视化助理"|"不可见元素"命令。

（4）在网页源代码中，模板中的可编辑区域通过注释语句标注，不使用特殊的代码标记。使用模板的网页中的注释代码和使用模板的网页中的可编辑区域的注释代码如图 7-10 所示。

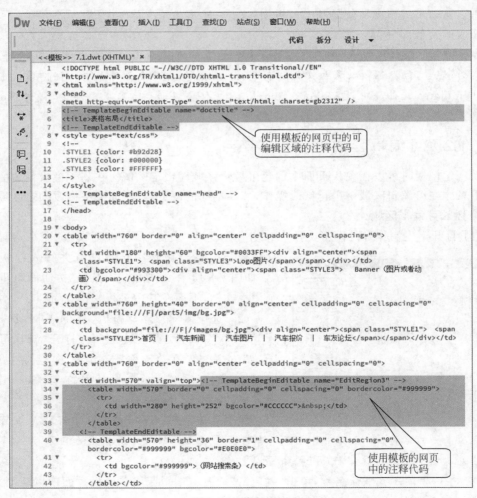

图 7-10　代码视图

（5）这样一个可编辑区域就创建完成了。如果创建基于这个模板的网页,那么带有可编辑区域标志的表格就可以被用户编辑,其他的区域则不能被用户编辑。最后选择"文件"|"保存"命令保存模板。

2. 删除可编辑区域

根据实际的需要经常要对已经制作好的模板进行编辑,如果已经将模板文件的一个区域标记为可编辑,而现在想要再次锁定它,使它在基于模板创建的文档中不可编辑,可以先单击可编辑区域左上角的选项卡选中它,如图7-11所示,然后选择"工具"|"模板"|"删除模板标记"命令删除这个可编辑区域。

专家点拨：用户也可以在选中可编辑区域后直接按Delete键删除所选的编辑区域。

3. 更改可编辑区域的名称

在插入可编辑区域后可以随时更改它的名称,具体方法如下：

（1）单击可编辑区域左上角的选项卡选中它。

（2）在"属性"面板的"名称"文本框中输入一个新名称,按Enter键确认。

4. 保存更改后的模板

修改模板后选择"文件"|"保存"命令保存即可。如果此模板已经应用到网页中,Dreamweaver会提示用户更新基于该模板的网页文档,系统会弹出"更新模板文件"对话框,如图7-12所示。选择需要更新的网页(可以选择其中的几个或全部),单击"更新"按钮即可更新,更新完毕后会弹出"更新页面"对话框,如图7-13所示。

图7-11 选中可编辑区域

图7-12 "更新模板文件"对话框

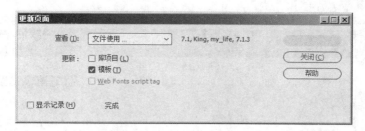

图7-13 "更新页面"对话框

专家点拨：修改模板后可以即时地更新所有应用此模板的网页,也可以选择不更新应用此模板的网页。用户以后也可以根据自己的需要选择"工具"|"模板"|"更新当前页"命令或者选择"工具"|"模板"|"更新页面"命令来更新网页。

7.1.3 创建基于模板的页面

在模板设计好以后可以创建基于该模板的网页,具体方法如下：

（1）选择"文件"|"新建"命令，弹出"新建文档"对话框，选择"网站模板"选项。如果有多个站点，将在"站点"列表中列出，用户可以从其中选择一个站点，这里选择 my_web，如图 7-14 所示。

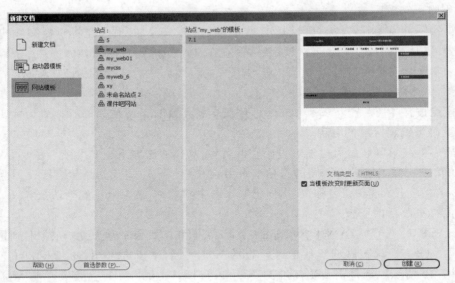

图 7-14　"新建文档"对话框

（2）在"站点'my_web'的模板"列表中列出的是该站点中的模板，如果有多个模板，将在这里显示出来。选择一个模板，然后单击"创建"按钮就创建了一个基于该模板的文档。

（3）Dreamweaver 为基于模板的文档指定了锁定区域（不可编辑区域）和其他可编辑区域，在将鼠标指针放到不可编辑区域内时鼠标指针会变成禁止标志，表示不可以对该区域进行编辑，如图 7-15 所示。用户只能在可编辑区域内对该文档进行编辑。

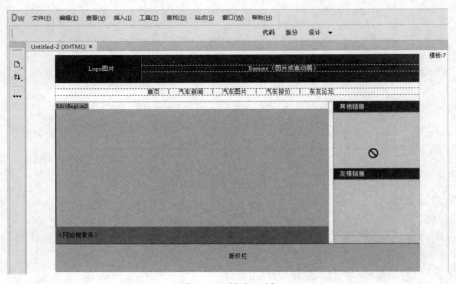

图 7-15　锁定区域

7.2 资源管理

使用 Dreamweaver 中的"资源"面板可以让站内元素的管理变得相对轻松一些,在此面板中可以查看站点内存在的所有元素,包括所有图像、颜色、URLs、媒体、脚本、模板、库等,而且对于常用元素可以将其拖动到个人收藏中,从而更加方便查找和使用。

7.2.1 库

扫一扫

视频讲解

库是一种用来存储想要在整个网站上经常重复使用或更新的页面元素的方法,这些元素称为库项目。用户可以在库中存储各种各样的页面元素,例如图像、表格、声音和媒体等。

1.创建库项目

用户可以用网页中的任意元素创建库项目,这些元素包括文本、表格、表单、Java Applet、插件、ActiveX 元素、导航条和图像。下面以图像为例来创建一个库项目。

(1)在 Dreamweaver 打开一个制作完成的网页文件,然后选择"窗口"|"资源"命令打开"资源"面板,并单击"库"按钮,如图 7-16 所示。

(2)选中网页中的一个图片,单击"资源"面板底部的"新建库项目"按钮 🗐,在库的"名称"栏中就会增加一个新的库项目,给这个库项目取名为 Banner,如图 7-17 所示。

图 7-16　展开"资源"面板中的库类别

图 7-17　给库项目取名

(3)单击网页中的这个图片,在"属性"面板中可以发现该图像已自动转变为库项目,如图 7-18 所示。

图 7-18　"属性"面板

这样一个库项目就建好了,Dreamweaver 在本地站点根文件夹的 Library 文件夹中将每个库项目都保存为一个单独的文件（文件扩展名为.lbi）。

图 7-19　插入库项目

专家点拨：将网页中的选定内容直接拖到"资源"面板的库类别中，或者选中内容后选择"工具"|"库"|"增加对象到库"命令同样能创建库项目。

2. 在文档中插入库项目

库项目在建好以后就可以在文档中插入并使用了，在向页面中插入库项目时将把实际内容以及对该库项目的引用一起插入文档中。

例如要将库项目插入某一个网页文档中，定位好插入点后在"资源"面板中选择库项目，单击"资源"面板底部的"插入"按钮即可，如图 7-19 所示。用户也可以直接拖动"资源"面板中的库项目到网页文档中进行应用。

专家点拨：在使用库项目时 Dreamweaver 不是在网页中插入库项目，而是插入一个指向库项目的链接，库只存储对该项的引用，因此原始文件必须保留在指定的位置才能使库项目正确工作。

7.2.2　其他资源管理

用户可以使用拖动鼠标的方式在编辑文档时应用"资源"面板中的元素，例如插入图像时除了可以使用"插入"菜单中的 Table 命令和"插入"面板的 HTML 选项卡中的 Table 按钮以外，也可以在"资源"面板上选择某个图像资源（可以马上预览到该图像），然后用鼠标拖动该图像到文档中的相应位置。

单击"资源"面板中的"颜色"按钮切换到网站色彩管理界面，可以查看站点内应用的所有颜色设置，更方便地统一网站色彩。同样，选中想要设置的文本，然后用鼠标拖动某颜色到该文本上，该颜色将自动应用到文本上，如图 7-20 所示。

专家点拨：其他资源的应用与上面介绍的方法相类似，均可使用鼠标拖动来完成，此处不再赘述。

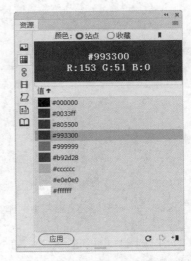

图 7-20　利用颜色管理器设置网页颜色

7.3　站点管理和维护

在完成站点的制作后关于 Web 站点的工作并没有结束，在完成制作之后站点需要对访问者开放，这个过程称为"发行"，也就是把站点上传到服务器发布站点并进行宣传。另外，Web 站点还需要根据访问者的需求不断发展完善，从而保持活力并且继续吸引新、老访问者。这个持续进行修改、更新和添加新内容、不断优化 Web 站点的过程被称为"站点维护"。

7.3.1 测试网站

在发布网站之前还必须要做一个工作,就是测试网站,例如测试网页内容、链接的正确性、优化源代码和在不同浏览器中的兼容性等,以免上传后出现这样或那样的错误,给修改带来麻烦。

1. 自动检测断掉的链接

在 Dreamweaver 中使用"链接检查器"面板可以对站点中的链接进行测试。

(1)选择"窗口"|"结果"|"链接检查器"命令打开"链接检查器"面板。

(2)单击"检查链接"按钮 ▶,在弹出的下拉菜单中选择"检查整个当前本地站点的链接"命令,如图 7-21 所示。

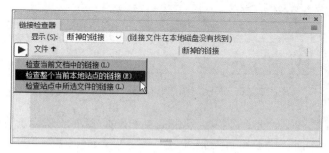

图 7-21 为整个站点检查链接

这样 Dreamweaver 就会对站点中的所有链接进行自动测试,所测试站点中的所有无效链接会在"结果"面板中的"断掉的链接"项目下列出。用户可以通过"显示"下拉列表框中的"断掉的链接"、"外部链接"和"孤立的文件"选项来显示相应的详细信息。

如果要修改某个断掉的链接,可以在列出的详细信息中单击"断掉的链接"下的某个链接,使该无效链接处于可编辑状态,然后单击最右边的文件夹图标 ▢,选择正确的链接文件(也可以直接输入文件路径),如图 7-22 所示。

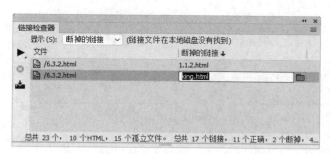

图 7-22 修改断掉的链接

2. 站点报告测试

用户可以对当前文档、选定的文件或整个站点的工作流程或者 HTML 属性(包括辅助功能)运行站点报告。

(1)选择"站点"|"报告"命令,打开"报告"对话框。

（2）在"报告在"下拉列表框中选择所需的运行报告的范围，如图 7-23 所示。

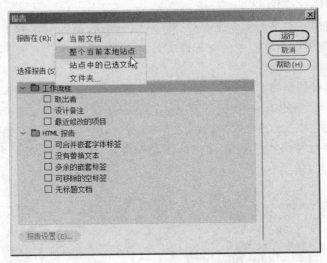

图 7-23　在"报告"对话框中选择运行报告的范围

（3）在"选择报告"列表框中选择要报告的项目，如图 7-24 所示。然后单击"运行"按钮，即可在"站点报告"面板中获得运行报告。

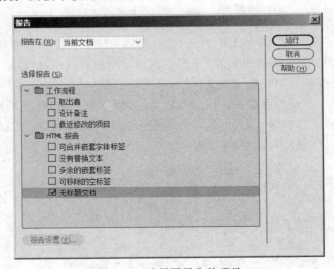

图 7-24　选择要报告的项目

专家点拨：必须定义远程站点链接才能运行"工作流程"报告。另外，对于网页兼容性的测试，最简单的方法是安装不同的浏览器并在其中浏览网页效果，测试站点在不同的浏览器中是否可以正确地显示。

7.3.2　优化网页代码

在制作网页的过程中会借助一些软件，例如 FrontPage、Word 及 Sublime 等，这些软件为了方便用户使用会自带一些代码。此外，很多用户在书写代码时常常用空格、换行、注释语句和空语句等,使代码看起来简洁、清晰,但这样会产生很多垃圾代码占用空间,使搜索引擎分析数据的时间增加,导致网站的加载速度缓慢。即使删除这些代码也不会对网站的功能产生影响,还能加快网站的运行速度,更有利于网站优化。

1. 清理 HTML 代码

在打开的文档中选择"工具"|"清理 HTML"命令,打开如图 7-25 所示的"清理 HTML/XHTML"对话框,辅助用户选择网页源代码的优化方案。

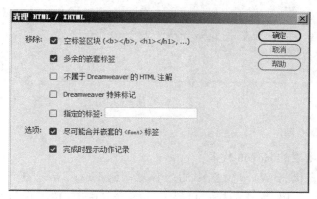

图 7-25　"清理 HTML/XHTML"对话框

"清理 HTML/XHTML"对话框中各选项的功能说明如下。

- 空标签区块:删除标签对之间没有任何内容的标签,例如<b></b>和<font color="#FF0000"></font>就是空标签,选中该复选框后,类似的标签将会被删除。

- 多余的嵌套标签:用于删除所有冗余的标签,例如在<b>my name is<b>liuzhimin</b></b>这段代码中,内层<b>与</b>将被删除。

- 不属于 Dreamweaver 的 HTML 注释:删除所有并非由 Dreamweaver 插入的注释。例如,<!--begin body text--> 这种类型的标签将被删除,而 <!--TemplateBeginEditable name="doctitle"-->不会被删除,因为它是由 Dreamweaver 生成的。

- Dreamweaver 特殊标记:与上面一项正好相反,该选项只清理 Dreamweaver 生成的注释,这样模板与库页面都将会变为普通页面。

- 指定的标签:选中该复选框,在选项文本框中输入需要删除的标签,并用逗号分隔多个标签。

- 尽可能合并嵌套的<font>标签:用于合并两个或多个控制相同范围文本的 font 标签。例如,<font size=7><font color=red>清理代码</font></font>标签就可以合并。

- 完成时显示动作记录:选中该复选框,处理 HTML 代码结束后会弹出一个提示对话框,列出对文档所做更改的详细信息。

完成 HTML 代码的清理方案设置后,单击"确定"按钮,Dreamweaver 会用一段时间进行处理。如果选中"完成时显示动作记录"复选框,将会打开如图 7-26 所示的清理提示对

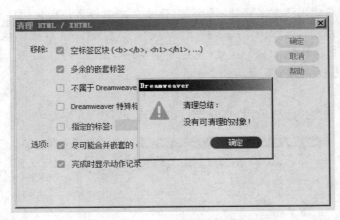

图 7-26　代码清理提示

话框。

2. 清理 Word 生成的 HTML 代码

很多用户经常直接将 Word 文档中的内容复制到 Dreamweaver 中，并运用到网页上，这样会产生很多垃圾代码、无用的样式代码。选择菜单栏中的"工具"|"清理 Word 生成的 HTML"命令，打开如图 7-27 所示的"清理 Word 生成的 HTML"对话框，对网页的源代码进行清理。

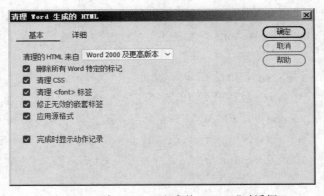

图 7-27　"清理 Word 生成的 HTML"对话框

"清理 Word 生成的 HTML"对话框中包含"基本"和"详细"两个选项卡，"基本"选项卡用于进行基本参数设置；"详细"选项卡用于对清理 Word 特定标记和 CSS 进行设置，如图 7-28 所示。

"清理 Word 生成的 HTML"对话框中比较重要的选项的功能说明如下。

- 清理的 HTML 来自：如果当前 HTML 文档是用 Word 97 或 Word 98 生成的，则在该下拉列表中选择"Word 97/98"选项；如果 HTML 文档是用 Word 2000 或更高版本生成的，则在下拉列表中选择"Word 2000 及更高版本"选项。
- 删除所有 Word 特定的标记：选中该复选框后，将清除 Word 生成的所有特定标记。如需有所保留，可以在"详细"选项卡中进行设置。

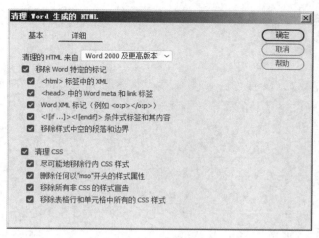

图 7-28 "详细"选项卡

- 清理 CSS：选中该复选框后，将尽可能地清除 Word 生成的 CSS 样式。如需有所保留，可以在"详细"选项卡中进行设置。
- 清理＜font＞标签：选中该复选框后，将清除 HTML 文档中的＜font＞语句。
- 修正无效的嵌套标签：选中该复选框后，将修正 Word 生成的一些无效 HTML 嵌套标签。
- 应用源格式：选中该复选框后，将按照 Dreamweaver 默认的格式整理当前 HTML 文档的源代码，使文档的源代码结构更清晰，可读性更高。
- 完成时显示动作记录：选中该复选框后，将在清理代码结束后显示执行了哪些操作。
- 移除 Word 特定的标记：该选项组中包含 5 个选项，用于清理 Word 特定标签并进行具体的设置。
- 清理 CSS：该选项组中包含 4 个选项，用于对清理 CSS 进行具体设置。

在"清理 Word 生成的 HTML"对话框中完成设置后，单击"确定"按钮，Dreamweaver 将开始清理代码，如果选中了"完成时显示动作记录"复选框，将打开结果提示对话框，显示执行的清理项目。

7.3.3　发布网站

经过详细地测试，并完成最后的站点编辑工作后就可以发布站点了。首先需要申请站点的国际域名和租用服务器空间，然后通过 FTP 工具把网站上传到服务器，这样就可以让世界上每一个角落的访问者浏览到站点的内容了。

使用 Dreamweaver 内置的远程登录程序和一些 FTP 工具都可以实现网站的发布。

1. 打开管理站点

（1）选择"站点"|"管理站点"命令，弹出"管理站点"对话框，如图 7-29 所示。

（2）在站点列表中选择要上传的站点，例如选择"my_web"，然后单击"编辑当前选定的站点"按钮，弹出"站点设置对象 my_web"对话框，在左侧的窗格中选择"服务器"选项，如图 7-30 所示。

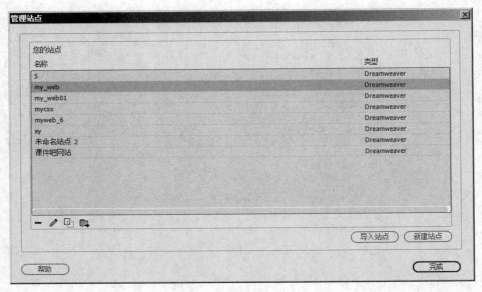

图 7-29　"管理站点"对话框

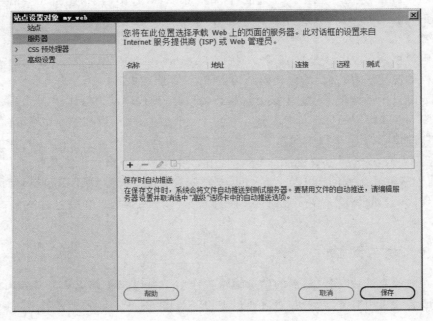

图 7-30　选择"服务器"选项

2. 设置服务器参数

（1）单击"添加新服务器"按钮 ＋ ，在弹出的对话框中设置新服务器的相关参数，如图 7-31 所示。

- 服务器名称：在这个文本框中输入一个服务器的名称。
- 连接方法：设置连接服务器的方法，这里采用默认的 FTP 方式。

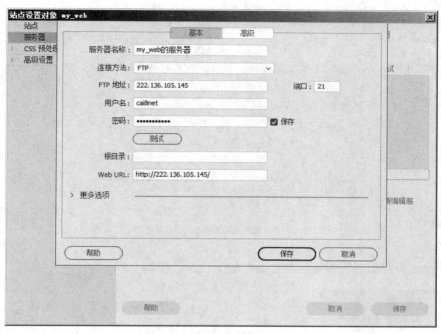

图 7-31　设置服务器参数

- FTP 地址：上传站点的目标 FTP 服务器地址，即用户申请的空间的 FTP 服务器地址。
- 用户名：登录 FTP 的名称，即用户名。
- 密码：登录 FTP 的密码，输入网络服务提供商提供的密码，用星号显示，以保证信息的安全。
- 测试：单击这个按钮可以测试服务器是否正确连接。
- 根目录：服务器保存文件的目录，如果没有特别规定则为空。
- Web URL：访问这个服务器站点的 URL。

专家点拨：在"更多选项"区域可以设置有关服务器的更多参数，在"高级"选项卡中可以设置有关服务器的高级参数。

（2）单击"保存"按钮即可完成一个服务器的创建。

3. 连接远程服务器上传、下载文件

（1）完成服务器的创建以后单击"保存"按钮返回到"管理站点"对话框，再单击"完成"按钮返回 Dreamweaver 主界面。

（2）选择"窗口"|"文件"命令打开"文件"面板，单击"连接到远程服务器"按钮 就可以连接到远程服务器。

（3）单击"展开以显示本地和远端站点"按钮 可以同时看到远端站点和本地站点窗口，如图 7-32 所示。

（4）在本地站点窗口中选择"站点-my_web"，单击工具栏上的"上传文件"按钮 ，这时

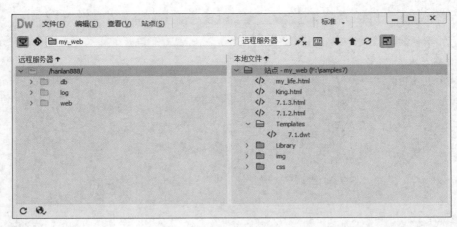

图 7-32　远端站点和本地站点窗口

Dreamweaver 会弹出对话框询问是否上传整个站点，如图 7-33 所示。单击"确定"按钮即可将网站整个上传到远程服务器。

图 7-33　确认是否上传整个站点

（5）用户也可以上传或者下载单个文件，在本地站点窗口中选择文件后单击"上传文件"按钮 ↑ 或"获取文件"按钮 ↓ 就可以上传或下载文件了。

按住 Shift 键可以选择连续的多个文件夹或文件，按住 Ctrl 键可以选择不连续的多个文件夹或文件，这样可以同时上传或者下载多个文件。

专家点拨：使用 Dreamweaver 站点管理器上传网站十分方便。在创建服务器时在"高级"选项卡中选中"保存时自动将文件上传到服务器"复选框，则以后更新网页、更新模板、更新库时都可以自动上传到服务器。

7.3.4　导入和导出站点

当需要将站点从一台计算机转移到另外一台计算机上时往往要花费很大的精力重新进行各种设置，如果使用 Dreamweaver 提供的站点导入和导出功能，这项工作就会大大简化。

1. 导出站点

"管理站点"对话框主要管理站点的配置文件，通常这个对话框中的每个条目对应一个站点，导出站点其实就是将网站的设置信息导出为一个 .ste 文件。下面以"my_web"网站为例介绍导出站点的方法。

（1）在 Dreamweaver CC 2018 中选择"站点"|"管理站点"命令，这时将弹出"管理站点"对话框。

（2）在站点列表中选择站点"my_web"，单击"导出当前选定的站点"按钮 📑，弹出"导出站点'my_web'"对话框，单击"确定"按钮，在弹出的"导出站点"对话框中选择一个用于保存站点导出文件的文件夹，如图 7-34 所示，单击"保存"按钮，即可保存扩展名为".ste"的文件。

（3）单击"完成"按钮，关闭"管理站点"对话框，完成站点的导出。

图 7-34 "导出站点"对话框

专家点拨：站点在导出后得到的站点配置文件（＊.ste）可以在不同的计算机上复制，不过这个文件仅包含站点的配置信息，因此如果想完整地在计算机之间迁移站点，必须同时复制站点的文件。

2. 导入站点

（1）选择"站点"|"管理站点"命令，弹出"管理站点"对话框。

（2）在该对话框中单击"导入站点"按钮，在弹出的"导入站点"对话框中选择文件"my_web.ste"，然后单击"打开"按钮，如图 7-35 所示。

图 7-35 "导入站点"对话框

（3）站点导入成功后在"管理站点"对话框中会列出这个站点的名称，如果在不同的计算机上迁移站点，通常还需要单击"编辑"按钮对站点进行编辑。

7.4 本章习题

一、选择题

1. 在 Dreamweaver 中使用（　　）面板可以对站点中的链接进行测试。

　　A."资源"　　　　　　B."链接检查器"　　　C."行为"　　　　　　　D."框架"

2. "管理站点"对话框主要管理站点的配置文件，通常这个对话框中的每个条目对应一个站点，导出站点其实就是将网站的设置信息导出为一个扩展名为（　　）的文件。

　　A. .html　　　　　　B. .css　　　　　　　　C. .ste　　　　　　　　D. .dwt

3. 使用 Dreamweaver 中的（　　）面板可以让站内元素的管理变得相对轻松一些，在此面板中可以查看网站内存在的所有元素，包括所有图像、颜色、URLs、媒体等。

　　A."属性"　　　　　　B."资源"　　　　　　　C."行为"　　　　　　　D."框架"

二、填空题

1. 使用模板能＿＿＿＿＿＿生成风格类似的网页，还能实现关联网页的＿＿＿＿＿＿，大大提高了网页的制作效率。

2. 在基于模板创建的网页文档中只能在＿＿＿＿＿＿中进行修改操作，填入不同的网页＿＿＿＿＿＿的内容。

3. 可以用网页中的任意元素创建库项目，这些元素包括＿＿＿＿＿＿、＿＿＿＿＿＿、＿＿＿＿＿＿、Java Applet、＿＿＿＿＿＿、＿＿＿＿＿＿、＿＿＿＿＿＿等。

4. 使用 Dreamweaver 站点管理器上传网站十分方便，在创建服务器时在"高级"选项卡中选中＿＿＿＿＿＿复选框，则以后更新网页、更新模板、更新库时都可以自动上传到服务器。

7.5 上机练习

练习1　模板及其应用

假设要创建一个汽车销售公司宣传网站，请按下列要求进行操作练习：

（1）制作一个模板，将 Logo 和 Banner、导航条、版权栏设计成锁定区域，然后设计一个可编辑区域。

（2）新建两个基于该模板的页面，并在可编辑区域填上需要的内容。

练习2　库及其应用

拟定一个主题制作一个网页，然后按下列要求进行操作练习：

（1）将页面中的某个元素（例如图像、表格或者 Flash 动画等）转化为库项目。

（2）新建一个网页，并在编辑页面的过程中引用库项目。

（3）更改这个库项目，并更新使用这个库项目的所有页面。

第 8 章
Photoshop网页设计基础

Adobe Photoshop CC 2018 是一款用于图像处理和平面设计的专业处理软件,它功能强大,实用性强。Adobe Photoshop CC 2018 不仅具备编辑矢量图形与位图图像的灵活性,还能够与 Adobe Dreamweaver CC 2018 和 Adobe Animate CC 2018 软件高度集成,成为设计网页图像的最佳选择。

本章主要内容:

- Photoshop CC 2018 的工作环境
- Photoshop 的工具箱和面板、工具栏和辅助作图工具
- 创建 Photoshop 文档
- 绘制线条、形状、路径和设置颜色的方法
- 认识画笔

8.1 Photoshop CC 2018 的工作环境

Photoshop CC 2018 有着 Adobe 系列软件特有的便捷、美观和易用的编辑环境,深受广大平面设计爱好者的青睐,下面先认识一下 Photoshop CC 2018 的工作环境。

8.1.1 Photoshop CC 2018 的界面

启动 Photoshop CC 2018,打开一张图片,此时可以看到 Photoshop CC 2018 的主界面,主界面主要由菜单栏、选项栏、文档窗口、工具箱和各种面板等组成,如图 8-1 所示。

1. 菜单栏

菜单栏集成了 Photoshop CC 2018 的所有命令,几乎所有的工作都可以通过菜单栏中的命令来完成。为了便于操作,Photoshop CC 2018 将所有命令根据功能划分为 11 个菜单,如图 8-2 所示。

- "文件"菜单:提供新建、打开、保存、关闭文档等操作,同时还可以导入、导出文档,执行打印等操作。
- "编辑"菜单:提供剪切、复制、粘贴、填充、描边、变换、颜色设置等操作。
- "图像"菜单:提供图像模式的选择、调整图像及画布大小等涉及改变图像属性的所有操作。
- "图层"菜单:提供关于图层的所有操作命令,例如新建、复制、合并、删除和链接图层,以及图层样式的设置、图层蒙版和智能对象的操作。

图 8-1　Photoshop CC 2018 的主界面

文件(F)　编辑(E)　图像(I)　图层(L)　文字(Y)　选择(S)　滤镜(T)　3D(D)　视图(V)　窗口(W)　帮助(H)

图 8-2　Photoshop CC 2018 的菜单栏

- "文字"菜单：提供关于文字的所有操作命令，例如文字变形，转换为形状和字体预览大小等操作。
- "选择"菜单：提供多种选择对象的方式，还可以修改选区大小，载入和存储选区，执行羽化等操作。
- "滤镜"菜单：使用滤镜对颜色、模糊、锐化等进行特效处理。
- 3D 菜单：对 3D 对象的大部分操作都可以通过 3D 菜单来实现，例如将选定的 3D 文件新建为当前文件图层，将 3D 对象导出为 3D 格式的文件，以所选图层为基准创建3D 模型等操作。
- "视图"菜单：缩放文档窗口的显示，设置缩放比率，设置辅助绘图工具，例如标尺、网格、参考线等的显示。
- "窗口"菜单：控制图像窗口的排列方式、工作区模式的选择以及各种浮动面板的开启和关闭。
- "帮助"菜单：除富媒体工具提示和"学习"面板外，Photoshop 的帮助菜单还提供了很多帮助资源。用户可以通过这些资源学习 Photoshop 教程，了解系统信息，管理账户和更新软件等。

2. 选项栏

选项栏位于菜单栏的下方，用于对选择的工具进行设置。选项栏中的设置项会根据选择工具的不同有所改变。选项栏的一般结构如图 8-3 所示。

图 8-3　选项栏的结构

3. 文档窗口

文档窗口是对图像进行编辑和处理的场所,每一个需要处理的图像文件在 Photoshop 中打开后都会放置在一个文档窗口中。文档窗口的结构如图 8-4 所示。

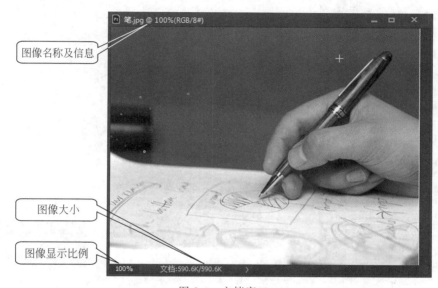

图 8-4　文档窗口

4. 工具箱

Photoshop 提供了一个工具箱来放置各类常用的工具。在默认工作区中工具箱位于工作区的左侧,它包括选择工具、裁剪和切片工具、修饰工具、绘画工具、绘图和文字工具等。工具箱的结构如图 8-5 所示。

专家点拨:在默认工作区中工具箱以一列显示,单击工具箱左上方的三角按钮 ▶▶ 可以切换为两列显示。

在工具箱中的某些工具按钮旁有一个下箭头标志 ◢,表示该工具按钮存在隐藏的工具,在该工具上按住鼠标左键可展开一个列表菜单,在菜单中可以选择需要的其他工具,如图 8-6 所示。

5. 面板

面板是浮动的控件,能够帮助用户编辑所选对象的各个功能或文档的元素。Photoshop CC 2018 的面板设计得极有特色,它将一组常用的功能集合在一起,管理快捷,使用方便。在默认情况下,Photoshop CC 2018 的面板被成组地停放在工作区右侧的区域中。

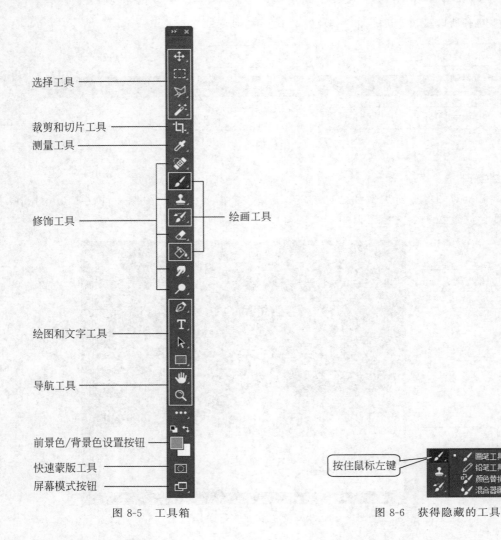

选择工具

裁剪和切片工具

测量工具

修饰工具

绘画工具

绘图和文字工具

导航工具

前景色/背景色设置按钮

快速蒙版工具

屏幕模式按钮

图 8-5　工具箱

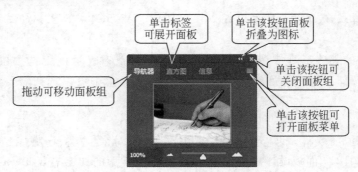

按住鼠标左键

图 8-6　获得隐藏的工具

1）面板的基本操作

在默认情况下，面板以面板组的形式出现在主程序界面的右侧，根据实际需要面板可以被拖放到屏幕的任何位置并可以被关闭。面板提供实现某种操作的方式，它的基本操作包括打开、关闭、移动和折叠为图标等，如图 8-7 所示。

单击标签可展开面板

单击该按钮面板折叠为图标

拖动可移动面板组

单击该按钮可关闭面板组

单击该按钮可打开面板菜单

图 8-7　面板组的基本操作

2）面板的功能简介

Photoshop CC 2018 共有 29 个面板，下面对其中 23 个面板的功能进行简要介绍，如表 8-1 所示。

表 8-1　面板功能简介

1."导航器"面板	2."直方图"面板	3."颜色"面板
	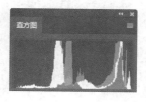	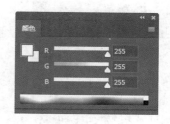
该面板以缩略图的方式显示整个图像，并且标明实际操作界面的位置。图像窗口中显示的部分用红色矩形框表示，它可以在面板中移动	该面板显示操作图像明暗度的分布，可以随时确认图像的变化，根据需要可以同时显示合成效果	该面板能以各种方式设置需要的颜色。例如通过设定 RGB 的值来确定颜色，或者通过在拾色器中单击选择需要的颜色等
4."信息"面板	5."图层"面板	6."仿制源"面板

该面板显示光标所在位置的坐标值、色彩信息以及所选区域的大小等信息	该面板用于对图层进行各种操作，包括新建图层、复制图层、删除图层、设置图层等	在使用仿制图章工具或修复画笔工具时，使用该面板可以设置 5 个不同的样本源进行自由仿制
7."色板"面板	8."样式"面板	9."路径"面板
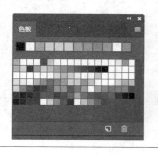	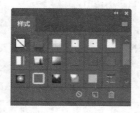	

在该面板中单击可以轻松地指定前景色或背景色。用户可以使用"色板"面板中提供的颜色，还可以创建或添加自定义颜色	通过该面板利用已载入的样式可以在图像中应用各种效果，还可以修改所应用的样式或创建并载入新的样式	使用钢笔工具绘制的矢量直线或曲线叫路径。在"路径"面板中可以创建、修改路径，也可以把路径调整或转换为选区
10. "历史记录"面板 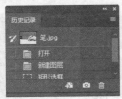	11. "工具预设"面板 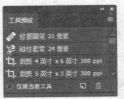	12. "动作"面板 
该面板可以自动记录操作过程，并以列表形式显示；可以恢复到当前操作之前的图像状态	该面板用于保存每个工具的选项栏设定值，以便进行其他操作时使用相同的设定值	该面板可以记录设计过程中经常重复使用的操作，必要时用于自动执行，方便操作
13. "字符"面板 	14. "时间轴"面板 	15. "图层复合"面板 
该面板用于调整文字的属性，例如字体、样式、大小、行间距、宽度、高度、位置、颜色等	该面板用于制作图像动画，可以编辑帧或时间轴持续时间等	使用该面板可以在一个文件中多样化地改变设计效果
16. "通道"面板 	17. "段落"面板 	18. "画笔"面板 
通道具有色彩管理和选择区域管理两种功能，在"通道"面板中可以对通道进行各种编辑操作	该面板用于调整文章的对齐基准、缩进、段落的空白等	使用该面板可以选择笔尖形状、形状动态、散布、喷枪、平滑等

续表

19."画笔设置"面板	20."调整"面板	21."注释"面板

在使用工具箱中的画笔工具和选项栏时才会打开"画笔设置"面板,可以设定画笔的宽度、形状和各种功能	该面板提供用于调整颜色和色调的工具	注释工具常用在制作图像时进行标注及提示等
22."属性"面板	23."学习"面板	

"属性"面板中的设置项会根据图层上内容的不同而有所改变。使用改进的"属性"面板可以调整文字图层的行距和字距;使用该面板还可以调整多个文字图层的设置,例如颜色、字体和大小	"学习"面板中有摄影、修饰、合并图像、图形设计 4 个主题,附有案例图、工具使用提示以及文字版教程,单击就可以根据提示完成操作	

8.1.2　工作区布局和屏幕模式

设置一个符合自己习惯的工作环境可以提高设计效率,本小节将介绍更改工作区布局和屏幕模式的方法。

1.更改工作区布局

针对不同的操作需要,Photoshop CC 2018 提供了预设的工作区布局方式,使用这些布局方式能够只显示需要的面板,并且使它们按照设定好的布局方式摆放。单击"窗口"菜单

扫一扫

视频讲解

选择"工作区"命令，在打开的下拉菜单中选择相应的命令，如图 8-8 所示。

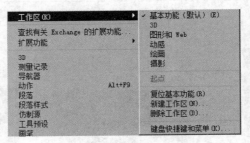

图 8-8　切换工作区

在进行网页设计时可以选择工作区模式，选择好后与网页设计相关的面板将在工作界面上打开。如果用户对工作区的布局不满意，可以自行调整，选择"新建工作区"命令，给新建的工作区取一个容易记忆的名称，然后按照自己的操作习惯进行布局的调整设置，这样以后就能很方便地进行调用了。

专家点拨：如果在实际操作中打开的面板过多或者过于杂乱，可以选择"复位基本功能"命令，将工作区恢复到所选布局的最初状态。

2．更改屏幕模式

为了更方便地查看和编辑图像，Photoshop CC 2018 提供了 3 种屏幕模式供使用者选择，即标准屏幕模式、带有菜单栏的全屏模式和全屏模式。选择"视图"|"屏幕模式"下的命令或者单击工具箱中的屏幕模式按钮 ▭ 都能进行选择，也可按 F 键循环切换。

"标准屏幕模式"是默认显示模式，菜单栏位于顶部，图像以窗口的形式排列。"带有菜单栏的全屏模式"为灰色背景的全屏窗口，仅带有菜单栏。"全屏模式"为黑色背景的全屏窗口，是最大化的图像显示方式。

扫一扫

视频讲解

8.1.3　使用标尺、网格和参考线

标尺、网格和参考线可以帮助用户精确地对图像的摆放位置、角度、大小等进行辅助参考，从而给网页图形的制作带来方便。下面分别介绍这 3 个辅助绘图工具。

1．使用标尺

标尺用于度量对象的大小比例，这样可以更精确地绘制对象。选择"视图"|"标尺"命令能显示或隐藏标尺。显示在工作区左边的是"垂直标尺"，用来测量对象的高度；显示在工作区上边的是"水平标尺"，用来测量对象的宽度。在默认情况下标尺的度量单位是磅，用户可以根据需要在标尺上右击，然后在弹出的快捷菜单中选择不同的单位，如图 8-9 所示。

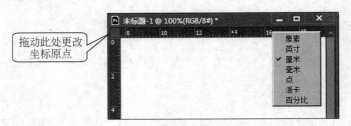

图 8-9　显示标尺

水平标尺和垂直标尺的相交点是标尺的"零起点",用户也可以根据需要改变这个原点的位置,将鼠标指针放在标尺左上角的虚线"十"字上拖动到新位置即可。

专家点拨:双击标尺左上角的交界处可以将更改后的标尺原点恢复到默认位置。

2.使用网格

网格可以帮助网页设计者精确地对齐与放置对象,对于网格的应用主要有"显示和隐藏网格"与"对齐网格"。选择"视图"|"显示"|"网格"命令可以显示或隐藏网格线,如图8-10所示。

选择"视图"|"对齐到"|"网格"命令后,在绘制、移动对象或选择区域时边缘会自动与周围最近的一个网格线对齐,给绘制带来很多方便。

3.使用参考线

与网格相比,参考线在对齐和放置对象时更加灵活,设计者可以根据需要自由放置横向或纵向的参考线。首先要确认"标尺"处于显示状态,在"水平标尺"或"垂直标尺"上按下鼠标左键并拖动到舞台上,这样"水平参考线"或者"垂直参考线"就被创建出来了,参考线默认的颜色为"浅蓝色",如图8-11所示。

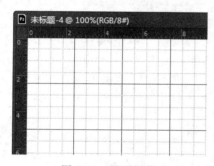

图 8-10 显示网格

图 8-11 拖出"参考线"

选择"视图"|"锁定参考线"命令可以将参考线锁定。如果需要删除参考线,只需将参考线拖放到舞台之外即可。

8.2 使用 Photoshop 绘制网页基本图形

Photoshop CC 2018 中用于绘制网页基本图形的工具有很多,下面分别使用这些工具绘制网页中的基本图形,从而掌握 Photoshop CC 2018 各种工具的使用方法,为制作出效果美观的网页打下坚实的基础。

8.2.1 创建 Photoshop 文档

扫一扫

视频讲解

(1)双击桌面上的 Photoshop CC 2018 图标启动 Photoshop CC 2018 程序,然后选择"文件"|"新建"命令,弹出"新建文档"对话框,如图8-12所示。

(2)在"宽度"文本框中输入"600 像素",在"高度"文本框中输入"480 像素",将"分辨率"选择为默认的"72 像素/英寸",将"颜色模式"设置为"RGB 颜色""8 位",设置"背景内

图 8-12　"新建文档"对话框

容"为白色，单击"创建"按钮，这样就新建了一个 Photoshop CC 2018 文档。

　　专家点拨：在输入画布尺寸时可以选择的单位有像素、英寸、厘米和毫米等，同样图片分辨率的单位也有像素/英寸和像素/厘米。文件的分辨率越高，图像越精细，但同时文件也会越大。一般选择默认值 72 像素/英寸。

　　（3）工作区内出现了白色背景的画布，如图 8-13 所示。这时文件还没有保存，在窗口左上角标识出文件的名称为"未标题-1.psd"，后面的 100％表示当前文档的视图比例，"RGB/8♯"表示文档的颜色模式。

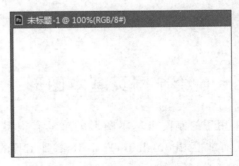

图 8-13　空白文档

　　（4）选择"文件"|"存储为"命令，弹出"另存为"对话框，选择文档的保存路径，输入文件名"第一个网页图像"，如图 8-14 所示。单击"保存"按钮，文件被保存。

　　专家点拨：Photoshop 所创建文档的扩展名默认为.psd，这种格式不能直接应用到网页中，在实际应用时要优化后导出为.gif 或.jpg 格式的图像。

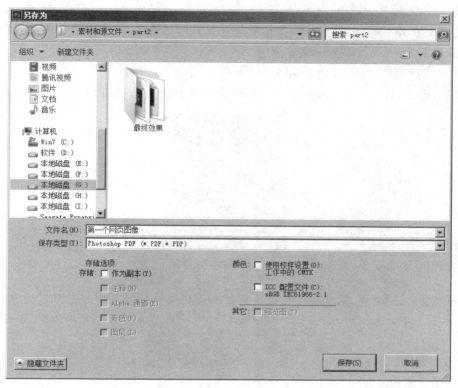

图 8-14 "另存为"对话框

8.2.2 绘制几何形状

在网页设计中经常要绘制各种几何形状,例如直线、矩形、圆角矩形、椭圆、多边形等,它们是网页构图的基础,Photoshop 提供了专门的工具来绘制它们,下面结合实例进行说明。

1. 绘制直线

绘制直线要用到"直线工具" ,它位于工具箱中的矩形工具复合组内,如图 8-15 所示。下面使用直线工具绘制几个线条。

(1) 启动 Photoshop CC 2018,按 Ctrl+N 组合键打开"新建文档"对话框,保持默认参数,直接单击"创建"按钮,这样就启动了 Photoshop CC 2018 的工作窗口并新建了一个文档。

图 8-15 直线工具

(2) 在工具箱中的"矩形工具" 上按下鼠标左键不放,弹出复合工具列表,在其中选择"直线工具" 。

(3) 选择选项栏中的"形状"选项,在绘制时将创建形状图层。

专家点拨:在选择所有的形状工具时,选项栏的模式组中的选项是相同的,选中"形状"模式将创建一个形状图层,选中"路径"模式将创建一条路径,选中"像素"模式将在当前图层创建图形。

(4) 更改选项栏中"粗细"后面的数值为 2 像素,单击"设置形状填充类型"按钮

填充：，将颜色更改为红色。

（5）将鼠标指针移动到画布上，鼠标指针变成了"十"字状，按下鼠标左键拖动至合适的位置后松开鼠标，直线就绘制完成了，如图 8-16 所示。

（6）单击选项栏中的"几何选项"按钮，打开"箭头"选项框，如图 8-17 所示。选中"终点"复选框，再绘制直线，可以看到绘制出了带有箭头的直线，如图 8-18 所示。

图 8-16　绘制直线　　　　　　图 8-17　"箭头"选项框　　　　图 8-18　绘制带箭头的直线

专家点拨：在"箭头"选项框中可以设置箭头的相关参数，其中"起点"或"终点"复选框可以为线条的相应端点加上箭头，宽度、长度和凹度分别更改箭头的宽度比例、长度比例和凹度值。

2．绘制矩形

绘制矩形要用到"矩形工具"，下面使用矩形工具绘制矩形。

（1）在创建好的 Photoshop CC 2018 新文档窗口中选择"矩形工具"。

（2）在选项栏的选择工具模式中单击"像素"，在绘制时将在默认图层创建形状。

（3）单击"几何选项"按钮打开矩形选项，如图 8-19 所示。默认选中"不受约束"单选按钮，用户可以根据需要进行设置。在画布上按下鼠标左键进行绘制，矩形绘制完成，如图 8-20 所示。

图 8-19　矩形选项　　　　　　　　　　图 8-20　绘制矩形

专家点拨：使用矩形选项可以设置矩形的相关参数，其中"不受约束"选项可以自由控制矩形的大小，"方形"选项约束绘制正方形，"固定大小"选项后的数值框决定了矩形的宽度和高度，"比例"选项决定了矩形宽度和高度值的比例，"从中心"复选框决定矩形从中心开始绘制。

3．绘制圆角矩形

绘制圆角矩形要用到"圆角矩形工具"，下面进行绘制。

（1）在创建好的 Photoshop CC 2018 新文档窗口中选择"圆角矩形工具" 。

（2）在选项栏的"半径"后面的数值框中输入 20 像素，它定义了圆角矩形中圆角的大小。

（3）选择"窗口"|"样式"命令，打开"样式"面板，在其中选择"蓝色玻璃"样式，如图 8-21 所示。

（4）在画布上按下鼠标左键进行绘制，圆角矩形绘制完成，如图 8-22 所示。

图 8-21　选择样式

图 8-22　绘制圆角矩形

专家点拨："圆角矩形工具"和"矩形工具"完全相同，用户可参考设置。

4. 绘制多边形

绘制多边形要用到"多边形工具"，下面进行绘制。

（1）在创建好的 Photoshop CC 2018 新文档窗口中选择"多边形工具"。

（2）在选项栏的"边"后面的数值框中输入 5，它定义了多边形的边数。在画布上按下鼠标左键绘制出五边形，如图 8-23 所示。

（3）单击选项栏中的"几何选项"按钮，打开多边形选项，如图 8-24 所示。选中"星形"复选框，这时将绘制出星形，如图 8-25 所示。

图 8-23　绘制多边形　　图 8-24　多边形选项 　　图 8-25　绘制星形

专家点拨：在多边形选项中，"半径"用来定义多边形的半径值；"平滑拐角"选项可以使多边形的拐角变为平滑型；"缩进边依据"可以定义星形的缩进量，数值越大星形的内缩效果越明显。

5. 绘制自定形状

绘制自由形状要用到"自定形状工具"，下面进行绘制。

（1）在创建好的 Photoshop CC 2018 新文档窗口中选择"自定形状工具"。

（2）单击选项栏中"形状"后面的按钮，打开"自定形状拾色器"窗格，在其中选择"叶子 2"形状，如图 8-26 所示。绘制后的效果如图 8-27 所示。

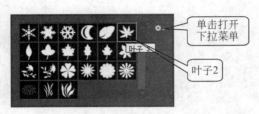

图 8-26　"自定形状拾色器"窗格　　　　　图 8-27　绘制自定形状

（3）单击"自定形状拾色器"窗格右上角的  按钮，在打开的菜单中选择"动物"命令，弹出替换对话框，如图 8-28 所示。单击"追加"按钮，将动物类形状添加到"自定形状拾色器"窗格中。

（4）打开"自定形状拾色器"窗格，可以看到在窗格下方"动物"形状已经添加进来了，如图 8-29 所示。

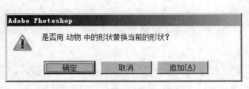

图 8-28　替换对话框　　　　　　　图 8-29　新添加的动物类形状

专家点拨：除动物类形状以外，系统默认的形状类别还有 Web、台词框、形状、拼贴、横幅和奖品、物体、画框、符号、箭头、自然、装饰、音乐等，用户还可以加载外部形状文件以丰富自定形状库。

8.2.3　使用钢笔工具绘制路径

前面绘制的几何形状比较规则，在实际的网页设计中还经常需要绘制曲线及自由形状，本小节将使用钢笔工具来绘制曲线等不规则形状，从而了解路径的基本常识。

1. 使用钢笔工具绘制曲线

简单地说，所有形状的轮廓就是路径，Photoshop 提供了专门的"路径"面板，结合钢笔工具等可以很方便地编辑修改、重复使用，下面进行实际绘制。

（1）在创建好的 Photoshop CC 2018 新文档窗口中选择"钢笔工具" 。

（2）在选项栏中选择工具模式为"路径"，则绘制时将创建出路径。

（3）使用"钢笔工具"在画布上单击鼠标会出现一个实心小矩形点，它叫锚点，移动鼠标指针到其他位置不断地单击鼠标就可以绘制出直线路径，如图 8-30 所示。

图 8-30　绘制直线路径

（4）如果要闭合路径，把"钢笔工具"放置到第一个锚点上，如果定位准确，就会在靠近钢笔尖的地方出现一个小圆圈。单击或拖动可以闭合路径，如图 8-31 所示。

（5）使用钢笔工具绘制平滑的曲线时要在按下鼠标左键的同时拖动，下面是分别在左、右两点沿左下和右上方向拖动鼠标绘制的图形，如图 8-32 所示。

图 8-31　闭合路径　　　　　　　　　　　图 8-32　绘制曲线路径

专家点拨：由锚点处拖出的指示线段叫方向线，它的长度和斜度决定了曲线的形状，但它不是形状的一部分。

2．编辑曲线路径

使用钢笔工具绘制的曲线经常需要修改，在修改时要用到"添加锚点工具" 、"删除锚点工具" 和"转换点工具" ，这 3 个工具都在钢笔工具的复合组内。

选择"添加锚点工具" 后，将鼠标指针移到路径上时它变为带"＋"号的钢笔尖，单击需要添加锚点的位置就可以添加一个锚点，如图 8-33 所示。

选择"删除锚点工具" 后，将鼠标指针移到被选择的锚点上时它变为带"－"号的钢笔尖，单击锚点可以删除锚点，如图 8-34 所示。

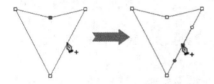
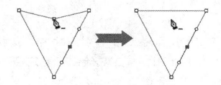

图 8-33　添加锚点　　　　　　　　　　　图 8-34　删除锚点

专家点拨：其实使用钢笔工具也能实现添加或删除锚点的功能，但前提是路径必须处在选择状态下，这样操作在锚点非常密集的地方会导致误操作，所以在这种情况下提倡使用专门的工具。

使用钢笔工具创建的锚点有两类，即角点和平滑点。使用"转换点工具" 可以在这两类锚点间自由变换，在角点上拖动锚点会出现方向线，角点变成了平滑点，如图 8-35 所示；在平滑点上单击，平滑点变成角点，如图 8-36 所示。

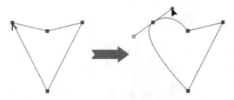
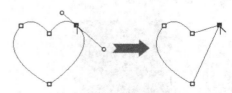

图 8-35　角点变换为平滑点　　　　　　　图 8-36　平滑点变换为角点

在编辑修改绘制好的路径时往往要使用路径选择工具选择路径，Photoshop 提供了两种路径选择工具，即路径选择工具 和直接选择工具 ，它们在同一复合工具组内。

使用"路径选择工具"  单击路径选中整条路径，所有的锚点以实心黑色方框显示，如图 8-37 所示。使用"直接选择工具" 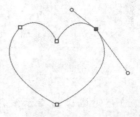 单击路径，所有的锚点以空心方框显示，再单击锚点，选中的锚点以实心黑色方框显示，如图 8-38 所示。

图 8-37　选中整条路径　　　　　　　　图 8-38　选择单个锚点

使用直接选择工具拖动锚点可以移动锚点的位置，如图 8-39 所示。拖动方向线可以改变它的方向和角度，如图 8-40 所示。

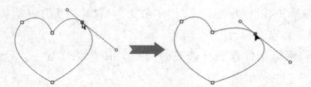 

图 8-39　移动锚点　　　　　　　　　　图 8-40　拖动方向线

专家点拨：按住 Shift 键单击可以选择多个锚点，从而实现同时移动多个锚点的效果。

3. 使用自由钢笔工具绘制任意路径

使用自由钢笔工具可以任意绘图，就像用钢笔在纸上绘画一样，但在绘图时可以自动添加锚点，完成路径的绘制后可以进一步对它进行调整。下面进行实际绘制。

（1）选择"文件"|"打开"命令，在"打开"对话框中选择要打开的文件，单击"打开"按钮将一幅橘子图片打开在文档中。

（2）选择"钢笔工具"，弹出复合工具下拉列表，在其中选择"自由钢笔工具" ，此时可以按下鼠标左键任意绘制线条。

（3）单击选项栏中的"几何选项"按钮 ，打开自由钢笔选项，将"曲线拟合"设置为 2 像素，选中"磁性的"复选框，并设置好其他参数，如图 8-41 所示。

（4）使用"自由钢笔工具"沿着橘子边缘拖动鼠标，此时会自动出现一条带有锚点的曲线路径，如图 8-42 所示。

图 8-41　自由钢笔选项　　　　　图 8-42　使用自由钢笔工具绘制自由路径

专家点拨：在自由钢笔选项中，"曲线拟合"选项控制绘制路径时对鼠标移动的灵敏度，数值越大，创建的路径锚点越少，路径越光滑；"磁性的"选项决定绘制时路径可以自动吸附到图像的相关点上。

4. 使用弯度钢笔工具绘制路径

"弯度钢笔工具" 能轻松绘制弧线路径并快速调整弧线的位置、弧度等，无须按键配合，即可方便地创建线条比较圆滑的路径和形状。

选择"弯度钢笔工具"后，在选项栏中可以对绘制图形类型、工具类型、形状类型及路径重叠方式进行设置。"弯度钢笔工具"的选项栏如图 8-43 所示。

图 8-43　"弯度钢笔工具"的选项栏

"弯度钢笔工具"的用法：

（1）选择"弯度钢笔工具"，在选项栏中设置选择工具模式为"路径"。在画布上单击鼠标创建第一个锚点，然后再选择一个位置创建一个锚点，此时两个锚点之间产生了一条直线路径，如图 8-44 所示。

（2）用同样的方式创建第 3 个锚点，3 个锚点连接形成一条曲线路径，此时在第 2 或第 3 个锚点上单击并按住鼠标移动，可通过改变锚点的位置来调整路径的弧度，如图 8-45 所示。

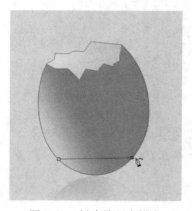

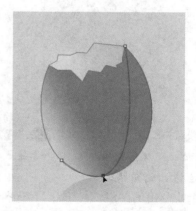

图 8-44　创建前两个锚点　　　　　　图 8-45　创建第 3 个锚点并编辑路径

（3）建立直线路径。第 3 和第 4 个锚点之间需要一条直线路径，在第 3 个锚点上双击鼠标，然后在下一位置单击，即可产生直线路径，如图 8-46 所示。

（4）添加锚点。移动鼠标指针到路径上，鼠标指针下方会出现"＋"标记，此时单击鼠标即可在该路径上再添加一个锚点，如图 8-47 所示。

（5）移动鼠标指针到起始锚点，鼠标指针下方会出现"○"标记，单击，末端的锚点和起始锚点即可连接形成一个闭合路径，如图 8-48 所示。

（6）双击锚点，可以转换锚点类型，即将平滑锚点转换为角点，如图 8-49 所示，或者相反。如果要删除一个锚点，可在单击选中该锚点之后按 Delete 键删除。

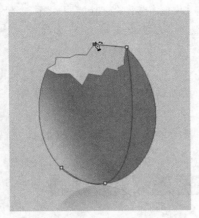

图 8-46　绘制直线路径

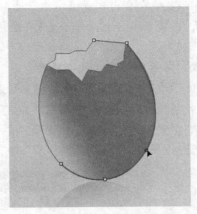

图 8-47　添加锚点并调整路径弧度

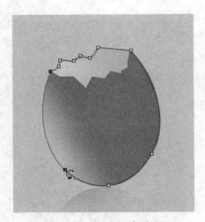

图 8-48　形成闭合路径

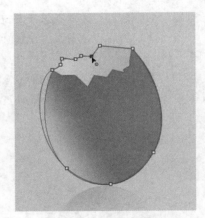

图 8-49　转换锚点类型

　　专家点拨：使用"钢笔工具" 、"弯度钢笔工具" 、"自由钢笔工具" 和"磁性钢笔工具" 时，可以在选项栏中设置路径线条的粗细和颜色，使路径更加便于绘制和观察。

　　5. 描边和填充路径

　　由于绘制出的路径不是形状，在进行网页设计时必须要进行描边和填充等操作才能做出效果。下面实际操作一下。

　　在面板区中单击"色板"标签激活"色板"面板，如图 8-50 所示，将前景色设置为红色。打开"路径"面板，单击"用画笔描边路径"按钮，为路径描出轮廓。然后将前景色更改为黄色，单击"用前景色填充路径"按钮，为路径填充颜色，如图 8-51 所示。

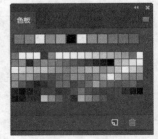

图 8-50　"色板"面板

　　专家点拨：在用画笔描边路径时边线的宽度和形状是由画笔决定的，有关画笔的知识将在下一节中详细介绍。

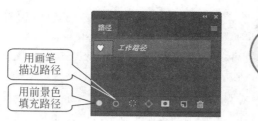

图 8-51　"路径"面板和完成后的形状

8.2.4　使用画笔

Photoshop 中的画图工具包括画笔工具和铅笔工具,使用它们绘图就像手绘一样,再加上丰富的笔触、灵活的模式等,一定能设计出美轮美奂的网页底稿。

1. 使用画笔工具绘图

(1) 选择"画笔工具" ,在文档窗口中右击打开画笔下拉面板,如图 8-52 所示。

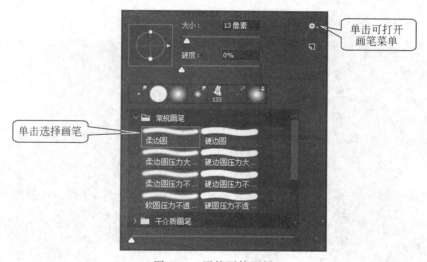

图 8-52　画笔下拉面板

(2) 设置画笔的"大小"为 13 像素、"硬度"为 0%,单击"常规画笔"画笔组前方的 按钮展开组,选择"柔边圆"画笔,然后拖动画笔绘制任意形状,如图 8-53 所示。

(3) 单击画笔下拉面板右上角的 按钮,在弹出的下拉菜单中选择"特殊效果的画笔"命令,弹出替换画笔对话框,如图 8-54 所示,单击"确定"按钮将特殊效果的画笔追加到画笔下拉面板中。

图 8-53　使用画笔工具绘图

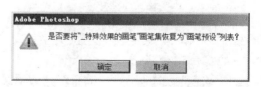

图 8-54　替换画笔对话框

专家点拨：在画笔下拉面板中，"大小"用来设置画笔的大小；"硬度"用来设置画笔边缘的柔和程度，数值越小越柔和。该面板中提供了大量的预设画笔，它们被归类到4个画笔组中，拖曳面板底部的滑块可以调整画笔的预览大小。另外，除默认的画笔外，在绘图时可以根据需要添加书法、画笔、带阴影的画笔、干介质画笔、方头画笔、混合画笔、湿介质画笔、特殊效果画笔、粗画笔、自然画笔等类型系统画笔，也可以进行删除、载入和复位画笔的操作。

（4）在追加的画笔形状中选择"蝴蝶"画笔，设置画笔的"大小"为59像素，在选项栏中设置"不透明度"的值为20％、"流量"为80％，绘制出的形状如图8-55所示。

图8-55　绘制蝴蝶形状

专家点拨：选项栏中的"不透明度"的值越大越不透明，"流量"的值决定了绘图时颜色的流量大小。

2. 使用"画笔设置"面板详细地设定画笔参数

（1）选择画笔工具，然后单击选项栏上的"切换'画笔设置'面板"按钮 ⑦ 打开"画笔设置"面板，如图8-56所示。单击该面板左侧的参数项，则右侧出现了与之对应的参数区。

（2）单击"画笔笔尖形状"选项，在右侧选择"散布枫叶"画笔，将"大小"设置为60像素、"间距"设置为50％，如图8-57所示。

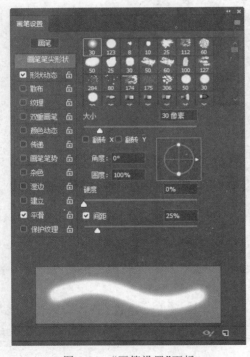

图8-56　"画笔设置"面板

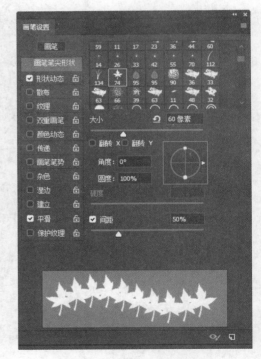

图8-57　设置画笔笔尖形状

（3）选中"形状动态"复选框，设置"大小抖动"为100％、"角度抖动"为100％、"圆度抖动"为60％，如图8-58所示。

（4）选中"散布"复选框，设置"散布"为"两轴"500％、"数量"为4、"数量抖动"为100％，如图8-59所示。

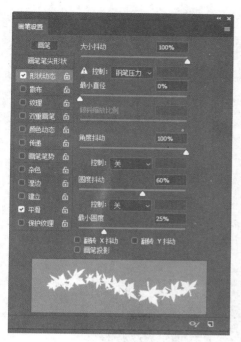

图 8-58 设置画笔形状动态

图 8-59 设置画笔散布参数

（5）选中"颜色动态"复选框，设置"色相抖动"为30％、"饱和度抖动"为30％，如图8-60所示。

（6）选中"传递"复选框，设置前景色为红色，在画布上多次拖动鼠标，则枫叶形状就绘制好了，效果如图8-61所示。

图 8-60 设置画笔颜色动态

图 8-61 绘制枫叶

专家点拨：画笔的参数比较多，设置很复杂，大家在绘制网页作品时要多尝试总结，同时注意观察下方预览框中的形状变化。

8.2.5 设置颜色

在 Photoshop 中设置颜色非常方便，工具箱中有直接选取前景色和背景色的工具，还有专业设置颜色的渐变工具和油漆桶工具，再加上专用的"颜色"面板，用户可以在设计网页时任意设置颜色。

1. 使用快捷键进行填充

如果要填充实色，首先双击工具箱中的"设置前景色/背景色"控件█，然后使用 Alt＋Delete 或 Ctrl＋Delete 组合键进行快速填充。

（1）双击工具箱中的"设置前景色"控件打开"拾色器（前景色）"对话框，如图 8-62 所示。单击渐变条拾取红色，然后用同样的方法设置背景色为黑色。

图 8-62 "拾色器（前景色）"对话框

（2）按 Alt＋Delete 组合键可以为选区或当前图层添加前景色，按 Ctrl＋Delete 组合键可以填充背景色。

2. 使用油漆桶工具进行填充

（1）选择"油漆桶工具"█，在选项栏中设置填充方式为"前景"，此时将使用前景色填充，如图 8-63 所示。

图 8-63 油漆桶工具的选项栏

（2）设置填充方式为"图案"，打开图案下拉列表，如图 8-64 所示。在其中选择一种图案，然后在新图层中单击填充颜色。

专家点拨：选项栏中的"容差"值用于控制填充图案时的颜色容差值，数值越大，填充范围越广。如果选中"连续的"复选框，则仅填充容差值范围内连续的区域。

3. 使用渐变工具填充颜色

（1）选择"渐变工具" ，在选项栏中单击"渐变色选取栏" 右侧的下拉列表按钮打开渐变色设定列表，如图 8-65 所示，在其中选择"紫，橙渐变"。

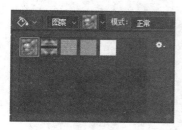

图 8-64　图案下拉列表

图 8-65　选取渐变色

（2）在选项栏中选择"线性渐变" ，在空白画布中从左到右拖出一条水平线段，则画布被填充为线性渐变色，如图 8-66 所示。

图 8-66　以线性渐变填充

专家点拨：在使用渐变工具填充渐变色时，拖动的线段方向决定了渐变色的方向，线段的长度决定了渐变色的范围，按住 Shift 键可以按水平、垂直或 45°角的方向进行渐变填充。

（3）依次在选项栏中选择径向、角度、对称和菱形渐变，从画布中央向右边拖动，填充后的图形如图 8-67 所示。

图 8-67　从左边起依次为径向、角度、对称和菱形渐变

4. 自定义颜色填充

虽然 Photoshop 自带的渐变类型很丰富，但用户有时候还需要自定义渐变色，以满足网页设计的要求。

（1）选择"渐变工具"，单击选项栏中的"渐变效果显示框"打开"渐变编辑器"对话框，如图 8-68 所示。

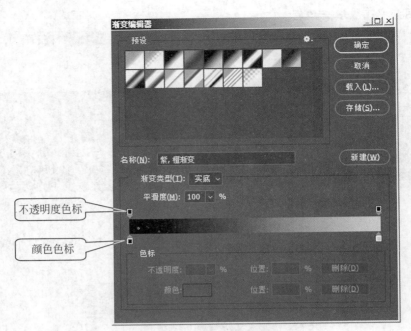

图 8-68　"渐变编辑器"对话框

　　（2）双击渐变色定义栏下的"颜色色标" 打开"拾色器（色标颜色）"对话框，如图 8-69 所示，然后在颜色区域中选择红色，单击"确定"按钮。

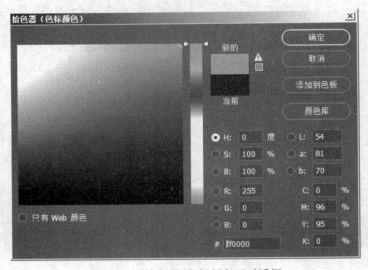

图 8-69　"拾色器（色标颜色）"对话框

　　（3）双击与"颜色色标"相对的"不透明度色标" ，在下方设置该色标的不透明度值为 50%。

　　（4）单击渐变定义栏下方的中间区域添加一个新色标，设置颜色为蓝色。

　　（5）向左拖动"颜色中点"，将位置值定位在"30%"，设置完成后如图 8-70 所示。

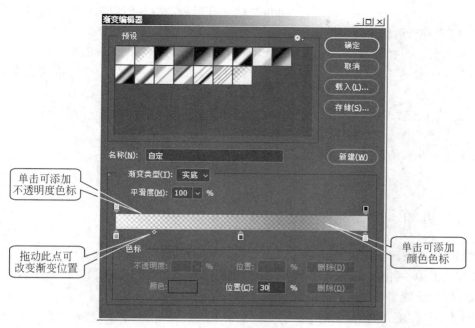

图 8-70　设置渐变参数

专家点拨：在设置好自定义渐变后，如果下次要继续使用，就必须将其存储在预设列表中，方法是在"名称"文本框中输入名称，单击"新建"按钮。如果要删除颜色色标和不透明度色标，将色标拖离渐变定义栏即可。

8.3　本章习题

一、选择题

1. Photoshop 所创建文档的默认保存格式是(　　　)。

    A. .png   B. .psd   C. .jpg   D. .gif

2. 如果操作时程序工作区过小，需要全屏显示图形，但保留菜单栏，应该使用(　　　)。

    A. 标准屏幕模式   B. 全屏模式

    C. 带有菜单栏的全屏模式   D. 最大化屏幕模式

3. 在 Photoshop 中能自由绘制图形，并且效果最丰富的绘画工具是(　　　)。

    A. 钢笔工具   B. 铅笔工具   C. 画笔工具   D. 自定形状工具

4. 使用快捷键可以快速地对选区或者当前图层添加颜色，其中按(　　　)可以添加前景色。

    A. Alt＋Delete 组合键   B. Ctrl＋Delete 组合键

    C. Delete 键   D. Shift＋Delete 组合键

二、填空题

1. Photoshop CC 2018 的主界面由 _____、_____、_____、_____ 和 _____ 组成。

2. _____、_____、_____可以帮助设计者精确地对图像的摆放位置、角度、大小等进行辅助参考，从而给网页图形的制作带来方便。

3. 在选择所有的形状工具时选项栏的模式组中的选项是相同的，选中_____模式将创建一个形状图层，选中_____模式将创建一条路径，选中_____模式将在当前图层创建图形。

4. 在使用钢笔工具绘图时，由锚点处拖出的指示线段叫_____，它的_____和_____决定了曲线的形状，但它不是形状的一部分。

5. Photoshop的渐变工具提供了5种渐变填充方式，即_____、_____、_____、_____、_____。

8.4　上机练习

练习1　绘制网页图形

本练习绘制一个网页图形，效果如图8-71所示，可以参考以下步骤进行操作练习。

（1）使用绘图工具绘制白色背景区域。

（2）使用"钢笔工具"绘制蜻蜓。

练习2　使用画笔绘制心形

本练习绘制一个心形，效果如图8-72所示，可以参考以下步骤进行操作练习。

（1）使用蝴蝶画笔绘制心形。

（2）使用杜鹃花串画笔绘制箭。

图8-71　网页图形效果　　　　　　　图8-72　心形效果

第 **9** 章

Photoshop网页设计进阶

图层、选区和路径被称作 Photoshop 的三大核心技术,本章将在上一章介绍基本绘图工具的基础上逐步深入,介绍图层、选区、通道、文字、图像处理及滤镜等重要概念,以此迈入 Photoshop 网页设计进阶之门。

本章主要内容:

- Photoshop 的图层
- Photoshop 的选区和通道
- 设计网页文字
- 网页图像的调整
- Photoshop 的滤镜

9.1 图层与蒙版

图层是 Photoshop 的精髓,一个好的网页作品离开图层是万万不能的,合理地安排图层,设置图层的各种属性,对完成网页作品的设计尤为重要。

9.1.1 图层

图层类似于现实绘图工作中的透明胶片,将图像的各个要素分别绘制于不同的透明胶片上,透过上层的胶片透明区域能观察到下层的图像。一个文档可以包含许多图层,每个图层都能绘制各种图形或对象。在 Photoshop 中,图层的显示和操作都集中在"图层"面板里,下面认识一下图层及"图层"面板。

1. 认识"图层"面板

选择"窗口"|"图层"命令打开"图层"面板,此时"图层"面板显示当前文件的图层状态,如图 9-1 所示。

"图层"面板中各参数的含义如下。

- "混合模式"下拉列表 正常 :选择当前图层的混合模式。
- "不透明度"数值框:决定当前图层的不透明度。
- "锁定"组的 5 个按钮 锁定: :用来锁定图层的透明像素、图像像素、移动位置或所有属性。
- "填充"数值框:设置图层中的不透明度。

图 9-1 "图层"面板

- "链接图层"按钮 ：将选中的图层链接起来。
- "添加图层样式"按钮 fx：为当前图层添加需要的样式效果。
- "添加图层蒙版"按钮 ▣：为当前操作图层增加蒙版。
- "创建新组"按钮 ▤：创建一个图层组。
- "创建新的填充或调整图层"按钮 ◐：添加一个调整图层。
- "创建新图层"按钮 ◰：在当前图层的上面创建一个新图层。
- "删除图层"按钮 🗑：删除当前选择的图层。

2．图层的基本操作

1）选择图层

选择图层是指将某层指定为当前图层，以便于操作。单击某个图层，当该图层成为当前图层后图层背景变成浅灰色。在图9-1中，选择的图层是"蝴蝶"图层。这样，之后绘制、粘贴或导入的对象都会自动排列在当前图层的顶部。

选中一个图层后，按住Shift键单击另一图层，两个图层及它们之间的所有图层都会被选中，选中一个图层后，按住Ctrl键单击另一图层，可以将多个不相邻图层同时选中。

2）创建和删除图层

单击"图层"面板下方的"创建新图层"按钮 ◰ 可以在当前图层的上面创建一个新图层，新图层自动成为当前图层。单击"删除图层"按钮 🗑 可以删除当前选择的图层，或者直接将需要删除的图层拖到垃圾桶图标上。

选择"图层"|"新建"|"图层"命令打开"新建图层"对话框，如图9-2所示。在"名称"文本框中输入图层的名称，单击"颜色"下拉列表可以为图层选择突出显示的颜色。

3）重命名图层

为了便于操作，应该为图像所属的所有图层都设定一个易于理解的名称，因为在默认情况下新建的图层按创建的顺序以图层1、图层2……来命名。重命名的方法是双击图层的名称，在名称处于可编辑状态时为它们输入新名称并按Enter键，或者选择"图层"|"重命名图层"命令，输入新名称，如图9-3所示。

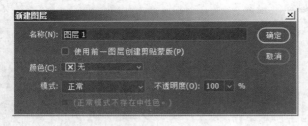

图9-2 "新建图层"对话框

图9-3 重命名图层

4）调整图层的顺序

图像的显示效果与图层的顺序直接关联，处于上层的图层内容经常会遮盖下面图层的对象，所以调整图层的顺序是用户经常要用的操作。拖动图层到新位置就能改变图层的顺序，或者选择"图层"|"排列"级联菜单中的命令迅速地改变图层的顺序，其中包括"置为顶层""置为底层""前移一层""后移一层""反向"命令等，"反向"命令用于逆序排列当前选中的多个图层。

专家点拨：背景图层是不能被移动的，如果需要移动，可以双击背景图层将其转换成"图层0"。

5）复制图层

通过复制图层操作可以复制图层中的图像，最简便的方法是直接将要复制的图层拖放到"图层"面板下方的"创建新图层"按钮上，或者单击"图层"面板右上角的面板菜单按钮，打开面板菜单，在其中选择"复制图层"命令，或者选择"图层"|"新建"|"通过拷贝的图层"命令。

6）链接图层

将图层链接后可以同时移动、缩放或复制全部处于链接状态的图层，具体方法是选择要链接的图层，单击"图层"面板中的"链接图层"按钮，这样即可链接选择的图层。如图9-4所示，在链接的图层名称后会出现链条图标。再次单击"链接图层"按钮可以解除图层间的链接。

7）隐藏和锁定图层

因为图层都是透明的，所以画布中呈现的是所有正常显示的图层的叠加效果，为了更方便地对某个图层进行编辑操作，需要隐藏图层。在"图层"面板中单击取消图层左

图9-4　链接图层

侧的"眼睛"图标 👁 即可隐藏图层，再次单击"眼睛"图标又可重新显示该图层。

专家点拨：按住Alt键单击某个图层的眼睛图标可以只显示这个图层，而隐藏其他所有图层。

锁定图层可以保护该图层的内容不被误操作，如果要锁定图层，可以根据需要单击"图层"面板左上方的"锁定"右侧的5个按钮。

8）合并图层

在编辑图像过程中或完成编辑后，为了更有效地管理图层，节省系统资源，经常需要合并图层。选择"图层"|"合并可见图层"命令可以合并所有可见图层；选择"图层"|"向下合并"命令可以以当前图层为准向下合并图层；选择"图层"|"拼合图像"命令可以合并所有图层并删除隐藏图层。

9）图层组的操作

对于若干个性质相近的图层可以通过创建图层组组织在一起，以便于管理和操作。单击"图层"面板下方的"创建新组"按钮 ▬ 可以创建图层组，将图层拖放到图层组名称上即可将该图层归于图层组，图层组的重命名、移动、复制等操作以及混合模式等属性与图层相同，此处不再赘述。

专家点拨：图层组中不仅可以放置图层，还允许嵌套其他图层组，从而使图层的管理更加方便。

9.1.2　图层样式

扫一扫

图层样式是指应用于图层的某种效果，可以在不改变图层内容的前提下对它进行艺术处理，相当于演员进行"化妆"。Photoshop提供了丰富的图层样式，可以很便捷地实现某种艺术效果。

视频讲解

1. 认识"样式"面板

选择"窗口"|"样式"命令打开"样式"面板，如图 9-5 所示。它包含 Photoshop 预设的各种艺术效果，可以很方便地添加到图层对象上。添加样式的方法是选择图层，单击"样式"面板中的某种样式，则图层中的内容就会发生变化。下面进行实际操作。

（1）选择"圆角矩形工具"，并选择"形状"模式，设置"半径"为 20 像素，然后在画布中绘制一个圆角矩形。

（2）展开"样式"面板，单击该面板右上角的面板菜单按钮，在打开的面板菜单中选择"Web 样式"命令，在弹出的对话框中单击"追加"按钮。

（3）保持圆角矩形处于被选中的状态，单击"样式"面板中的"红色凝胶"按钮，则圆角矩形应用了该样式，图 9-6 所示为应用前后的效果。

图 9-5　"样式"面板

图 9-6　应用样式前后的圆角矩形

（4）展开"图层"面板，如图 9-7 所示，可以看到应用了"红色凝胶"样式的圆角矩形实际上被添加了内阴影、内发光、斜面和浮雕等多种样式效果。

专家点拨：为图层添加预设样式的方法还有拖动样式到图层上，或者将样式从"样式"面板拖动到文档窗口，当鼠标指针移动到需要应用该样式的图层内容上时松开鼠标左键。

图 9-7　"图层"面板

2. 图层样式的运用

在"样式"面板中虽然有很多种预设样式，但在设计网页对象时还是不够用，这时可以打开"图层样式"对话框为对象自由地添加图层样式。双击图层名称后面的空白区域或者单击"图层"面板下方的"添加图层样式"按钮 **fx** 选择"混合选项"，打开"图层样式"对话框，如图 9-8 所示。

"图层样式"对话框可以分成"样式"选项栏和"参数设置区"两部分，在设置时首先在左侧的"样式"选项栏中单击样式名称，此时右侧参数区中会出现该样式的参数，然后进行详细设置即可，在设置时可以参考预览区进行调整，以达到满意的效果。

专家点拨：在选择样式时如果仅选中样式名前的复选框，则右侧参数区中不会出现相应的参数，只有单击样式名称才能进入该样式的参数区中。

1）"投影"和"内阴影"样式的应用

"投影"样式是经常被使用的一种样式，它能为对象添加阴影，从而让对象产生"抬高"的立体感。双击已经输入好文字的图层打开"图层样式"对话框，单击"投影"样式，该样式的参数如图 9-9 所示。

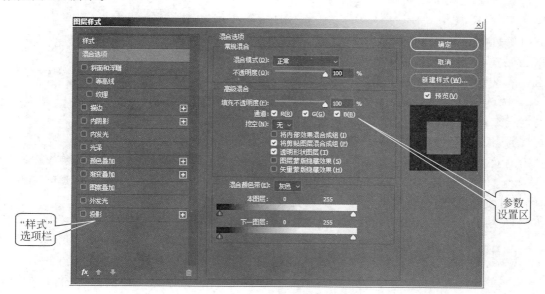

图 9-8 "图层样式"对话框

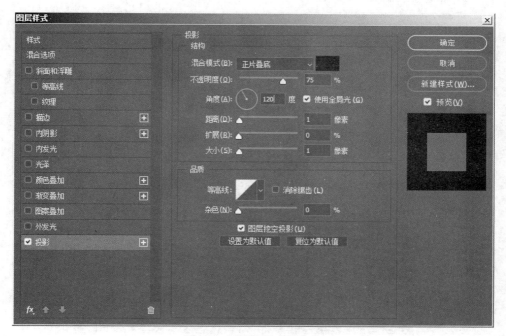

图 9-9 "投影"样式的参数

"角度"是指光线投射的方向,"距离"是指阴影与对象间的距离,"扩展"决定了阴影的浓重程度,"大小"决定了阴影的扩散程度。添加"投影"样式前后的效果如图 9-10 所示。

投影样式 投影样式

图 9-10 添加"投影"样式前后的效果

在为图层添加样式后"图层"面板发生了变化，如图 9-11 所示，图层名称后面出现了"样式"图标 **fx**，单击它可以折叠添加的样式效果。样式以列表的方式保存在图层下方，单击样式名称前的"隐藏"图标 👁 可以暂时隐藏样式，以方便对象的编辑和修改。

"内阴影"样式产生的是对象下陷的效果，它的选项与"投影"样式相近，其中"阻塞"选项和"投影"样式中"扩展"的效果是类似的。图 9-12 所示为添加"内阴影"样式前后的效果。

2）"外发光"和"内发光"样式的应用

图 9-11　添加样式后的"图层"面板

"外发光"样式能在对象外缘产生发光效果，发光的方向是从内向外，因此没有光线角度的选项，如图 9-13 所示。在"图素"选项区中，"方法"下拉列表中的"柔和"产生的发光效果比较平缓，"精确"产生的发光效果比较强烈并且生硬。

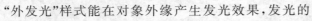

图 9-12　添加"内阴影"样式前后的效果

"内发光"样式是从对象的边缘向内部产生发光效果，它的参数项和"外发光"样式基本相同。图 9-14 所示为应用了"外发光"和"内发光"样式后的效果。

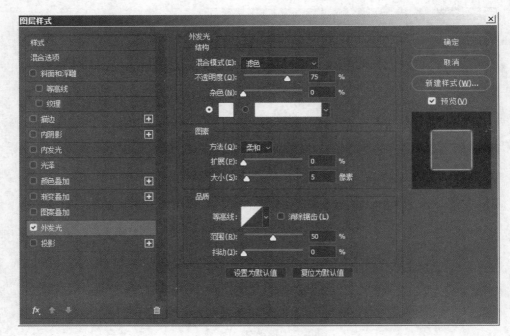

图 9-13　添加"外发光"样式

3）"斜面和浮雕""光泽"和"描边"样式的应用

"斜面和浮雕"样式可以营造出立体感，使物体凸显出来。该样式还有子选项可以选择，"等高线"可以改变浮雕部分的形态，"纹理"可以为对象加上凹凸质感。图 9-15 所示为添加了"斜面和浮雕"样式的效果。

外发光样式　内发光样式

图9-14　添加"外发光"和"内发光"样式后的效果

斜面和浮雕样式

图9-15　添加"斜面和浮雕"样式后的效果

　　"光泽"样式可以为对象加上一种皱褶反光感,类似于丝绸的表面。选择该样式,将"距离"和"大小"的值设置为10像素,效果如图9-16所示。

　　"描边"样式是在对象边缘产生围绕效果,"大小"决定了描边的粗细,"位置"决定了描边在内部还是在外部。图9-17所示为设置了外部描边的效果。

光泽样式

图9-16　添加"光泽"样式后的效果

描边样式

图9-17　添加"描边"样式后的效果

　　4)"颜色叠加""渐变叠加"和"图案叠加"样式的应用

　　"颜色叠加""渐变叠加"和"图案叠加"样式都是在对象上叠加某种颜色或图案,设置比较简单,一般情况下使用这3种样式效果时图层的混合模式要设置为"正片叠底"或"叠加",以产生更好的融合效果。

　　"颜色叠加"是用纯色叠加对象,"渐变叠加"是用渐变色叠加对象,"图案叠加"是用图案实现叠加效果。图9-18所示为添加了3种叠加样式后的效果。

图9-18　添加3种叠加样式后的效果

　　专家点拨:图层样式的添加并不只是单独某一种样式的添加,产生比较满意的效果一般需要综合使用多种图层样式。另外,在定义好图层样式后单击"图层样式"对话框中的"新建样式"按钮可以将样式保存起来以供重复使用。在定义了样式的图层上右击,通过选择快捷菜单上的"拷贝图层样式"和"粘贴图层样式"命令可以快速应用样式到其他图层。

9.1.3　图层的混合模式

　　在很多的情况下,图层的混合模式决定了上面图层像素和下面图层像素融合的方式。在默认情况下,图层的混合模式为"正常",表示除非上方图层有半透明部分,否则对下方图层会形成遮挡。如果要实现与下方图层的融合,可以选择的模式有溶解、变暗、正片叠底、线性减淡、颜色加深、变亮、颜色减淡、差值、色相、饱和度、颜色和明度等。它们均以独特的计算方式实现与下方图层的交融。

　　下面准备两张素材图片来实际体验几种常用混合模式的效果。

　　(1)新建文档,将准备好的两张图片打开,然后将蝴蝶图片去除背景后移动到牵牛花图片的上层,此时图层的混合模式为"正常",效果如图9-19所示。

　　(2)选中蝴蝶图片所在的图层,单击"图层"面板中混合模式后面的下三角按钮,在弹出的下拉列表中选择"正片叠底",图像即刻发生了变化,如图9-20所示。

　　(3)按同样的方法分别选择叠加、滤色、差值、饱和度混合模式,效果如图9-21所示。

图 9-19　正常模式

图 9-20　正片叠底模式

图 9-21　从左到右依次为叠加、滤色、差值、饱和度混合模式

　　专家点拨：Photoshop 混合模式的算法非常复杂,读者可以通过多种实际操作逐渐掌握各种混合模式的效果。

9.1.4　图层蒙版的操作

　　蒙版是一种作用于图层上的复合技术,它能以独特的透明方式将多张图片组合成单个图像,也能用于局部的颜色和色调校正,巧妙地使用图层蒙版可以为网页元素实现多种创意效果。

1. 创建剪贴蒙版

　　剪贴蒙版实际上是两个或者多个有特殊关系的图层的总称,它必须有上、下两个图层,并利用下方图层中图像的形状对上层图像进行剪切,最终以下方图层中图像的形状规定上方图层中图像的范围,从而得到丰富的效果。下面实际操作一下。

　　(1)新建一个背景色为透明的文档,选择"自定形状工具",用"像素"模式绘制一个花的形状,如图 9-22 所示。

　　(2)打开"牵牛花"素材图片,使用"移动工具"将它拖放到刚才创建的新文档中,此时图层效果如图 9-23 所示。

图 9-22　绘制花

图 9-23　"图层"面板

（3）选中位于上层的"牵牛花"所在的图层,选择"图层"|"创建剪贴蒙版"命令,图像效果发生了变化,如图9-24所示。

此时位于上层的图层缩进显示,并且出现了表示上层被下层所剪贴的箭头,如图9-25所示。

图9-24 图像效果

图9-25 剪贴蒙版

专家点拨：按住Alt键将鼠标指针放置到两个图层中间的分隔线上,等光标变成交叉圆圈时单击可快速创建剪贴蒙版。选择上方的图层,按Alt＋Ctrl＋G组合键也可以创建剪贴蒙版,再次按下可以取消剪贴蒙版。

2.创建图层蒙版

图层蒙版是为图层添加的遮罩,起到隐藏或显示本层图像的作用,它只能用介于黑、白两色间的256级灰度色绘图,用黑色绘图可以隐藏图像,用白色绘图可以显示图像,用灰度色绘图能够使本层图像呈现若隐若现的朦胧效果。下面实际操作一下。

（1）打开"小兔"素材图片,双击"背景"图层,弹出"新建图层"对话框,单击"确定"按钮,则"背景"图层变成了"图层0",图9-26所示为素材和图层的效果。

专家点拨：在默认情况下"背景"图层被锁定且无法实现编辑操作,只有将它转化成普通图层才能进行操作。

（2）单击"图层"面板下方的"添加图层蒙版"按钮,"图层0"后面出现图层蒙版。单击选择图层蒙版,然后选择"渐变工具",设置从白到黑的线性渐变色,从图像中央向右下方拖出一条线段填充图层蒙版,此时图像和图层都发生了变化,效果如图9-27所示。

图9-26 素材和图层效果

图9-27 添加了图层蒙版后的效果

（3）右击图层蒙版的缩览图,在弹出的快捷菜单中选择"应用图层蒙版"命令应用图层蒙版。如果要删除图层蒙版,在快捷菜单中选择"删除图层蒙版"命令即可。

专家点拨：使用蒙版会增加文件的大小,因此可将不再需要修改的蒙版效果应用到图层中。应用蒙版其实就是将蒙版删除同时删除蒙版屏蔽的图像区域,与删除图层蒙版截然不同。

3.创建矢量蒙版

矢量蒙版也可以控制或隐藏图层区域,它能创建具有锐利边缘的蒙版,是由铅笔或形状工具使用路径方式创建的,而路径可以使用多种工具进行编辑,所以矢量蒙版常用来布局对象。下面实际操作一下。

（1）打开"玫瑰花"素材图片,双击"背景"图层把它转化成普通图层。

（2）选择"图层"|"矢量蒙版"|"显示全部"命令,为"图层0"添加一个矢量蒙版。它的外观与图层蒙版完全相同。

（3）选择"钢笔工具",使用"路径"模式在画布中创建一个心形路径,绘制完成后图像和图层都发生了变化,如图9-28所示。

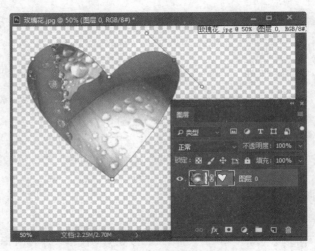

图9-28　添加了矢量蒙版后的效果

专家点拨：图层蒙版在建立后如果进行数次修改,蒙版的边缘经常会变得模糊,影响合成效果;矢量蒙版具有矢量无级变形且不影响像素效果的优点,所以它常用来布局对象。

9.2　选区与通道

选区是Photoshop的核心技术,它实际上是用选取工具绘制的一个封闭区域,可以是任意形状,在建立选区后大部分操作只针对选区范围有效,因此它对于网页元素的编辑、修改至关重要。

9.2.1　创建选区

1.创建规则选区

Photoshop用于创建规则选区的工具有矩形选框工具▣、椭圆选框工具◯、单行选框

扫一扫

视频讲解

工具 ，单列选框工具 4种,其中矩形选框工具用来创建矩形选区,椭圆选框工具用来创建椭圆选区。下面实际操作一下。

(1)打开素材图片,选择工具箱中的"矩形选框工具" ,选项栏如图9-29所示。

4种选区模式

图9-29 矩形选框工具的选项栏

(2)在画布上拖动鼠标进行绘制,可以看到一个以虚线流动框显示的矩形选区,如图9-30所示。

(3)选择"椭圆选框工具" ,单击"添加到选区"按钮 ,将"羽化值"设置为10像素,然后在矩形选区的上方绘制一个椭圆选区,可以看到椭圆选区自动添加到矩形选区中,如图9-31所示。

图9-30 创建矩形选区

图9-31 添加椭圆选区

所有选区工具都有完全相同的4个选区模式,其中"新选区"模式 是默认模式,在绘制选区时创建新的选区,原有选区自动取消;"添加到选区"模式 是以追加的方式添加选区,不取消原有选区;"从选区减去"模式 可以从原来选区中除去重合的部分;"与选区交叉"模式 在绘制时只保留当前绘制的选区与新绘制选区重合的部分。

另外,"羽化"值决定了选区边缘的柔化程度,数值越大边缘越柔化。"样式"下拉列表决定了矩形选框工具的工作模式,选择"正常"选项可以创建任意选区;选择"固定比例"选项可以设置选区高度与宽度的比例,以绘制出固定宽高比的选区;选择"固定大小"选项可以创建规定尺寸的选区。

规则选区工具中的"单行选框工具"和"单列选框工具"用来创建只有一像素宽度或高度的选区。对于上例打开的"叶片"素材图片,选择"添加到选区"模式,使用上述两个工具创建方格选区,如图9-32所示。完成后按Alt+Delete组合键为选区填充前景色(黑色),效果如图9-33所示。

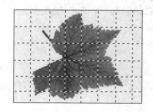

图9-32 创建选区

图9-33 填充颜色

专家点拨：在创建选区时，按住 Shift 键切换为"添加到选区"模式，按住 Alt 键切换为"从选区减去"模式，按住 Shift＋Alt 组合键切换为"与选区交叉"模式，这些快捷键在鼠标按下后可以松开。

2. 创建不规则选区

Photoshop 用于创建不规则选区的工具有套索工具、多边形套索工具、磁性套索工具、快速选择工具和魔棒工具，其中使用"套索工具"如同手绘一般，用来创建任意形状的选区，而"多边形套索工具"用任意多边形模式来创建选区。下面实际操作一下。

（1）打开素材图片，选择工具箱中的"套索工具"，选项栏如图 9-34 所示。勾选"消除锯齿"复选框可以消除选区的锯齿，保证进行选区操作后图像边缘的平滑。

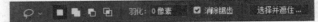

图 9-34 "套索工具"的选项栏

"选择并遮住"集选区编辑和抠图功能于一身，可以对选区进行羽化、扩展、收缩和平滑处理；还能有效识别透明区域、毛发等细微对象。在抠此类图像时，可以先用"魔棒工具""快速选择工具"或者"色彩范围"命令等创建一个大致的选区，再使用"选择并遮住"命令进行细化，从而准确地选取对象。

（2）使用"套索工具"按下鼠标左键在图像中拖动创建一个任意选区，如图 9-35 所示。

（3）选择"多边形套索工具"，在图像中连续单击创建一个多边形选区，如图 9-36 所示。

图 9-35 使用"套索工具"创建选区　　　图 9-36 使用"多边形套索工具"创建选区

磁性套索工具、快速选择工具和魔棒工具都可以看作颜色类选取工具，它们能全自动分析图像的像素分布情况，然后依据一定的原则创建选区，使用方便、高效。"磁性套索工具"适合于边缘颜色对比度较强的图像的选取。"快速选择工具"和"魔棒工具"适合于颜色相同或相似区域的选取。下面实际操作一下。

（1）打开素材图片，选择工具箱中的"磁性套索工具"，选项栏如图 9-37 所示。

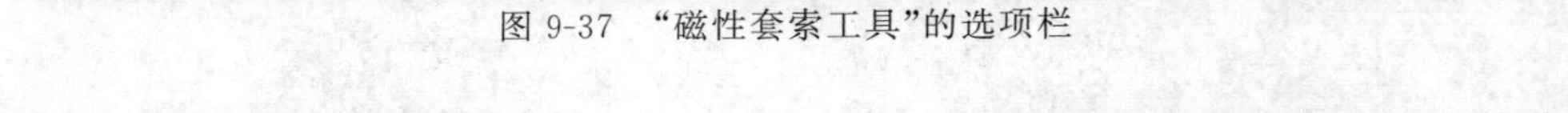

图 9-37 "磁性套索工具"的选项栏

"宽度"选项表示"磁性套索工具"自动查找颜色边缘的宽度范围，数值越大，查找范围越大。"对比度"选项用于设置边缘的对比度，数值越大，工具对颜色对比的敏感程度越低。"频率"选项用来设置"磁性套索工具"在自动创建选区线时插入节点的数量，数值越大，插入的定位节点越多，得到的选择区域就越精确。

（2）使用"磁性套索工具"在要选择的图像区域单击，然后沿着图像边缘拖动，可以看到随着鼠标指针的移动颜色边缘自动添加了许多定位节点，如图 9-38 所示。移动到起始节点，当光标上出现小圆圈时单击，选区创建完成，如图 9-39 所示。

图 9-38　使用"磁性套索工具"创建选区　　　　图 9-39　创建好的选区

专家点拨：在使用"磁性套索工具"创建选区时如果产生的节点位置不准确，可按 Delete 键删除掉，也可在颜色对比度较小的区域内单击手动创建定位节点。

"快速选择工具" 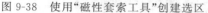 可使用调整的圆形画笔快速"绘制"选区，在拖动鼠标时选区会向外扩展并能自动找到颜色边缘以创建选区。下面实际操作一下。

（1）选择"快速选择工具" 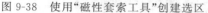，选项栏如图 9-40 所示，设置画笔半径为 9 像素。

图 9-40　"快速选择工具"的选项栏

"对所有图层取样"是指基于所有图层创建一个选区，"自动增强"选项能自动将选区向图像边缘进一步扩展，并应用边缘调整。

（2）使用"快速选择工具"在要选择的图像区域向下拖动可以看到选区不断扩展，如图 9-41 所示，继续拖动，直到完成花朵的选取。

图 9-41　使用"快速选择工具"创建选区

专家点拨：在使用"快速选择工具"创建选区时，按右方括号键"]"可增大画笔笔尖的大小；按左方括号键"["可减小画笔笔尖的大小。

"魔棒工具" 能根据图像的颜色进行选择，单击图像中的某种颜色，与这种颜色相近并且在容差值范围内的颜色将被全部选中。下面实际操作一下。

（1）选择"魔棒工具"，选项栏如图 9-42 所示，其中"容差"值决定了允许颜色的差值范围,数值越大,选取的相近颜色越多。本例设置"容差"值为60,同时选中"连续"复选框,此时只会选择连续的颜色区域。

图 9-42　"魔棒工具"的选项栏

（2）使用"魔棒工具"单击蓝天部分,部分颜色区域被选中。

（3）使用"添加到选区"模式,继续单击其他区域,直到天空部分全部被选中,如图 9-43 所示。

图 9-43　使用"魔棒工具"创建选区

专家点拨：在创建选区时除了一些形状和色彩比较简单的图像外,大多数图像都需要综合使用多种选区工具进行选择,一般来说颜色选取工具应该优先考虑,再辅以其他选取工具,以创建完美的选区。

9.2.2　通道及其应用

通道是 Photoshop 中一项非常复杂的核心技术,通俗地讲就是用来保存颜色数据的,它在编辑处理网页图像时经常有出人意料的效果。

1. 认识通道

通道用于存储不同类型信息的灰度图像,保存颜色数据。通道的操作主要集中在"通道"面板中,现在打开一张素材图片,展开"通道"面板,图像及"通道"信息如图 9-44 所示。

图 9-44　图像及通道信息

在"通道"面板中这幅 RGB 图像被表示为 RGB 混合通道以及红色、绿色和蓝色 3 个颜色通道,颜色通道以灰度的方式独立保存了不同颜色的数据,因此在实际操作时用户可以根据需要分别在不同的通道中进行调整。在"通道"面板下方有 4 个按钮,使用"将通道作为选区载入"按钮  可以载入当前所选通道保存的选区;使用"将选区存储为通道"按钮 可以将当前存在的选区保存为 Alpha 通道;"创建新通道"按钮 用于创建新的通道;"删除当前通道"按钮 用于删除当前选择的通道。

Photoshop 的通道有 3 种,即颜色通道、Alpha 通道和专色通道。颜色通道用来保存每一个通道的颜色信息,图 9-44 中的红、绿和蓝通道都是颜色通道。单击红色通道,其他通道自动隐藏,图像中表现出红色通道的灰度信息,如图 9-45 所示。图像中亮度越高的区域红色越多,越暗的区域红色越少。

图 9-45 红色通道的颜色信息

专色通道是指用于保存预定义好的油墨信息的通道,它一般应用在 CMYK 色彩模式中,这种模式被称为印刷色彩模式,因为与网页设计关系不大,所以这里不作赘述。

2. Alpha 通道

Alpha 通道可以将选区存储为灰度图像,所以它一般用来创建和存储蒙版。下面通过一个实例认识一下它。

(1) 打开一幅素材图像,使用"魔棒工具"和"套索工具"创建包含蜜蜂的选区。

(2) 选择"选择"|"存储选区"命令,弹出"存储选区"对话框,如图 9-46 所示。如果在"名称"文本框中不输入名称,Photoshop 将以 Alpha 1 为其命名。这里直接单击"确定"按钮。

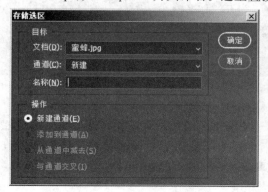

图 9-46 "存储选区"对话框

（3）打开"通道"面板,如图 9-47 所示,可以看到在蓝通道的下方新增了 Alpha 1 通道,而且缩览图中的白色区域和存储的选区形状完全相同。

图 9-47　图像及通道信息

专家点拨：在存储选区时创建的通道就是 Alpha 通道,从上例可以看到,它的主要功能就是创建、保存和编辑选区,在该通道中黑色区域代表未被选中的部分,白色区域代表被选中的部分,而灰色区域代表有部分被选中。

（4）按 Ctrl＋D 组合键取消选区,在"通道"面板中选择 Alpha 1 通道,单击面板下方的"将通道作为选区载入"按钮 ,显示 RGB 混合通道,图像中将出现与图 9-47 完全一致的选区。

（5）将创建的 Alpha 1 通道拖放到"删除当前通道"按钮 上删除。

（6）单击"创建新通道"按钮 创建新通道,新创建 Alpha 1 通道并以黑色填充。

（7）选择"画笔工具",然后选择"散布枫叶"笔尖形状,使用白色在通道图像中绘制枫叶,之后单击"将通道作为选区载入"按钮,选区如图 9-48 所示。

图 9-48　载入选区

专家点拨：按住 Ctrl 键单击通道的缩览图即可载入通道中存储的选区,在载入选区时如果有原选区,按住 Ctrl＋Shift 组合键单击通道的缩览图可以添加到选区,按住 Ctrl＋Alt 组合键单击可以从选区减去,按住 Ctrl＋Shift＋Alt 组合键单击则与原选区相交。

9.3 设计网页文字

文字是网页图像设计中的一个重要环节,它有美化网页、吸引用户的作用,如果能将文字和图形巧妙地结合起来,一定会使网页更具生命力。

9.3.1 输入和编辑文字

Photoshop 中的文字工具包括横排文字工具 **T** 、直排文字工具 **IT** 、横排文字蒙版工具 **T** 和直排文字蒙版工具 **IT** 4 种,使用它们能够创建不同方向和不同形状的文字。

1. 输入文本

（1）选择"横排文字工具"**T** ,选项栏如图 9-49 所示,设置字体为"黑体"、字号为"48点",设置消除锯齿的方法为"平滑"、对齐方式为"左对齐"、颜色为红色。

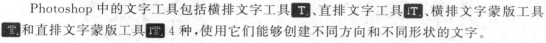

图 9-49 "横排文字工具"的选项栏

（2）将鼠标指针移动到画布上单击,出现文字输入光标,输入文字,完成后单击选项栏右边的"提交所有当前编辑"按钮 ✓ 确认输入。

专家点拨：在输入文字时默认文字不会换行,如果需要换行,按 Enter 键,在输入过程中按 Esc 键可以取消本次输入,在输入完成后按 Ctrl＋Enter 组合键也可以确认输入。

（3）展开"图层"面板,如图 9-50 所示,可以看到输入的文字存放在文字图层中,图层名称自动以文字的内容命名。

（4）如果要修改文字,继续使用文字工具在文字上单击,进入编辑状态后修改即可。如果要移动文字在画布上的位置,可以使用"移动工具"进行操作。

图 9-50 文字图层

专家点拨：使用"直排文字工具"**IT** 能输入竖向排列的文字,其选项与"横排文字工具"完全相同。使用"横排文字蒙版工具"**T** 和"直排文字蒙版工具"**IT** 能得到文字形状的选区,该选区与用其他选择工具创建的选区完全相同,可以进行填充、描边等操作。

2. 格式化文本

在前面的例子中使用文字光标在画布上单击后输入的文字叫"点文字",它的每一行都是独立的,行的长度随着文本的增加而变长(减少而缩短),但不会自动换行。在 Photoshop 中还有一类文本叫"段落文字",在创建时使用文字工具在画布上拖动,创建出一个文本框进行输入,当段落文字中输入的文字长度到达段落规定的边界时会自动换行。选择"文字"菜单下的"转换为点文本"命令或者"转换为段落文本"命令可以相互转换。下面输入一个"段落文字"。

（1）选择"横排文字工具",在画布上拖出一个矩形区域,输入一段文字。图 9-51 所示就是带有边界框的段落文字。

（2）单击选项栏上的"切换字符和段落面板"按钮打开"字符"面板,如图 9-52 所示。

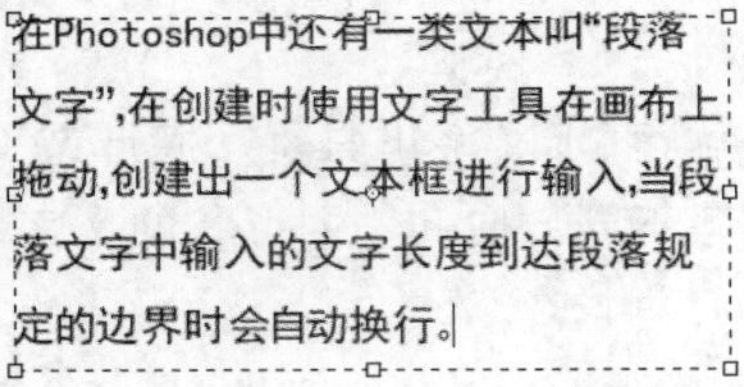

在Photoshop中还有一类文本叫"段落文字",在创建时使用文字工具在画布上拖动,创建出一个文本框进行输入,当段落文字中输入的文字长度到达段落规定的边界时会自动换行。

图 9-51　输入段落文字　　　　　　　　　图 9-52　"字符"面板

（3）在"字符"面板中可以看出 Photoshop CC 2018 对于文本的支持非常全面,不仅可以设置字体、字号、颜色、粗体、斜体、下画线这些常规选项,还可以对字距微调、设置所选字符的比例间距等排版选项进行设置。

专家点拨：下面重点介绍一下"字符"面板中排版选项的用途。

- 设置行距▯：用于设置行间距离。
- 垂直缩放▯：用于扩展或收缩垂直文本的字符宽度。垂直缩放以百分比值作为度量单位,默认值为 100％。
- 水平缩放▯：用于扩展或收缩水平文本的字符宽度。水平缩放以百分比值作为度量单位,默认值为 100％。
- 字距调整▯：用于设置字符的间距。
- 字距微调▯：用于增大或减小特定字符对的间距。
- 基线偏移▯：确定文本位于其自然基线之上或之下多大距离。如果不存在基线调整,文本即位于基线上。
- 字符格式▯：依次是仿粗体、仿斜体、全部大写字母、小型大写字母、上标、下标、下画线、删除线格式。
- 消除锯齿的方法▯：用于设置消除锯齿的方法,有"锐利"、"犀利"、"浑厚"和"平滑"4 个选项。

（4）设置文字的字体为"黑体"、字号为 14 点、行间距为 24 点、垂直缩放为 120％,选择首字后的其他文字,设置基线偏移为−10 点、颜色为红色、字形为仿斜体,最终效果如图 9-53 所示。

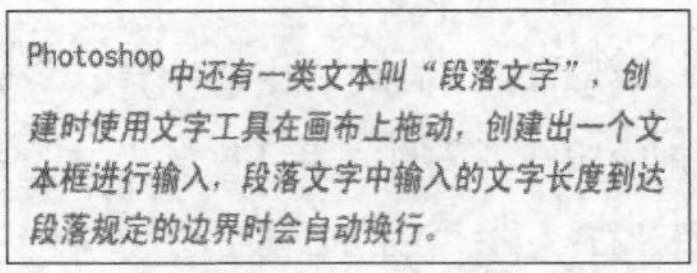

Photoshop 中还有一类文本叫"段落文字",创建时使用文字工具在画布上拖动,创建出一个文本框进行输入,段落文字中输入的文字长度到达段落规定的边界时会自动换行。

图 9-53　设置文本格式

（5）展开"段落"面板,如图 9-54 所示。该面板最上边的"对齐方式"有左对齐、居中对齐、右对齐、最后一行左对齐、最后一行居中对齐、最后一行右对齐和全部对齐 7 种方式；"缩进方式"有左缩进、右缩进、首行缩进、段前添加空格和段后添加空格 5 种。用户可以根据需要自行设置。

3. 文本的变形

Photoshop 提供了对文字的变形操作，输入文字后单击选项栏上的"创建文字变形"按钮 工 打开"变形文字"对话框，然后单击"样式"后的下三角按钮打开下拉列表，其中可以供用户选择的变形类型有 15 种，如图 9-55 所示。

图 9-54　"段落"面板

图 9-55　"变形文字"对话框

选择"样式"为"旗帜"，设置"弯曲"为 50%、"水平扭曲"为 40%、"垂直扭曲"为 10%，参数设置及文字效果如图 9-56 所示。

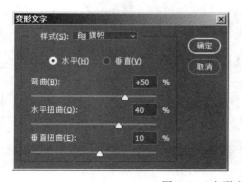

图 9-56　变形文字参数及文字效果

专家点拨：在进行变形操作后文字仍然可以编辑修改，方法与正常文字相同。

9.3.2　文字的转换

在 Photoshop 中文字存储在单独的文字图层中，虽然编辑方便，但它不能使用滤镜，不能进行色彩调整等操作，所以为得到更酷的文字效果，在实际制作时经常在文字输入和修饰完成后对文字及图层进行转换。

1. 转换为普通图层

输入文本后选择"图层"|"栅格化"|"文字"命令，文字图层就转换成了普通图层。

转换后的图层不再具有文字图层的属性，不能更改文字的字体、字号等，但可以使用绘画工具、调整颜色命令或滤镜命令进行操作。文字图层转换成普通图层后图层属性会发生变化——仅保留了原有的名称。转换前后图层的效果对比如图 9-57 所示。

图 9-57 文字图层转换为普通图层

2. 转换为路径

(1) 输入文本后选择"文字"|"创建工作路径"命令,在当前文字上就创建了可自由编辑的路径,图 9-58 所示为文字和创建的工作路径效果。

(2) 将文字拖放到一边,使用"添加锚点工具"和"直接选择工具"对工作路径进行修改,完成后效果如图 9-59 所示。

图 9-58 创建工作路径

图 9-59 修改路径

(3) 将文字图层栅格化,转换成普通图层,然后展开"路径"面板,在"工作路径"上右击,选择快捷菜单中的"建立选区"命令创建文字选区。

(4) 选择"编辑"|"描边"命令打开"描边"对话框,如图 9-60 所示,设置描边颜色为墨绿色,然后单击"确定"按钮为文字描边。

(5) 使用"渐变工具"为文字填充从绿到白的渐变色,文字效果如图 9-61 所示。

图 9-60 "描边"对话框

图 9-61 路径文字效果

3. 转换为形状

（1）使用"横排文字工具"输入"文化天地"，然后选择"文字"|"转换为形状"命令，可以将文字转换为与其轮廓相同的形状，转换后的图层变为形状图层，如图 9-62 所示。

（2）选择"直接选择工具"，结合"转换点工具"向右拖动"文"下边的笔画（捺），然后为该图层添加"投影"和"斜面和浮雕"样式，效果如图 9-63 所示。

图 9-62　文字转换为形状

图 9-63　文字效果

专家点拨：与文字变形操作不同，文字转换后可编辑的特性将不再保留，所以用户在转换前必须确认文字的输入是正确的，以防止出现错误。

9.3.3　路径文字

扫一扫
视频讲解

大家在网页中经常看到一种水流字的效果，文字沿着一条曲线排列，并随着曲线的弯曲程度布局了相应的文字，给人以一种流动感，这种效果就是路径文字效果。

（1）选择"钢笔工具"，使用"路径"模式在画布中绘制一条曲线路径。

（2）选择"横排文字工具"，在选项栏中设置好字体和字号，然后将光标放置在路径上，当光标变为 ![](形状时单击，光标就会定位在路径上，此时可以在路径上输入文本，如图 9-64 所示。

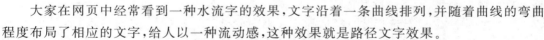

图 9-64　输入文本

（3）选择"直接选择工具" 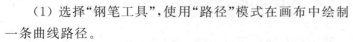 或"路径选择工具" 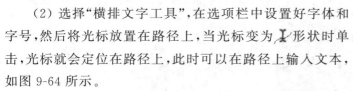，将光标定位到文字上，当光标变为 ![]形状时，单击并向路径的另一侧拖曳文字。可以翻转文字。然后选择所有文本，在"字符"面板中设置"基线偏移"为 6 点，效果如图 9-65 所示。

专家点拨：在输入路径文字后仍然为可编辑状态，而且文字路径也可以使用"钢笔工具"进行修改。另外，路径只作为文字输入的参考，它不是图像的一部分。

同样，在封闭路径的内部也能输入文字，选择"横排文字工具"，将光标放在路径内，当其变为 ![]形状时单击，输入完成后的效果如图 9-66 所示。

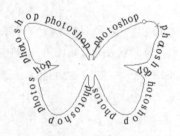

图 9-65　文本移至路径外

图 9-66　封闭路径内的文字

9.4　调整网页图像

对于网页中使用的图像经常需要进行有效的编辑和修饰，以便能更好地为网页服务。Photoshop 提供了强大的图像编辑和处理能力，能够使网页设计创作更加准确、快捷，使作品更加形象、生动。

9.4.1　调整图像的基本属性

扫一扫

视频讲解

图像基本属性的调整包括调整图像的大小，裁剪图像的某个区域，以及对图像进行旋转、透视或扭曲等操作，以使其更符合网页排版的需要。

1. 改变画布和图像的大小

画布是指进行图像设计和处理的整个版面。在 Photoshop 中可以对画布的大小进行调整，也可以对画布进行各种旋转操作。

（1）打开一幅图像，选择"图像"|"画布大小"命令打开"画布大小"对话框，如图 9-67 所示。选中"相对"复选框，设置"宽度"和"高度"的值为 20 像素，将"画布扩展颜色"设置为白色。

（2）单击"确定"按钮，画布将相对于现有的大小向四周扩展 20 像素，如图 9-68 所示。

图 9-67　"画布大小"对话框

图 9-68　扩展画布

改变图像大小是指对图像大小进行调整,可以使用"图像大小"命令来实现。选择"图像"|"图像大小"命令打开"图像大小"对话框,如图9-69所示。使用该对话框可查看图像的大小信息,并可重新设置图像的大小和分辨率。

图9-69　"图像大小"对话框

在该对话框中,"尺寸"显示了当前操作的图像的像素尺寸;"图像大小"则显示了图像文件的数字大小,它与图像的像素大小成正比;"限制长宽比" 决定了图像宽度和高度会以相同的比例变化;"重新采样"决定了图像大小变化时图像像素大小的变化方式;在右侧的下拉列表中有8种差值方法供用户选择,分别是自动、保留细节(扩大)、保留细节2.0、两次立方(较平滑)(扩大)、两次立方(较尖锐)(缩减)、两次立方(平滑渐变)、邻近(硬边缘)、两次线性,用户可以选择一种合适的差值方法,使生成的像素更接近于原始像素,让模拟效果更逼真。

2. 裁剪图像

在进行网页设计时如果只用到素材图像的一部分,需要对素材进行裁剪,以保留图像中需要的部分。使用工具箱中的"裁剪工具" 能够方便地对图像进行裁剪操作。

(1)打开一幅图像,选择"裁剪工具" ,在图像中根据需要保留区域的大小拖动裁剪框,框住需要保留的部分。注意,保留部分呈亮调显示,裁剪部分呈暗调显示,拖动裁剪框上的控制柄可改变裁剪框的大小并对裁剪框进行旋转,如图9-70所示。

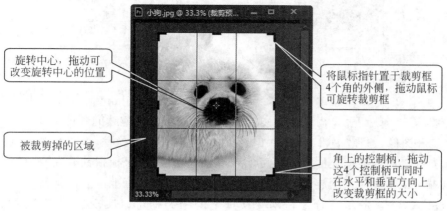

图9-70　调整裁剪框

（2）选择"裁剪工具"后也可以在选项栏中设置比例、自定长宽比等，如图 9-71 所示。

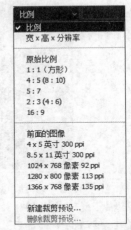

图 9-71　"裁剪工具"的选项栏

（3）在"裁剪工具"的选项栏中选择裁剪大小比例，如图 9-72 所示，图像将按要求被裁剪。

3. 图像的变换

在进行网页图像的编辑处理时往往需要对图像的局部或选择的对象进行旋转、透视或扭曲等操作。Photoshop 提供了"变换"和"自由变换"命令实现对象的变换。

选择"图像"|"图像旋转"级联菜单中的命令能够实现对选择对象的旋转操作，例如旋转 180 度、顺时针旋转 90 度、逆时针旋转 90 度、旋转任意角度、水平翻转画布和垂直翻转画布。

选择"编辑"|"变换"级联菜单中的命令能够实现对选择对象的各种变换操作，例如缩放、旋转、斜切、扭曲、透视、变形、旋转 180 度、顺时针旋转 90 度、逆时针旋转 90 度、水平翻转和垂直翻转。

图 9-72　选择裁剪的选项栏

选择"缩放"命令，图像上出现变换框，如图 9-73 所示，拖动任意角上的手柄改变图像大小后按 Enter 键即可。

选择"变形"命令，图像上出现变形网格，如图 9-74 所示，拖动图像内部的节点或者手柄都可以进行变形操作，完成后按 Enter 键效果如图 9-75 所示。对于其他变换命令，读者可以自行操作体会。

图 9-73　缩放操作

图 9-74　变形操作

除了使用"变换"级联菜单中的命令对对象进行变换外，Photoshop 还提供了更加灵活的对象变换方式，那就是"自由变换"，它能够同时对对象进行连续的各种变换。

（1）打开图像，选择"编辑"|"自由变换"命令，图像出现变换框，如图 9-76 所示。

（2）直接拖动变换框上的控制柄可实现对象的缩放，将鼠标指针放在变换框 4 个角的控制柄外端可以实现对象的旋转变换，按住 Ctrl 键拖动变换框上的控制柄能够实现自由扭曲变换，按住 Ctrl＋Shift 组合键拖动变换框上的控制柄可以实现斜切变换，按住 Alt＋Shift＋Ctrl 组合键拖动变换框角上的控制柄可以实现透视变换。

图 9-75　变形后的效果　　　　　　图 9-76　对象的自由变换

（3）使用"自由变换"命令后还可以通过选项栏直接对变换效果进行设置，这样能获得比用鼠标拖动更加准确的变换效果，如图 9-77 所示。在选项栏中从左到右可以分别设置图像的 X 坐标、Y 坐标、水平缩放、垂直缩放、旋转、水平斜切和垂直斜切数值。

图 9-77　使用"自由变换"命令后的选项栏

专家点拨：按住 Ctrl＋T 组合键可以进行自由变换，按住 Ctrl＋Shift＋T 组合键可以将上次的变换再做一次。

9.4.2　修饰和修复图像

为了使图像更好地为网页服务，对图像的修饰、修复和擦除等操作是必不可少的，Photoshop 提供了多种操作工具来实现对图像的美化，下面就结合这些工具对图像的修饰进行介绍。

1. 修饰图像

Photoshop 提供的修饰类工具有两组，其中"模糊工具" 、"锐化工具" 和"涂抹工具" 为一组。

"模糊工具"通过有选择地模糊元素的焦点来弱化图像的局部区域，其方式与摄影师控制景深的方式很相似。

（1）打开素材图像，在工具箱中选择"模糊工具" ，在选项栏中设置画笔大小为 30 像素、强度为 50％。

（2）将"背景"图层转化为普通图层，在蝴蝶图像的右边翅膀中拖动鼠标，右边翅膀慢慢地变模糊，如图 9-78 所示。

"锐化工具"的作用与"模糊工具"正好相反，它通过有选择地锐化元素的焦点强化图像的局部区域。它的使用方法和选项栏设置与"模糊工具"完全一样，图 9-79 所示为图像锐化后的效果。

专家点拨：_"模糊工具"的操作方式与喷枪相似，鼠标指针在某一区域停留的时间越长模糊效果越明显；而"锐化工具"在某一区域反复拖动时效果会比较明显，一般要使用较小的画笔小心地拖动。_

"涂抹工具"可以像创建图像的倒影那样将颜色逐渐混合起来，在使用时很像是用手指在涂抹未干的颜料。选择"涂抹工具" ，在选项栏中设置笔刷大小为 20 像素、强度为

70％,涂抹后的效果如图 9-80 所示。

图 9-78　模糊效果　　　　　图 9-79　锐化效果　　　　　图 9-80　涂抹效果

Photoshop 提供的另外一组修饰类工具包括"减淡工具"、"加深工具"和"海绵工具",下面逐一介绍。

"减淡工具"和"加深工具"的作用分别是加亮或变暗图像的局部。它们的选项栏完全相同,其中"范围"选项决定了工具的作用范围(阴影、中间调和高光),"曝光度"越大,作用效果越明显。图 9-81 所示为原始图像选择"阴影"分别加深和减淡的效果。

图 9-81　原图以及减淡和加深后的图像效果

专家点拨:在"范围"选项中,"阴影"对图像中较暗的部分起作用,"中间调"平均地对整个图像起作用,"高光"对图像中较亮的部分起作用。

"海绵工具"的作用是局部地改变图像的色彩饱和度。选择该工具后,在选项栏的"模式"下拉列表中有"去色"和"加色"两个选项。"去色"将降低图像的饱和度,对图像进行变灰处理;"加色"可以提高图像的饱和度,对图像进行提纯处理。图 9-82 所示为对原始图像选择"去色"和"加色"模式作用后的效果。

图 9-82　原图以及使用"海绵工具"去色和加色后的图像效果

2. 仿制图像

在使用 Photoshop 进行网页设计创作时往往需要将图像的某一个部分进行仿制，实现仿制的工具有"仿制图章工具" 和"图案图章工具" 。

"仿制图章工具" 可以将图像中的全部或部分复制到当前图像或其他图像中。它与"画笔工具"类似，"画笔工具"使用指定的颜色来绘制，而"仿制图章工具"使用仿制取样点处的图像来绘制。这个工具对修复有划痕的照片或去除图像上的瑕疵很有帮助。

打开一幅图像，选择"仿制图章工具" ，按住 Alt 键在需要复制的图像上单击创建仿制取样点，在目标位置按下鼠标左键拖动即可将图像复制到鼠标位置，如图 9-83 所示。

图 9-83　"仿制图章工具"的使用

"图案图章工具" 不是用来仿制图像的，而是用来绘制已有图案。打开一幅图像，选择"图案图章工具" ，选项栏如图 9-84 所示。

图 9-84　"图案图章工具"的选项栏

在选项栏中单击 可打开"图案拾色器"，选择第一张图案。如果选中"对齐"复选框，在图像中多次拖动鼠标，图案将整齐排列，否则图案将无序地散落于图像中。如果选中"印象派效果"复选框，复制的图案将产生扭曲模糊效果。在图像中拖动鼠标即可将选择的图案绘制在图像中，如图 9-85 所示。

专家点拨：在使用"仿制图章工具"时选择笔刷至关重要，如果要仿制的图像边界不分明，可选择较软的笔刷，以获得较好的融合效果，否则应该选择较硬的笔刷。

Photoshop CC 2018 的"仿制源"面板能够对复制操作进行精确设置，实现对复制对象的大小、旋转角度或偏移量的修改。使用该面板能够使图像的复制更为直观，操作更为方便，获得更多的复制效果。

选择"窗口"|"仿制源"命令打开"仿制源"面板，如图 9-86 所示。使用该面板能够同时设置多个仿制源，并对仿制对象进行缩放和旋转。

图 9-85　绘制图案

图 9-86　"仿制源"面板

3. 修复图像

为了修改图像中的瑕疵,Photoshop 提供了各种图像修复修补工具,包括"污点修复画笔工具" 、"修复画笔工具" 、"修补工具" 、"内容感知移动工具" 和"红眼工具" 。

"污点修复画笔工具" 可以去除照片中的杂色或污斑,该工具不需要进行采样操作,它能够自动分析单击处及周围的不透明度、颜色与质感,从而进行采样与修复操作。图 9-87 所示为使用"污点修复画笔工具"涂抹前后的效果。

图 9-87　原图和使用"污点修复画笔工具"后的图像效果

"修复画笔工具" 与"仿制图章工具"相似,也可以将图像中的全部或部分复制到当前图像中,但复制后的图像能自动与背景相融合。选择该工具后的选项栏如图 9-88 所示。

图 9-88　"修复画笔工具"的选项栏

当在"源"处选择"取样"时,在图像中拖动鼠标,可将采样的样本图像与鼠标拖动过的位置的图像相混合;当选择"图案"时,在图像中拖动鼠标能够将选择的图案与图像相混合。

打开"小兔"图像,选择"修复画笔工具" ,在图像区域按住 Alt 键单击取样,然后在"蓝天"图像中拖动鼠标复制取样区域。图 9-89 所示为原图与完成复制后的效果。

图 9-89　小兔图像和复制后的效果

"修补工具" 与"修复画笔工具"的原理相似,它使用选区来复制图像,复制后的图像也能自动与背景相融合。选择该工具后的选项栏如图 9-90 所示。

若选择"源"选项,选区中的区域将作为要修补的区域,拖动选区到用来修补的图像区域时松开鼠标左键,则用于修补的图像部分被复制到修补区;若选择"目标"选项,选区中的区

图 9-90 "修补工具"的选项栏

域将作为用来修补的区域,将其拖放到要修补的区域松开鼠标左键,则选区中的图像与周围的像素和色彩进行融合。

打开一幅图像,选择"修补工具" ,在选项栏中选中"目标"单选按钮,使用该工具在图像上绘制一个选区。拖动选区到需要的区域,松开鼠标左键后选区内的图像将被复制,并自动调整复制对象的质感与周围图像相一致,效果如图 9-91 所示。

图 9-91 使用"修补工具"的效果

"内容感知移动工具" 是功能更加强大的"修补工具",它可以选择和移动局部图像。当图像重新组合后,出现的空洞会自动填充相匹配的图像内容,不需要进行复杂的选择便可产生出色的视觉效果。其选项栏如图 9-92 所示。

图 9-92 "内容感知移动工具"的选项栏

"红眼工具" 用在数码照片中消除主体瞳孔中的红色阴影,它能用灰色和黑色替换红色。在选择"红眼工具" 后,选项栏中的"瞳孔大小"用来设置瞳孔的大小,"变暗量"用来设置瞳孔变暗的程度。该工具的使用方法非常简单,只需在红眼位置单击即可。图 9-93 所示为原图和消除红眼后的效果。

4. 擦除图像

Photoshop 中的"橡皮擦工具" 、"背景橡皮擦工具" 和"魔术橡皮擦工具" 能够在图像中清除不需要的图像像素,以对图像进行调整。

"橡皮擦工具" 是基本的橡皮擦类工具,该工具用于擦除图像中的颜色。

图 9-93　消除红眼前后的效果

打开一张图片，选择"橡皮擦工具" ![eraser]，选项栏如图 9-94 所示。"模式"下拉列表中的选项用于设置橡皮擦的擦除模式，其中包括"画笔""铅笔"和"块"3 个选项，每个选项的擦除效果均不同。若选中"抹到历史记录"复选框，系统不再以背景色或透明填充被擦除的区域，而是以"历史记录"面板中选择的图像来覆盖擦除区域。

图 9-94　"橡皮擦工具"的选项栏

选择"橡皮擦工具"，在背景图层中擦除时被擦除的部分用背景色填充。如果在普通图层中擦除，则被擦除部分变为透明。设置背景色为白色，在背景图层和普通图层中的擦除效果如图 9-95 所示。

图 9-95　背景图层和普通图层中的不同擦除效果

"背景橡皮擦工具" ![bg] 可以将图像中特定的颜色擦除。在使用该工具时，如果当前操作图层是背景图层，可以将其转换为普通图层，也就是将图像直接擦除到透明。

选择"背景橡皮擦工具"，它的选项栏如图 9-96 所示，设置"取样"模式为"一次" ![pen]，"限制"选项为"连续"，"容差"为 30%，在背景区域拖动背景橡皮擦就可以将背景擦除干净，如图 9-97 所示。

"魔术橡皮擦工具" ![magic] 与"背景橡皮擦工具"相似，能够擦除设定容差范围内的相邻颜色，图像擦除后得到背景透明效果。在使用"魔术橡皮擦工具"时不需要在图像中拖动鼠标，

图 9-96 "背景橡皮擦工具"的选项栏

图 9-97 原图及背景擦除干净后的效果

只需要在图像中单击鼠标即可擦除图像中所有相近的颜色区域。

5. 恢复图像

在对图像进行编辑时经常会出现操作效果不能令人满意或错误操作的情况,选择"编辑"|"还原"命令可以取消上一次的操作,但它不能恢复多步之前的操作,为此 Photoshop 提供了"历史记录"面板,它可以实现对多步之前操作的撤销。

选择"窗口"|"历史记录"命令打开"历史记录"面板,如图 9-98 所示。

单击其中的一个记录,就可以撤销它之后的所有操作,将图像恢复到记录所记载的编辑状态中。该面板还允许用户再次回到当前操作状态,或者将处理结果创建为快照或是新的文件。

专家点拨:"历史记录"面板中的记录条数默认情况是 50 条,超过 50 条后前面的记录将被自动清除。选择"编辑"|"首选项"|"性能"命令打开 Photoshop"首选项"设置的"性能"对话框,在"历史记录与高速缓存"栏中可以设置面板中历史记录的条数,但历史记录条数并不是设置得越多越好,过多的历史记录会增加资源的占用,影响 Photoshop 的运行速度。

"历史记录画笔工具"和"历史记录艺术画笔工具"也都属于恢复工具,它们可以与"历史记录"面板结合起来使用,通过在图像中涂抹将涂抹区域恢复到以前的状态。

(1) 打开图像素材,调出"历史记录"面板,对图像依次进行去色、亮度/对比度、色相/饱和度 3 项操作。

(2) 选择"历史画笔工具",在"历史记录"面板中单击"打开"左边的方框,设置为历史记录画笔的源,如图 9-99 所示。

图 9-98 "历史记录"面板　　　　图 9-99 设置历史画笔的源

（3）在图像中需要还原的区域内涂抹，即可看到该区域被还原为打开时候的状态，图9-100所示为原图、处理后的图像和使用"历史记录画笔工具"涂抹后的图像。

图 9-100　原图、处理后的图像和使用"历史记录画笔工具"涂抹后的图像

"历史记录艺术画笔工具" 在使用方法上与"历史记录画笔工具"基本一致，也是通过在图像中涂抹将涂抹处的状态恢复到指定的恢复点处的状态。与"历史记录画笔工具"相比，"历史记录艺术画笔工具"能够对图像的像素进行移动和涂抹，制作出绘画效果，从而能创造更加丰富多彩的图像效果。

9.4.3　调整图像的色调

色调的调整是指对图像的明暗程度进行调整，例如将一幅比较暗淡的图像加亮，通过对图像的色调进行调整能够获得不同的图像效果。

1. 使用"色阶"调整

色阶是指在各种色彩模式下图像原色的明暗度，对色阶进行调整实际上就是对这个明暗度的调整。

（1）打开一幅图像，选择"图像"｜"调整"｜"色阶"命令打开"色阶"对话框，如图 9-101所示。

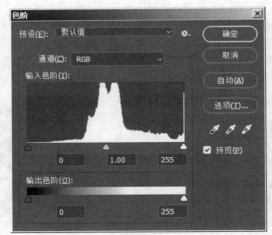

图 9-101　"色阶"对话框

"通道"下拉列表框用于设置调整色阶的颜色通道,"输入色阶"栏中的直方图显示出图像中不同亮度像素的分布情况,它的横轴表示亮度的取值范围,值为 0～255,从左向右增大;纵轴表示像素的数量。

直方图下方的 3 个滑块分别是黑色滑块、白色滑块和灰色滑块。黑色滑块的位置指定图像中最暗处的像素的位置,白色滑块的位置指定图像中最亮处的像素的位置,灰色滑块的位置指定图像中中间亮度的像素的位置。

(2)向右拖动黑色滑块图像变暗,向左拖动白色滑块图像变亮,将中间的灰色滑块向左拖动图像加亮,此时"色阶"对话框如图 9-102 所示,改变色阶后图像的变化如图 9-103 所示。

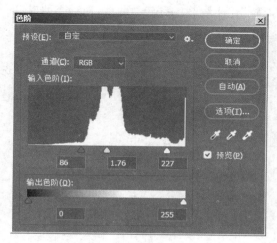

图 9-102　调整色阶

图 9-103　改变色阶前后的图像

(3)在"输出色阶"控制条中向右拖动黑色滑块可以降低图像的对比度,使图像趋于一种灰度,向左拖动白色滑块可以降低图像亮调的对比度,使图像变暗。

(4)单击选择"色阶"对话框右下角的"在图像中取样以设置黑场"按钮,接着使用这个黑色吸管在图像中单击,可以把它定义为黑场,从而使图像整体变暗。选择"在图像中取样以设置白场"按钮,用白色吸管在图像中单击,可以将单击处定义为白场,从而使图像整体变亮。选择"在图像中取样以设置灰场"按钮，用灰色吸管在图像中单击，可以在图像中去除单击处的颜色，从而取消图像的偏色。

　　专家点拨：在"色阶"对话框中单击"自动"按钮，Photoshop 将自动调整图像的色阶，使图像的亮度分布均匀，因此它适用于简单的灰度图和像素值比较平均的图像。对于复杂的图像来说，使用手动调整才能获得准确的效果。在按住 Alt 键时"取消"按钮将变为"复位"按钮，此时单击该按钮可将参数恢复到初始状态。

　　2. 使用"曲线"调整

　　"曲线"命令能调整图像的色调，与"色阶"命令类似，它使用 0～255 范围内的任意点来进行调节，所以它比"色阶"命令更加准确，更加灵活。

　　(1) 选择"图像"|"调整"|"曲线"命令打开"曲线"对话框，如图 9-104 所示。

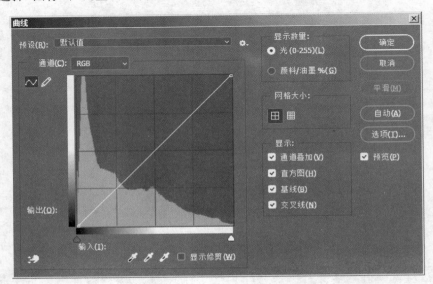

图 9-104　"曲线"对话框

　　"曲线"对话框的主体部分是一个曲线区域，其中作为横轴的是一个水平的色调带，表示原始图像中像素的亮度，即输入色阶，具有 0～255 的亮度级别；作为纵轴的垂直色调带表示调整后图像中像素的亮度，即输出色阶。在曲线区域有一条 45°的直线，说明图像中像素的输入和输出亮度是对应相同的。这条直线在左下角和右上角各有一个控制点，左下角的控制点代表图像的暗调，右上角的控制点代表高光，曲线的中间区域代表图像的中间调。使用曲线对图像进行调整就是通过调整这条曲线的形状来改变像素的输入/输出亮度的过程。

　　(2) 在曲线上单击可创建一个控制点，拖动该控制点可以改变曲线的形状，在曲线上按住鼠标左键移动鼠标可以直接改变曲线的形状。向上拖动曲线能够将图像加亮，如图 9-105 所示。

　　(3) 向下拖动曲线，图像会变暗，如图 9-106 所示。

　　(4) 在曲线的中间创建控制点，在曲线的上、下部分分别拖动曲线获得 S 形曲线。这种曲线可同时扩大图像的亮部和暗部的像素范围，提高图像的反差，如图 9-107 所示。

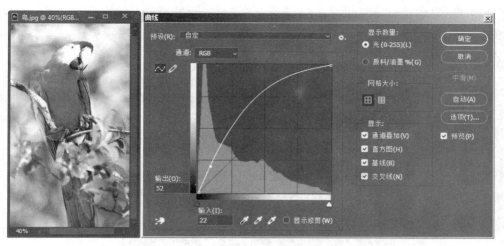

图 9-105 向上拖动曲线将图像加亮

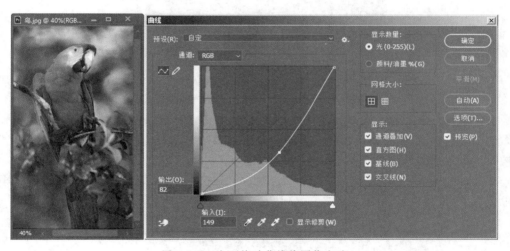

图 9-106 向下拖动曲线将图像变暗

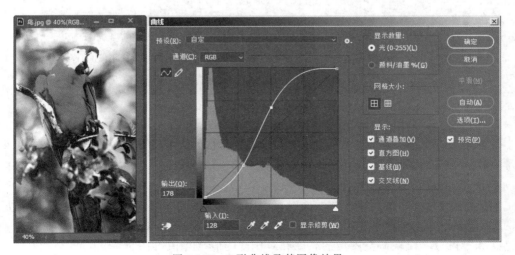

图 9-107 S形曲线及其图像效果

专家点拨：单击"曲线"对话框中的"预设"下拉列表框，在其中选择一种预设方案可以直接改变图像的色调。选择"曲线"对话框中的"铅笔工具"直接在曲线区域中绘制曲线，绘制后的曲线即为调整后的曲线形状。

3．使用"色彩平衡"调整

"色彩平衡"命令能够调整图像暗调区域、高光区域和中间色调区域的色彩成分，并混合各种色彩以达到色彩的平衡。

选择"图像"|"调整"|"色彩平衡"命令打开"色彩平衡"对话框，如图 9-108 所示。

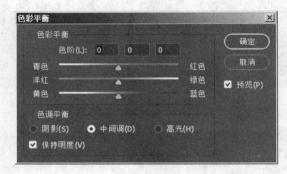

图 9-108　"色彩平衡"对话框

在该对话框中分别拖动 3 个滑块或在"色阶"文本框中输入数值即可调节图像中的色彩。在这里每一个导轨两端的颜色正好是互补色，利用互补色原理，通过增减某种颜色来获得另外颜色的增减，以达到对图像色彩进行调整的目的。选中"阴影""中间调"或"高光"单选按钮可以选择图像中色彩调整的区域。

现在打开一幅图像，选中"阴影"单选按钮，增加图像中阴影区域的蓝色，此时图像中的黄色会减少，图像效果的变化如图 9-109 所示。

图 9-109　原图及增加阴影区域蓝色后的效果

专家点拨：在"色彩平衡"对话框中，"色阶"文本框的输入值范围是－100～100，输入负值滑块会向左移动，输入正值滑块会向右移动到相应的位置。

4．使用"亮度/对比度"调整

"亮度/对比度"命令能够一次性地对整个图像的亮度和对比度进行调整。选中需要处理的图像，选择"图像"|"调整"|"亮度/对比度"命令打开"亮度/对比度"对话框，拖动其中的"亮度"和"对比度"滑块调整图像的亮度和对比度的值，如图 9-110 所示。

图 9-110　"亮度/对比度"对话框

专家点拨：在"图像"菜单中 Photoshop 提供了"自动色调""自动对比度""自动颜色"命令，使用这些命令 Photoshop 会根据图像的情况自动对图像的色阶、对比度和色彩进行调整，而无须用户进行参数设置。

9.4.4　调整图像的色彩

1. 使用"色相/饱和度"调整

使用"色相/饱和度"命令可以调整图像中单个颜色成分的色相、饱和度和明度，调整色相可改变颜色，调整饱和度可改变颜色的纯度，调整明度可改变图像的明亮程度。

（1）打开一幅图像，选择"图像"|"调整"|"色相/饱和度"命令打开"色相/饱和度"对话框，如图 9-111 所示。

（2）拖动滑块增加色相值为 71、饱和度为 24、明度为 7，图 9-112 所示为调整前后的图像效果。

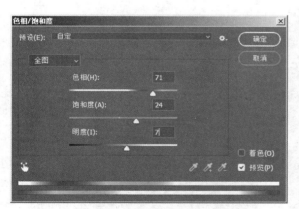

图 9-111　"色相/饱和度"对话框

图 9-112　调整"色相/饱和度"前后的效果

2. 使用"替换颜色"调整

使用"替换颜色"命令可以调整图像中相近颜色的色相和饱和度。

（1）打开一幅图像，选择"图像"|"调整"|"替换颜色"命令打开"替换颜色"对话框。

（2）设置颜色容差值为 40，单击选择对话框上的"吸管工具" ⬛，在图像中的红色树莓上单击，然后使用"添加到取样工具" ⬛，继续在树莓区域单击，将树莓全部选中，如图 9-113 所示。接着在替换区域设置"色相"为 89、"饱和度"为 -12、"明度"为 -6。

（3）单击"确定"按钮，红色树莓变成了绿色树莓，设置前后的图像如图 9-114 所示。

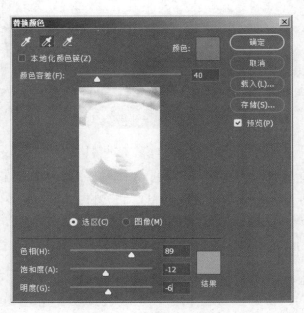

图 9-113 "替换颜色"对话框

图 9-114 "替换颜色"前后的效果

3. 使用"匹配颜色"调整

"匹配颜色"命令可实现不同图像间、相同图像的不同图层或多个颜色选区间的颜色的匹配。使用该命令能够通过改变亮度和色彩范围以及中和色痕来调整图像中的颜色。

（1）打开两幅图像，选择"图像"|"调整"|"匹配颜色"命令打开"匹配颜色"对话框，如图 9-115 所示。当前目标图像为"玻璃.jpg"，在源图像处打开下拉列表，选择"树木.jpg"，表明将以目标图像的色调匹配源图像。

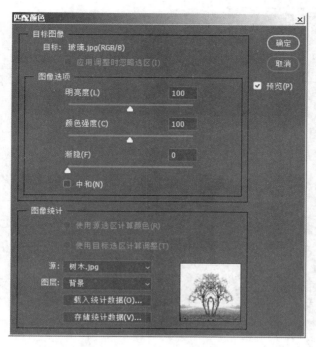

图 9-115   "匹配颜色"对话框

（2）单击"确定"按钮，原图及匹配后的图像如图 9-116 所示。

图 9-116   从左到右依次是树林、玻璃和匹配颜色的效果

9.5 使用滤镜增强网页图像的效果

Photoshop 内置了多种滤镜，它们不仅可以调节图像的色调、色彩、对比度、亮度等，还可以创作一些风格和意味都很独特的作品。

9.5.1 使用滤镜库

Photoshop 有强大的滤镜功能，能为当前图像增加一个滤镜或一组集合，使用起来也很方便。

（1）打开一幅图像，选择"滤镜"|"滤镜库"命令打开"滤镜库"对话框，如图 9-117 所示。在此对话框中左侧为预览区域，中间部分为滤镜命令选择区域，右侧是参数调整及滤镜效果添加和删除区。

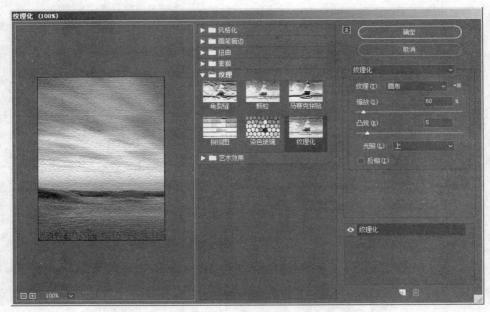

图 9-117　"滤镜库"对话框

　　（2）在滤镜列表中选择"画笔描边"下的"强化的边缘"滤镜，在右侧参数区调整参数后在预览区中就可以看到效果，如图 9-118 所示。

图 9-118　选择"强化的边缘"滤镜

9.5.2 "抽出"滤镜和"液化"滤镜

"抽出"滤镜常用于制作精确的选区,其功能是将一个复杂边缘的对象从背景中分离出来。但是在 Photoshop CC 2018 中抽出工具已被更方便、快捷的工具所取代,当用户需要抽出图片某部分的时候,使用"选择并遮住"可以达到与抽出一样的效果,使选择区域变得更加方便。

如果用户习惯于使用"抽出"滤镜,需要额外地单独安装。下面用一个实例说明如何使用"选择并遮住"命令达到与"抽出"滤镜相同的效果。

(1)打开一幅图像,选择"选择"|"选择并遮住"命令,切换为"选择并遮住"命令专属的工作区,它包括工具箱和"属性"面板,如图 9-119 所示。

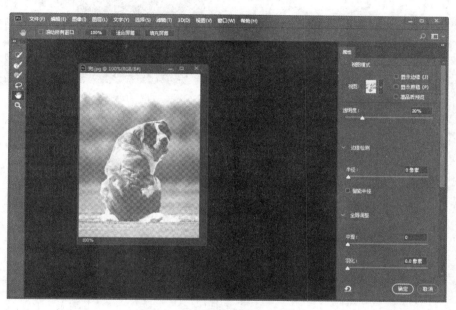

图 9-119 "选择并遮住"工作区

(2)根据需要选择视图模式,本例选择"闪烁虚线"视图,如图 9-120 所示。

(3)"选择并遮住"命令的工具箱如图 9-121 所示。使用"快速选择工具",在画面上要抠取的部分涂抹、单击,把狗大致选择出来。

(4)使用"调整边缘画笔工具",配合加、减选区以及画笔大小在狗毛发边缘涂抹,能很容易地抠出边缘毛发,如图 9-122 所示。

(5)调整好边缘后可以选择输出位置,本例选择"新建图层",如图 9-123 所示。

图 9-120 视图模式

图 9-121 "选择并遮住"命令的工具箱　　　　　图 9-122 完成抠图

（6）完成对象边界的修补后单击"确定"按钮，效果如图 9-124 所示，此时"图层"面板显示的内容如图 9-125 所示。

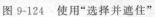

图 9-123 选择输出位置　　　　图 9-124 使用"选择并遮住"　　　　图 9-125 "图层"面板

　　专家点拨：所有选择工具的选项栏中都有"选择并遮住"按钮，在使用选择工具后，选择工具的选项栏中的"选择并遮住"按钮就可以使用。

　　"液化"滤镜的作用是扭曲图像，可以根据鼠标的移动来改变图像内容。

　　（1）打开一幅图像，选择"滤镜"|"液化"命令，打开"液化"对话框，如图 9-126 所示。

　　在此对话框中，"向前变形工具" 可以沿着鼠标行进的方向拉伸图像；"重建工具" 可以对变形的图像进行完全或部分恢复；"平滑工具" 可以平滑变形效果；"顺时针旋转扭

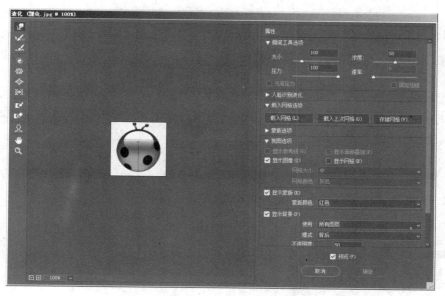

图 9-126 "液化"对话框

曲工具"可以将图像呈 S 形扭曲,按住 Alt 键可切换为逆时针方向;"褶皱工具"能将图像从边缘向中心压缩;"膨胀工具"能将图像从中心向四周扩展;"左推工具"能将一侧的图像向另一侧移动;"冻结蒙版工具"可以在预览窗口中绘制出冻结区域,在调整时冻结区域内的图像不会受到变形工具的影响;"解冻蒙版工具"可以解除涂抹区域的冻结;"脸部工具"可以智能识别脸部各区域;"抓手工具"可以移动图像;"缩放工具"可以缩放图像。

(2)选择"向前变形工具"改变瓢虫的形状,效果如图 9-127 所示。

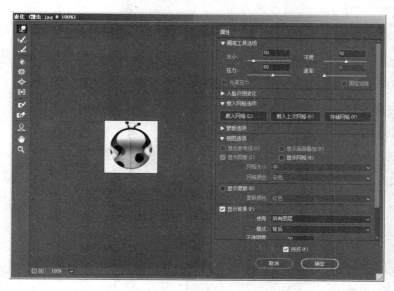

图 9-127 改变瓢虫形状设置及改变后的效果

9.5.3 "模糊"滤镜和"锐化"滤镜

"模糊"滤镜和"锐化"滤镜用于柔化或锐化一幅图像或者一个选择区域,它可以通过转化像素的方法进行平滑处理或锐化处理,使图像产生特殊的效果。

"模糊"滤镜可以柔化图像的外观。Photoshop 提供了 11 个模糊处理选项,即表面模糊、动感模糊、方框模糊、高斯模糊、进一步模糊、径向模糊、镜头模糊、模糊、平均、特殊模糊和形状模糊。

"表面模糊"滤镜能在保留边缘的同时模糊图像。

(1) 打开一幅图像,选择"滤镜"|"模糊"|"表面模糊"命令打开"表面模糊"对话框,设置"半径"为 10 像素、"阈值"为 50,如图 9-128 所示。

(2) 单击"确定"按钮,原图与完成后的效果如图 9-129 所示。

图 9-128　设置"表面模糊"滤镜的参数　　　　图 9-129　原图与应用"表面模糊"滤镜后的效果

"高斯模糊"比较特殊,它可以对每个像素应用加权平均模糊处理以产生朦胧效果,其使用比较普遍。

选择"滤镜"|"模糊"|"高斯模糊"命令打开"高斯模糊"对话框,设置"半径"为 5 像素,如图 9-130 所示,然后单击"确定"按钮完成滤镜的应用,最终效果如图 9-131 所示。

图 9-130　设置"高斯模糊"滤镜的参数　　　　图 9-131　使用"高斯模糊"滤镜的效果

"动感模糊"滤镜能产生图像正在运动的视觉效果。对图像应用此滤镜可打开如图 9-132 所示的对话框,对其中的"角度"和"距离"进行调整,效果如图 9-133 所示。

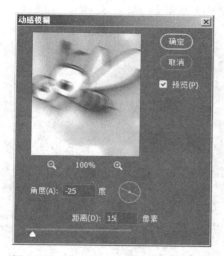

图 9-132　设置"动感模糊"滤镜的参数　　　　图 9-133　使用"动感模糊"滤镜的效果

"锐化"滤镜可以校正模糊或边缘不清晰的图像。Photoshop 提供了 6 种锐化效果,即 USM 锐化、防抖、进一步锐化、锐化、锐化边缘和智能锐化。下面以 USM 锐化和防抖为例说明"锐化"滤镜的使用方法。

(1) 打开一幅图像,选择"滤镜"|"锐化"|"USM 锐化"命令打开"USM 锐化"对话框,设置"数量"为 80%、"半径"为 5 像素,如图 9-134 所示。

(2) 单击"确定"按钮应用滤镜,原图及应用滤镜后的效果如图 9-135 所示。

图 9-134　设置"USM 锐化"的参数　　　　图 9-135　原图及应用"USM 锐化"滤镜的效果

对于相机因为轻微手抖而拍摄出的模糊照片可以使用"防抖"滤镜进行处理，"防抖"滤镜将自动分析图像、选择模糊的区域并进行计算还原。对图像应用此滤镜可打开如图 9-136所示的对话框，对其中的"模糊描摹边界""平滑""伪像抑制"进行调整，效果如图 9-137所示。

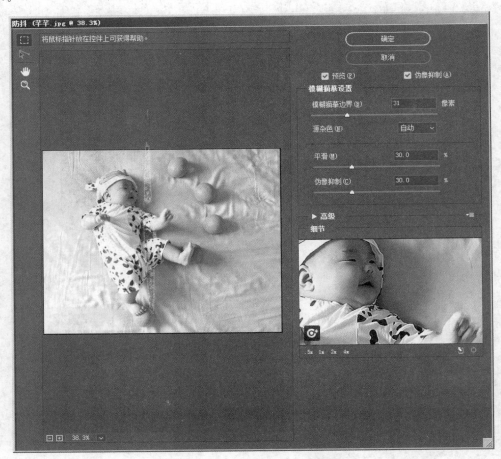

图 9-136　设置"防抖"滤镜的参数

图 9-137　使用"防抖"滤镜的效果

9.6　本章习题

一、选择题

1. 在创建选区时按住(　　)可切换为"添加到选区"模式。

　　A. Shift 键　　　　　　　　　　　　B. Alt 键

　　C. Shift＋Alt 组合键　　　　　　　D. Ctrl＋Alt 组合键

2. (　　)可以像在创建图像的倒影时那样将颜色逐渐混合起来,在使用时很像是用手指在涂抹未干的颜料。

　　A. 模糊工具　　　　　　　　　　　B. 锐化工具

　　C. 涂抹工具　　　　　　　　　　　D. 加深工具

3. (　　)滤镜可以对每个像素应用加权平均模糊处理以产生朦胧效果。

　　A. "高斯模糊"　　　　　　　　　　B. "表面模糊"

　　C. "动感模糊"　　　　　　　　　　D. "进一步模糊"

4. 在"色阶"对话框中,如果要增加图像的亮度,不可以(　　)。

　　A. 将白色滑块向左拖动　　　　　　B. 将灰色滑块向左拖动

　　C. 将黑色滑块向右拖动　　　　　　D. 将灰色滑块向右拖动

5. 在使用"曲线"命令调整图像的色调时,如果要在曲线上创建与图像中某点对应的控制点,应(　　)。

　　A. 在图像中单击　　　　　　　　　B. 按住 Ctrl 键在图像中单击

　　C. 按住 Alt 键在图像中单击　　　　D. 在图像中双击

二、填空题

1. _____类似于现实绘图工作中的透明胶片,将图像的各个要素分别绘制于不同的透明胶片上,透过上层胶片的透明区域能观察到下层的图像。它的显示和操作都集中在_____面板上。

2. 在多图层的情况下,图层的混合模式决定了_____图层的像素和_____图层的像素的融合方式。在默认情况下,图层的混合模式为_____,表示除非上方图层有半透明部分,否则对下方的图层会形成遮挡。

3. 蒙版是一种作用于_____上的复合技术,它以独特的_____将多张图片组合成单个图像,也可用于局部的颜色和色调校正。

4. Photoshop 用于创建规则选区的工具有_____、_____、_____和单列选框工具 4 种,用于创建不规则选区的工具有_____、_____、_____、快速选择工具和_____。

5. "色相/饱和度"命令可以调整图像中单个颜色成分的色相、饱和度和明度,通过调整色相可改变_____,通过调整饱和度可改变_____,通过调整明度可改变图像的_____。

9.7　上机练习

练习1　绘制网站 Logo

综合使用各种文本工具绘制如图 9-138 所示的 Logo 图形，可以参考下面的步骤进行操作练习。

（1）使用"自定形状工具"和"钢笔工具"绘制茶杯。

（2）使用文本工具输入文本。

（3）为文本添加滤镜。

图 9-138　Logo 效果

练习2　网页图像色调的调整

图 9-139 所示为一张想在网页中使用的风景照，调整照片的色调，使其变为暖色调，效果如图 9-140 所示。

图 9-139　需处理的风景照

图 9-140　图像处理后的效果

调整图像的色调有多种方法，大家可以使用以下几种常用方法进行练习。

（1）使用"色彩平衡"命令，分别调整阴影、中间调和高光区域的颜色。

（2）使用"曲线"命令，分别对红、绿和蓝通道的亮度进行调整。

（3）使用"图像"|"调整"|"照片滤镜"命令，在弹出的对话框中选择应用"加温滤镜"，同时调整"浓度"的值。

第 10章

使用Photoshop设计网页元素

网页元素是指网页中使用到的一切用于组织结构和表达内容的对象,组织结构包括按钮、布局、图层、导航条和链接等,表达内容包括 Logo、Banner、文字、图像和 Flash 动画等。本章从范例入手介绍使用 Photoshop CC 2018 创建各种网页元素的方法和技巧。

本章主要内容:

- 设计网站图标和 Logo
- 设计网页广告图像
- 设计网页按钮和导航条
- 设计网页

10.1　设计网站图标和 Logo

网站图标指显示在浏览器中地址栏左侧的简单明了且视觉效果突出的小图标。网站 Logo 徽标主要是各个网站用来与其他网站链接的图形标志,可以代表一个网站或网站的一个板块。

10.1.1　绘制网站图标

网站图标是一个网站的标志性图片,它的英文名称叫 Favicon,打开浏览器,地址栏左侧的 IE 图标变成了特别的小图标,这就是网站图标,或者叫网站头像。图 10-1 所示为百度的网站图标。另外,在浏览器收藏夹的网址前也可以看到这些特别的图标,如图 10-2 所示。

🐾 http://www.baidu.com/|	S搜狐　http://www.sohu.com/ 新浪　http://www.sina.com.cn/
图 10-1　百度图标	图 10-2　收藏夹里的网站图标

网站图标不是常用的 GIF 和 JPG 等图片格式,而是 ICO 格式,所以也常称为 ICO 图标。大家在计算机桌面上看到的各种文件图标也都属于 ICO 图标。

网站图标的表现形式有 3 种:第一种是文字方式,例如网易图标🐟;第二种是图形方式,例如百度图标🐾;第三种是图文结合方式,例如雅虎图标🅈！。下面制作一个如图 10-3 所示的网站图标。

图 10-3　完成后放大的效果

1. 新建文件

(1) 运行 Photoshop CC 2018,选择"文件"|"新建"命令或者按 Ctrl+N 组合键打开"新建文档"对话框,创建画布为 16×16 像素、分辨率为 72 像素/英寸、名称为"网站图标"、其他参数为默认的文档,如图 10-4 所示,然后单击"创建"按钮进入设计窗口。

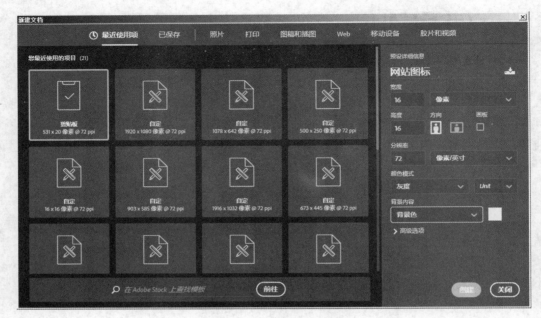

图 10-4　"新建文档"对话框

(2) 在工具箱中选择"缩放工具" 🔍 ,在选项栏中单击 适合屏幕 按钮进行放大操作,以方便图形的绘制,或者在右侧"导航器"面板中直接输入视窗放大数值,例如 3200%。

专家点拨:在制作 16×16 像素的图片时千万不要先制作出大图再改变分辨率,因为这样做不出清晰的图标。读者在开始网站图标设计前可以多观察分析一些其他网站的图标。

2. 绘制矢量图形

(1) 将前景色设置成蓝色(♯0E70B7),在工具箱中选择"钢笔工具",在选项栏中选择"形状"选项,如图 10-5 所示。

图 10-5　"钢笔工具"的选项栏

(2) 使用"钢笔工具"在画布的合适位置单击,此时出现了一个锚点。移动鼠标指针到另一位置单击,则两个锚点间出现一条线段。按同样的方法单击绘制锚点,绘制过程如图 10-6 所示。

(3) 在工具箱中选择"转换点工具",按住鼠标左键向下拖动锚点②,将这个锚点所在的线条更改为曲线,并调整曲线的弧度,如图 10-7 所示。然后用同样的方法修改其他锚点,最后如图 10-8 所示。

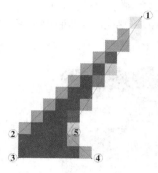
图 10-6　绘制 L 形路径

图 10-7　调整锚点②

图 10-8　调整其他锚点

（4）打开"路径"面板，单击面板右侧的 ▤ 按钮，弹出面板菜单，选择"存储路径"命令，在弹出的对话框中给路径命名"L形"后确定。此时"路径"面板中有两条路径，如图 10-9 所示。

（5）右击"L形"路径，在弹出的快捷菜单中选择"复制路径"命令，在弹出的对话框中给路径命名"Y形"后确定，此时"路径"面板中有 3 条路径，如图 10-10 所示。

图 10-9　存储路径

图 10-10　复制路径

（6）选择"编辑"|"变换路径"|"旋转 180 度"命令，然后打开"图层"面板，新建"图层 1"。在工具箱中选择"路径选择工具"，单击选中路径，使用方向键移动路径至合适的位置，如图 10-11 所示。

专家点拨：在旋转前一定要确定当前选中的路径是"Y 形"。如果打开"编辑"菜单找不到"变换路径"命令，说明当前没有选中路径。

（7）单击"路径"面板下方的"用前景色填充路径"按钮，图片效果如图 10-12 所示。

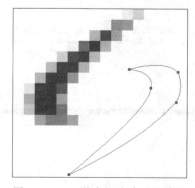
图 10-11　Y 形路径移动后的效果

图 10-12　填充后的图片效果

（8）将前景色设置成黄色（♯F9CF0A），然后在工具箱中选择"椭圆工具"，在选项栏中选择"形状"，按住 Shift 键绘制一个圆形，并调整圆形的大小和位置，至此图像绘制完毕，图层及图像的效果如图 10-13 所示。

图 10-13　图层及图像的最终效果

3. 图形的保存

（1）按 Ctrl＋S 组合键保存文档。

（2）选择"文件"|"存储为"命令，在弹出的对话框中选择图像的保存格式为 ICO，输入名称为"Favicon"，如图 10-14 所示，单击"保存"按钮，生成一个 ICO 格式的文件。最后将 Favicon.ico 文件上传到网站的根目录下。

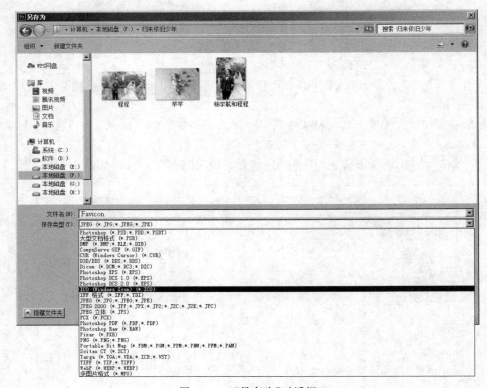

图 10-14　"另存为"对话框

专家点拨：图像像素大小一定要小于或等于 256×256,如果大于此值就不是图标了,导出格式中自然也就没有导出 ICO 格式的选项了。

10.1.2　绘制网站 Logo

一个设计独特的网站 Logo 能给浏览者留下深刻的第一印象,它不仅代表了网站本身,也能突出网站的性质,是网站的"眼睛"。

本实例使用 Photoshop CC 2018 的绘图工具来绘制一个设计类网站的 Logo,该作品简单、醒目,很好地传递了网站的基本信息。实例的效果如图 10-15 所示。

图 10-15　网站 Logo 效果图

1. 新建文件

运行 Photoshop CC 2018,按 Ctrl+N 组合键打开"新建文档"对话框,创建画布为 500×250 像素、背景为绿色(♯1F6431)、名称为"花开的声音"、其他参数为默认的文档,如图 10-16 所示,然后单击"创建"按钮进入设计窗口。

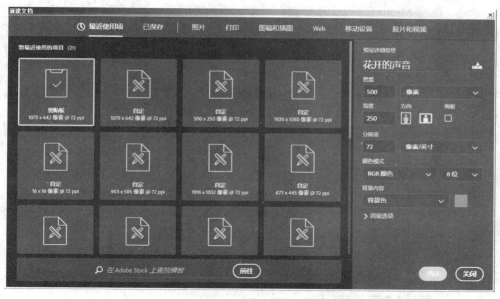

图 10-16　"新建文档"对话框

专家点拨：背景选用的绿色就是网页的主色调,绿色会给浏览者生机盎然的感觉。

2. 文字的输入与编辑

(1)在工具箱中选择"横排文字工具",设置字体为"方正粗活意简体",字号大小为 80点,颜色为白色,如图 10-17 所示。在画布中输入"花开的声音"几个字,然后选择文字"的",将字体修改成"方正彩云繁体",如图 10-18 所示。

(2)展开"图层"面板,右击文字图层,在弹出的快捷菜单中选择"栅格化文字"命令。

(3)选择"视图"|"标尺"命令打开标尺,从顶部标尺处拖出一条参考线至文字"开"的顶端处。

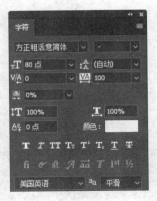

图 10-17　设置字体

图 10-18　输入文字

（4）选择"矩形选框工具"框选"花"字,然后选择"图层"|"新建"|"通过拷贝的图层"命令,将文字复制到"图层1"中,并将"图层1"命名为"花"。

（5）单击隐藏"花开的声音"图层,放大画布显示比例至300%,将文字"花"向上移动,使它的上端（横）与参考线齐平。

专家点拨：由于图层是堆叠在一起的,在设计中经常需要隐藏图层以方便操作。另外在设计网页作品时要及时对新建的图层重新命名,这是提高制作效率的良好习惯。

（6）用同样的方法将其他图层分别复制成新图层,并重新命名,将这几个文字的上端与参考线对齐,完成后的图层效果如图 10-19 所示。

图 10-19　图层效果

3. 文字的变形

（1）新建图层,命名为"横",然后将此层移至顶端,再拖出一条参考线,选择"矩形选框工具",在前两个文字上绘制矩形选区,如图 10-20 所示。

（2）按 Alt+Delete 组合键,为选区填充白色。按 Ctrl+D 组合键取消选区,效果如图 10-21 所示。

图 10-20　绘制矩形选区

图 10-21　填充前景色

（3）用同样的方法将"声音"两个字的笔画连接,效果如图 10-22 所示。

（4）对文字"开"和"声"的竖笔画的编辑方法是向下延长并将下端制作成圆角,具体方法不再赘述,效果如图 10-23 所示。

（5）选择"橡皮擦工具",将"的"字的中心擦除,同样将"花"字和"音"字上面的部分各擦除一些,效果如图 10-24 所示。

图10-22　文字连接后的效果　　　　　图10-23　完成效果

4.用自定形状修饰文字

（1）将配套资源中的自定形状文件复制到 Photoshop CC 2018 的自定形状文件夹中，选择"自定形状工具"，在选项栏中选择路径模式，在形状选取栏中选择需要载入的花形，如图10-25 所示。

图10-24　擦除笔画

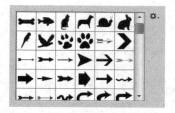

图10-25　选取自定形状

专家点拨：因为本例所用的自定形状来源于外部，所以读者需要把随书素材库中的自定形状文件复制到"Adobe Photoshop CC 2018\Presets\Custom Shapes"中，然后载入形状即可。

（2）在画布上绘制出花朵形状，选择"编辑"|"变换路径"|"水平翻转"命令，将其移到文字上，然后按 Ctrl＋T 组合键调整形状的大小和角度。设置前景色为白色，打开"路径"面板，单击"用前景色填充路径"按钮，效果如图10-26 所示。

（3）用同样的方法选择其他花形装饰文字，完成后的效果如图10-27 所示。

图10-26　加入花朵形状

图10-27　完成后的效果

（4）选择"钢笔工具"为文字绘制卷曲的线条，使字体显得活泼、生动，效果如图10-28 所示。

5.加入网址文字及说明

（1）选择"横排文字工具"，设置字体为"Broadway"，字号为 18 点，然后输入网址"huakaideshengyin.net"。

（2）设置字体为"方正准圆简体"，大小为 18 点，分别输入"引领课件制作""提供视频教程"等文字，效果如图10-29 所示。

（3）保存文档，网站 Logo 就制作完成了，最后将其输出为 GIF 图像格式。

图 10-28　加入卷曲的线条

图 10-29　加入网址文字及说明

专家点拨：因为本例所用字体不是自带字库中的字体，需要下载安装后方可使用。读者可使用本书提供的素材文件，直接将其复制到"C:\Windows\Fonts"中即可使用。

10.2　设计网页广告图像

作为专业的平面设计软件，Photoshop 在设计网页广告图像方面功能强大。本节以实例的方式介绍用 Photoshop CC 2018 制作网站 Banner 和网页广告的方法。

10.2.1　制作网站 Banner

Banner 是指网页中的广告条，一般使用 GIF 格式的动态图像文件，以达到吸引观者注意力的目的，也可以使用静态图形。下面设计制作一个时装网站 Banner，实例效果如图 10-30 所示，实际效果是动态的。

图 10-30　网站 Banner 效果图

1. 新建文件并打开素材图片

（1）运行 Photoshop CC 2018，按 Ctrl＋N 组合键打开"新建文档"对话框，创建画布为 360×140 像素、分辨率为 72 像素/英寸、名称为 banner、背景色为白色、其他参数为默认的文档。

（2）选择"文件"|"打开"命令，打开素材库中名为"10-2 背景.jpg"的文件。使用"移动工具"将此图片拖放到 banner 文件的画布中作为广告的背景图。

专家点拨：此广告条的背景以淡紫色为主色调，给人幽静、高贵、神秘的感觉，这种色调很适用于女性用品的广告。

（3）按照同样的方法再打开 4 张服装图片，依次将其拖放到画布右下角重叠放置，给它们所在的图层重新命名。

（4）选择"服装 1"图层，使用"椭圆选框工具"创建与服装图片大小相同的选区，并按 Ctrl＋Shift＋I 组合键反转选区，如图 10-31 所示。在选项栏中设置羽化值为 0 像素，按 Delete 键删除选区。然后按相同的方法将其他 3 张服装图片的白色边框删除，并按 Ctrl＋D 组合键取消选区。

图 10-31　放置背景和服装图片

（5）按住 Ctrl 键单击选择 4 个服装图层，按 Ctrl＋T 组合键调整好图像大小，效果如图 10-32 所示。

（6）选择"文件"|"置入嵌入对象"命令，弹出"置入嵌入的对象"对话框，分别选择素材文件"人物一.psd"和"绸带.psd"，将其置入当前文档中并调整大小和位置，如图 10-33 所示。

图 10-32　调整图片后的效果

图 10-33　置入图片后的效果

（7）新建图层，命名为"星光"。然后选择"画笔工具"，在"画笔设置"面板中选择"星形55 像素"画笔，在画面中随意单击加入星光效果，如图 10-34 所示。

2. 输入文字

（1）选择"横排文字工具"，设置字体为"方正中倩简体"，大小为 36 点，颜色为粉色（颜色代码为♯F64489），字形为浑厚，输入"颖薇"两字。然后双击打开"图层样式"对话框，为它添加"外发光"样式，如图 10-35 所示。

图 10-34　加入星光效果

图 10-35　加入文字效果

（2）设置字体为"方正细黑简体"，字号为 18点，颜色为浅灰色（颜色代码为♯0C0C0C），输入"品牌女装"；设置字体为"Copperplate Gothic Bold"，字号为 12 点、颜色为深灰色（颜色代码为♯363435），输入 YingV。图片效果及图层结构如图 10-36 所示。

3. 添加动画效果

（1）选择"窗口"|"时间轴"命令，打开"时间轴"面板，如图 10-37 所示。

专家点拨：制作动画并不是 Photoshop 的强项，在一般情况下动画优先用 Animate 制作，当然如果广告效果不复杂，使用 Photoshop 也未尝不可。

（2）在默认情况下"时间轴"面板中只有一帧，单击"时间轴"面板上的"复制所选帧"按钮[图]新建第 2 帧，然后将"图层"面板中的"服装 4"图层隐藏，单击"时间轴"面板中的"播放动画"按钮▶，可以看到已经有了动画效果，如图 10-38 所示。

（3）按照同样的方法再新建两帧，分别将"服装 3"和"服装 2"图层隐藏。

（4）按住 Ctrl 键单击选中这 4 帧，在时间文字上右击，在弹出的快捷菜单中选择 0.2，表示每帧持续 0.2s，然后单击"播放动画"按钮▶测试动画效果。

图 10-36　图片效果及图层结构

图 10-37　"时间轴"面板

图 10-38　添加帧

（5）在"时间轴"面板中选中第 2 帧，在"图层"面板中选择"人物一"图层，使用"移动工具"向下拖动图片。按同样的方法分别将第 3 帧和第 4 帧中的"人物一"图片向下移动适当的距离。

图 10-39　加入文字动画后的"时间轴"面板

（6）新建第 5 帧，将帧延时改为 0.1s，在"图层"面板中隐藏"颖薇"图层；新建第 6 帧，取消"颖薇"图层的隐藏；新建第 7 帧，再次隐藏该图层。"时间轴"面板如图 10-39 所示。

专家点拨：在制作动画时要随时预览，确认动画无误后再继续下一步操作，否则经常会出现动画混乱、难以修复的情况。

（7）按住 Ctrl 键单击第 1、3、5、7 帧，然后将"图层"面板中的"星光"图层隐藏，播放动画预览效果。

4. 保存输出动画

选择"文件"|"导出"|"存储为 Web 所用格式（旧版）"命令，在弹出的对话框中选择格式为 GIF，其他设置如图 10-40 所示，单击"存储"按钮，在弹出的"将优化结果存储为"对话框中选择文件保存的路径，然后单击"保存"按钮，将文件保存为 banner.gif。至此动画制作完毕。

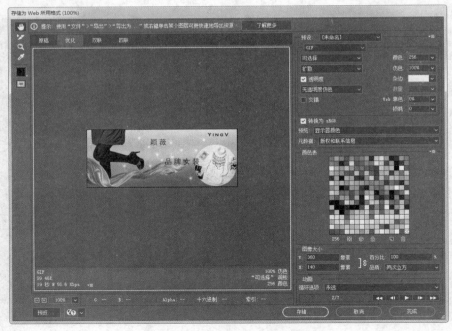

图 10-40　"存储为 Web 所用格式"对话框

10.2.2　绘制网页通栏广告

网页通栏广告是指左右与网页同宽，高度一般为100～200像素的图片广告，这种广告多为静态，它常以抢眼的位置和艳丽的色彩达到吸引浏览者眼球的目的。下面以图10-41所示的效果为例，完成一幅950×120像素的通栏广告。

图10-41　通栏广告效果图

1. 新建文件并打开素材图片

（1）运行 Photoshop CC 2018，按 Ctrl＋N 组合键打开"新建文档"对话框，创建画布为950×120像素、分辨率为72像素/英寸、名称为"茶叶店"、背景色为白色、其他参数为默认的文档。

（2）新建图层，将前景色设置为白色，背景色设置为蓝色（颜色代码为♯4B6A8F），选择"滤镜"|"渲染"|"云彩"命令，效果如图10-42所示。

图10-42　云彩效果

（3）打开配套资源中的"茶叶店素材1.psd"文件，将其中的4幅图片都复制到新文档中，并调整好位置和大小，如图10-43所示。

图10-43　复制素材图片

（4）选中"水墨"图层，设置图层的混合模式为"正片叠底"；选中"插画"图层，设置不透明度为"60％"；选中"梅花"图层，将梅花图片水平翻转，再适当缩小，效果如图10-44所示。

图10-44　图片效果

（5）打开素材库中的"茶杯.jpg"文件，选择"自由钢笔工具"，在选项栏中选择"路径"选项，选中"磁性的"复选框，沿茶杯外轮廓创建路径，然后将路径转换成选区，将选区内的图片移动到广告文档中，并调整好它的位置和大小，将该图层命名为"茶杯"，如图10-45所示。

图10-45　放置茶杯后的效果图

专家点拨：在本范例中使用了大量的素材图片，这些图片其实都已经进行了抠图处理，去除了素材图原有的杂乱背景。抠图的方法有很多，用户要根据图片的实际情况恰当地使用选区工具进行编辑处理。

（6）打开素材文件"花茶图.jpg"，将图片拖入广告文档的左侧，并调整好它的位置和大小。将该图层命名为"花茶"，单击"图层"面板下方的"添加图层蒙版"按钮为"花茶"图层添加蒙版。

（7）选择"渐变工具"，设置渐变色为"黑，白渐变"，然后选择线性渐变，从右向左拖出一条线段，将"花茶图"的右侧边缘虚化，并将此图层拖到"茶道"图层之下，局部效果如图10-46所示。

2. 布局文字

（1）打开素材文件"一杯茶.jpg"，扩展画布的大小，设置背景色为白色，然后选择"多边形套索工具"，设置羽化值为0，将两列文字布局为4列文字，如图10-47所示。

图10-46　局部效果图

图10-47　文字效果图

（2）将文字图片复制到文档中，保持在图层的顶部，设置图层混合模式为"正片叠底"，并调整好位置和大小，效果如图10-48所示。

图10-48　图片效果

（3）选择"横排文字工具"，设置字体为"文鼎行楷碑体"，字号为48点，输入文字"北京京誉茶叶"。然后展开"样式"面板，为文字添加一种合适的样式，效果如图10-49所示。

图10-49　文字效果图

3. 修饰广告图片

（1）选中"图层1"，然后选择"多边形套索工具"，设置羽化值为20像素，绘制出选区，如图10-50所示，按Delete键删除选区内容后取消选区。

（2）选中"图层1"，将"背景图片2.jpg"置入当前文档中，水平翻转图片，并调整图片的

图 10-50　用"多边形套索工具"创建选区

位置和大小，如图 10-51 所示。

图 10-51　图片效果

（3）单击"图层"面板下方的"添加图层蒙版"按钮为该图层添加蒙版，然后选择"渐变工具"，在图片右侧从右向左拖出一条水平短直线，将右侧边缘虚化。按同样的方法再创建一个图层蒙版，将左侧边缘虚化，以达到两侧自然过渡的效果，如图 10-52 所示。

图 10-52　添加图层蒙版后的效果

（4）选中"梅花"图层，将其混合模式修改为"正片叠底"。

（5）双击"北京京誉茶叶"图层打开"图层样式"对话框，选择"投影"效果，将距离改为 2 像素，大小改为 4 像素，然后保存文档，则茶叶店通栏广告绘制完成。

（6）将图像输出为 GIF 或者 JPG 格式。

10.3　设计网页按钮和导航条

按钮是网页中用于导航的重要元素，导航条是一组按钮的集合，它提供了到网站不同栏目的链接。网页按钮和导航条设计得好不仅能增强网页的视觉效果，而且能使导航清晰、自然。

10.3.1　绘制网页按钮

本实例学习绘制一个具有水晶质感的网页导航按钮，效果如图 10-53 所示。

1. 新建文件并制作渐变底图

（1）运行 Photoshop CC 2018，按 Ctrl＋N 组合键打开"新建文档"对话框，创建画布为 160×125 像素、分辨率为 72 像素/英寸、颜色模式为 RGB、背景色为白色、名称为"水晶按钮"、其他参数为默认的文档。

（2）设置前景色为白色，选择"圆角矩形工具"，在选项栏中选择"形状"，设置角半径为

10 像素,绘制一个圆角矩形。

（3）将图层重命名为"矩形",然后右击图层,在弹出的快捷菜单中选择"混合选项"命令,打开"图层样式"对话框。

（4）选择"投影"效果,设置不透明度为 100%、大小为 4 像素;选择"渐变叠加"效果,设置深蓝到浅蓝渐变,设置左侧渐变色为♯16397A、右侧渐变色为♯1464C8,完成后图片效果如图 10-54 所示。

图 10-53　水晶按钮效果图　　　　　　　图 10-54　圆角矩形效果

2. 制作水晶效果

（1）复制"矩形"图层,重命名为"矩形 2",然后为这个图层添加"渐变叠加"图层样式,修改渐变颜色,设置 3 个色标,颜色值从左到右依次为♯449CDB、♯538CBB、♯D4E1EE,此时按钮效果如图 10-55 所示。

（2）放大画布显示比例,按 Ctrl＋T 组合键将矩形 2 向内缩进一个像素。

（3）选择"添加锚点工具",在矩形 2 左右两边的中点位置分别添加两个锚点,然后使用"转换点工具",按住 Ctrl 键将锚点向中间移动合适的距离,如图 10-56 所示。

3. 添加电话形状

（1）选择"自定形状工具",设置前景色为白色,在"自定形状拾色器"中添加"物体"类别,然后选择"电话 2"形状,在水晶按钮上绘制电话形状,效果如图 10-57 所示。

图 10-55　矩形 2 效果图　　　　图 10-56　移动锚点　　　　图 10-57　创建电话形状

（2）打开"图层样式"对话框,选择"投影"样式,设置距离为 3 像素、扩展为 2%、大小为 4 像素。

（3）选择"斜面和浮雕"样式,设置方向为下、大小为 3 像素、软化为 3 像素。

（4）选择"描边"样式,设置大小为 3 像素、颜色为♯053272;选择"渐变叠加"样式,修改渐变颜色,颜色值从左到右分别为♯449CDB、♯DFFCFA、♯76B7F8;然后单击"确定"按钮。一个质感十足的水晶按钮制作完成。

10.3.2　绘制网页导航条

导航条不仅要美观、醒目,而且在功能表达上也要一目了然。整个站点中的导航栏风格通常都是一致的,以方便浏览者了解网站的所有内容,并且知道自己所处的位置。

下面一起来制作如图 10-58 所示的导航条,其中"公司介绍"为当前页。

图 10-58　导航条效果图

1. 绘制圆角矩形

（1）运行 Photoshop CC 2018，创建画布为 800×150 像素、分辨率为 72 像素/英寸、颜色模式为 RGB、背景色为白色、名称为"导航条"、其他参数为默认的文档，然后设置背景色为♯1D9B9B（蓝绿色），按 Ctrl＋Delete 组合键填充背景色。

（2）选择"圆角矩形工具"，在选项栏中选择工具模式为"形状"，设置角半径为 10 像素，单击"几何选项"按钮，设置固定大小为 420×46 像素，绘制一个 420×46 像素的圆角矩形，然后在"圆角矩形 1"图层上右击，在弹出的快捷菜单中选择"栅格化图层"命令将图层栅格化。

专家点拨：在绘制固定值的形状时可以展开"信息"面板，参照"信息"面板中的 W 和 H 值。

2. 制作矩形导航效果

（1）选择"钢笔工具"，选中"路径"模式，绘制如图 10-59 所示的路径，然后按 Ctrl＋Enter 组合键将路径转换成选区。

（2）按 Ctrl＋X 组合键剪切选区图形，按 Ctrl＋V 组合键粘贴图形到新图层，并将"图层 1"重命名为"开端"，然后调整两个图形的位置，效果如图 10-60 所示。

图 10-59　绘制路径

图 10-60　开端效果图

专家点拨：在绘图过程中，选择"视图"|"对齐"命令，并恰当使用参考线，可以准确地定位图形。

（3）选择"圆角矩形 1"图层，打开"路径"面板，单击选中"工作路径"；然后使用"路径选择工具"选择路径并右移，按 Ctrl＋Enter 组合键将路径转换成选区。

（4）剪切选区图形，粘贴到新图层，重命名为"中段"图层；然后将"圆角矩形 1"图层重命名为"结尾"，并调整图层的位置。效果如图 10-61 所示。

（5）复制两次"中段"图层，调整所有图形的位置，将它们水平间隔排列；然后选中除背景图层以外的其他图层，按 Ctrl＋E 组合键合并图层，将其重命名为"底部导航条"。效果如图 10-62 所示。

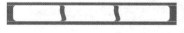

图 10-61　3 段效果图

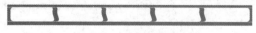

图 10-62　导航条效果

3. 添加渐变效果

（1）按住 Ctrl 键，单击"图层"面板中"底部导航条"的缩略图，将其载入选区。选择"渐变工具"，设置 3 个渐变色标为♯004A6D、♯34A2AF 和♯FFFFFF 的线性渐变，由上至下填充渐变效果。

（2）为图层添加"描边"图层样式，设置大小为 1 像素、颜色为♯034D5A，其他值默认。

（3）新建图层，选择"渐变工具"，设置渐变色为"前景色到透明"渐变，保持前景色为白色，从上到下填充，然后按 Ctrl＋D 组合键取消选区，添加高光后的效果如图 10-63 所示。

图 10-63　添加高光效果

4．制作倒影

（1）复制"底部导航条"图层，选择"编辑"|"变换"|"垂直翻转"命令，并按住 Shift 键，移动翻转后的图形到如图 10-64 所示的位置。

图 10-64　图形翻转后的效果

（2）将图层重命名为"倒影"，在"图层"面板中单击图层效果中的"描边"样式左侧的眼睛图标，隐藏"描边"样式，停用描边图层效果。然后单击"图层"面板下方的"添加图层蒙版"按钮为"倒影"图层添加图层蒙版，选择"渐变工具"，使用从黑到白的线性渐变由下至上填充渐变，完成导航条的倒影效果，如图 10-65 所示。

图 10-65　倒影效果

5．输入导航条文字

（1）选择"横排文字工具"，设置字体为"方正准圆简体"、字号为 18 点、颜色为白色，输入文字"公司首页"。打开"图层样式"对话框，添加"投影"样式，设置距离为 2 像素、扩展为 0％、大小为 2 像素，然后添加"描边"样式，设置大小为 1 像素、颜色为♯0B5269。

（2）用同样的方法分别输入文字"公司介绍""产品展示""信息反馈""联系我们"。在"公司首页"图层上右击，在弹出的快捷菜单中选择"拷贝图层样式"命令，然后同时选择其他 4 个导航文字图层右击，在弹出的快捷菜单中选择"粘贴图层样式"命令，效果如图 10-66 所示。

图 10-66　输入文字后的效果

6．导航菜单的突出显示

为了标示浏览者所处的网站位置，下面对当前页的导航栏状态添加突出显示效果。

（1）新建图层，命名为"圆珠"，保持图层在最顶部。选择"椭圆选框工具"，配合 Shift＋

Alt组合键在画布中绘制圆形选区,并用白色填充。

（2）将"公司首页"的图层样式复制、粘贴给"圆珠"图层,然后打开"图层样式"对话框,添加"渐变叠加"样式,并复制该图层,将新图层中的圆珠移动到文字后面,效果如图 10-67 所示。至此导航条制作完成。

图 10-67　当前页导航栏的局部效果

10.4　设计网页

使用 Photoshop CC 2018 可以快速地创建网站和用户界面原型,并能通过切片和优化将图片直接转换成 Web 格式。本节将综合使用 Photoshop CC 2018 的各种工具完整地制作一个网页作品,以使读者对网页制作流程有一个大致的认识,达到心领神会的目的。图 10-68 所示为绘制好的网页。

图 10-68　绘制好的网页

10.4.1　绘制网页

1. 新建文件并绘制网页顶部背景

（1）运行 Photoshop CC 2018,按 Ctrl＋N 组合键打开"新建文档"对话框,创建画布为 910×770 像素、分辨率为 72 像素/英寸、颜色模式为 RGB、背景色为白色、名称为"网页制作"、其他参数为默认的文档，然后单击"创建"按钮，进入设计窗口。

图 10-69　设置"属性"面板

（2）将背景色设置为绿色（♯63A642），按 Ctrl＋Delete 组合键填充背景色，并开启标尺。

（3）选择"圆角矩形工具"，使用"路径"模式，在画布上绘制矩形路径，然后在"属性"面板中设置宽度为 910 像素、高度为 123 像素；取消半径值链接，设置左、右上角半径值为 0 像素，设置左、右下角半径值为 10 像素；设置水平位置"X"值为 0 像素，设置垂直位置"Y"值为 10 像素，如图 10-69 所示。

（4）拖出两条参考线至 575、210 处，将在这一区域绘制波浪形。

（5）选择"添加锚点工具"，在矩形路径的右下方添加 3 个锚点，然后使用"转换点工具"调整路径的形状，如图 10-70 所示。

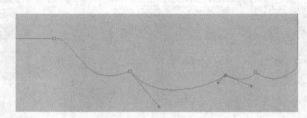

图 10-70　添加锚点并修改路径

（6）新建图层，命名为"头部底色"。将前景色设置为♯1F6431，展开"路径"面板，然后按 Ctrl＋Enter 组合键将路径转换为选区，按 Ctrl＋Delete 组合键填充背景色，按 Ctrl＋D 组合键取消选区。

2．添加网站 Logo 和导航条

（1）打开 10.1 节制作好的素材文件"网页 logo.jpg"，将其拖放到网页文件中，更改它的位置和大小。

（2）打开素材文件"网页导航条.jpg"，该导航条的制作方法与 10.3 节相似，将其拖放到网页文件中，更改它的位置和大小，输入导航条上的文字，效果如图 10-71 所示。

图 10-71　添加 Logo 和导航条

专家点拨：导航条上的文字部分在导出为 HTML 文件时要关闭显示，在 Dreamweaver 中打开后再添加，这样可以优化图片，节约流量，提高访问速度。在该范例中加入文字是为了观看完整的网站效果。

（3）选择"圆角矩形工具"，设置模式为"路径"，在画布上绘制矩形路径，然后在"属性"

面板中设置宽度为115像素、高度为25像素；取消角半径值链接，设置左、右上角半径值为0像素，设置左、右下角半径值为10像素；设置水平位置"X"值为275像素，设置垂直位置"Y"值为0像素。

（4）新建图层，命名为"标签1"，将前景色设置为黄色（♯EFEE5E），然后展开"路径"面板，单击"用前景色填充路径"按钮。按同样的方法新建3个图层，分别命名为"标签2""标签3""标签4"，分别填充颜色为♯CDCB03、♯CDA003、♯CD6103。输入标签栏中的文字，将文字图层的样式设置为"投影"，设置投影距离为1像素、大小为1像素，效果如图10-72所示。

图 10-72　标签栏效果

（5）打开两片小树叶素材文件，将它放到网页的右上角，并输入文字"登录"和"注册"。

（6）选择"横排文字工具"，设置字体为宋体、字号为13像素、颜色为灰色（♯CECDCD），输入当前的位置信息和日期，效果如图10-73所示。

图 10-73　加入位置和日期信息

3. 绘制站内搜索栏

（1）选择"矩形选框工具"，新建图层并命名为"搜索条"，然后绘制搜索框并填充为白色。在左边输入文字"站内搜索"，并置入"搜索.gif"图片，放到搜索条右侧，如图10-74所示。

（2）选择"椭圆选框工具"，绘制正圆选区。新建图层并重命名为"圆圈"，设置前景色为♯FF9F1B，按Alt＋Delete组合键填充前景色。选择"选择"|"修改"|"收缩"命令，设置收缩量为2像素。按Delete键删除选区内容。

（3）复制出两个"圆圈"图层，水平布局好，然后输入文字，效果如图10-75所示。

图 10-74　加入搜索条

图 10-75　搜索栏效果

4. 绘制左侧栏目

（1）选择"圆角矩形工具"，使用"形状"模式，将半径设置为10像素，设置前景色为♯B5D3A5，绘制一个560×565像素的矩形路径，然后栅格化图层，重命名为"左栏底色"。

（2）更改前景色为♯73AA63，绘制一个265×180像素的矩形路径，然后栅格化图层，重命名为"专题栏底色"。

（3）更改前景色为♯5A8A52，绘制一个265×30像素的矩形路径，然后栅格化图层，重命名为"标题底色"。

（4）选择"专题栏底色"和"标题底色"图层，按 Ctrl＋E 组合键合并图层。复制合并后的图层，重命名为"教程底色"，然后水平右移，效果如图 10-76 所示。

图 10-76　左侧栏目效果

专家点拨：准确的数据会给生成网页后的编辑工作提供方便，因而在绘制时应该进行精确绘制，这里在绘制时使用了各栏目的准确值。

（5）将素材图片"橘色圆.psd"置入网页中，重命名图层为"引导圆1"，并将图片放置好，然后按住 Alt 键拖动"橘色圆"到右侧栏目中快速复制一个橘色圆。

（6）在栏目中输入标题名称和文章列表，效果如图 10-77 所示。

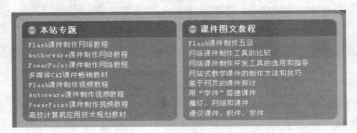

图 10-77　专题栏和教程栏效果

（7）原创图书栏和中间信息栏的绘制与前面的操作大致相同，此处不再赘述。绘制完成后的效果如图 10-78 和图 10-79 所示。

图 10-78　原创图书栏效果

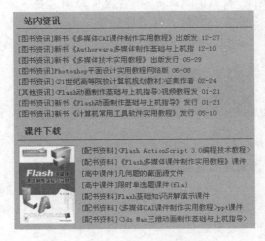

图 10-79　中间信息栏效果

5. 绘制右侧栏目

（1）选择"自定形状工具"，追加"台词框"形状组，然后选取"会话3"形状，将前景色设置为白色，绘制路径，如图10-80所示。

（2）选择"删除锚点工具"，删除下面的锚点。展开"路径"面板，单击"将路径作为选区载入"按钮，然后选择"选择"|"修改"|"收缩"命令，设置收缩量为4像素。

（3）新建图层，重命名为"公告底色"。设置前景色为♯B5D3A5，按Alt＋Delete组合键填充前景色，然后添加文字，公告栏的效果如图10-81所示。

图10-80 绘制路径

图10-81 公告栏效果

（4）打开素材图片"小草.psd"，将图形拖到网页作品的"公告底色"图层的下方，效果如图10-82所示。

图10-82 加入小草后的效果

（5）右侧下部内容的制作与左侧类似。

6. 绘制底部栏目并整理图层

（1）网站底部的"友情链接"的绘制比较简单，大家可以自己尝试绘制，完成后添加文字和网站信息，效果如图10-83所示。

图10-83 网站底部效果

（2）打开"图层"面板，单击"创建新组"按钮添加图层组，然后按布局对图层组重命名，并将图层分门别类地拖入各个图层组，如图10-84所示。

专家点拨：在创建图层组的过程中，整理图层的工作可以在设计网页时边创作边完成。通过整理图层，"图层"面板变得整齐有序，便于编辑和修改。

10.4.2 创建切片

切片是将Photoshop的整张大图分割成多个较小的图

图10-84 整理后的"图层"面板

片，然后在网页中通过表格形式重新将小图片拼接成完整的图像，这是将 Photoshop 设计制作的网页图片转化成真正网页的重要步骤。

将图像切片至少有 3 个优点：

一是优化。由于网速的限制，网页元素在确保图像快速下载的同时要尽可能保证质量。切片可以使用最适合的文件格式和压缩设置来优化每个独立切片。

二是创建链接。在切片制作好后可以对不同的切片制作不同的链接。

三是可以更新网页的某些部分。使用切片可以轻松地更新网页中经常更改的部分，例如当前日期、最新公告等，利用切片可以快速更改局部内容而不用更换整个网页。

1. 网页头部的切片

（1）打开 10.4.1 节制作的"网页制作.psd"文件，将画布放大到 150%，创建 5 条水平参考线，如图 10-85 所示。

图 10-85　网页头部的水平参考线

专家点拨：创建参考线可以使图片的切割更加准确，最大程度地避免切片交叉。创建参考线的原则有两个，一是将内容等分分割，二是将纯色等分分出。

（2）创建 11 条垂直参考线，如图 10-86 所示，注意左边第一条参考线的位置刚好错过圆角。

图 10-86　网页头部的垂直参考线

（3）在工具箱中选择"切片工具"，从第一条水平参考线左起点开始拖动选取框至第 5 条水平参考线右侧结束，这样切出 3 个切片，如图 10-87 所示。

图 10-87　对网站头部切片

专家点拨：在切片时一般是先上后下，先左后右，先切大块再分割成小块。在切割图片时难免会有 1～2 像素的误差，因此在切割后要放大画布，查看切片的边线，及时调整大小。

（4）网页头部其他部分的切片主要有 Logo、标签栏、导航栏和位置时间信息区，完成后如图 10-88 所示。

图 10-88　网页头部的切片

2. 网页中下部左侧栏的切片

（1）网页左侧栏目的切片比较简单，值得注意的是圆角必须要单独切割出来，如图 10-89
和图 10-90 所示，其中的小切片都是需要处理的矩形圆角。

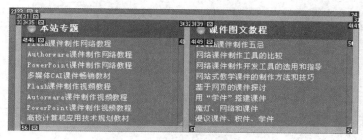

图 10-89　左侧栏上部切片

图 10-90　左侧栏下部切片

（2）网页右侧和底部的切片方法与上面完全相似，此处不再赘述，切片完成后网页效果
如图 10-91 所示。

10.4.3　优化切片并导出 HTML 文件

（1）选择"文件"|"导出"|"存储为 Web 所用格式（旧版）"命令，弹出"存储为 Web 所用
格式"对话框，在视图下方的注释区中可以看到优化信息，包括当前切片的大小、预计下载
时间。

图 10-91　网页切片效果

（2）在"存储为 Web 所用格式"对话框中的视图区内选中所有切片。

（3）在右侧的"预设"项中设置优化的文件格式,选择为 JPEG。如果选中"优化"复选框,可以最大限度地压缩文件。

（4）"品质"设置得越高,图像质量越好,文件也就越大,这里设置为"60",这也是网页中通常所用的设置。

（5）这里不选中"连续"复选框,否则会使图片在 Web 浏览器中以渐进方式显示,与"优化"是相矛盾的。其他参数不用设置,如图 10-92 所示。

（6）切换到"双联"选项卡,选择左侧的"抓手工具"移动右联图片,使用"切片选择工具"来选择切片。然后对比上、下图片的差别,如果感觉清晰度下降,可以使用"切片选择工具"来选择切片,单独提高某切片的品质。在图片窗口中右击可以选择图片的显示比例和网速。

（7）如果用户对优化结果满意,单击"存储"按钮,在弹出的"将优化结果存储为"对话框中选择保存路径,并输入文件名 hkdsy,将保存类型选择为"HTML 和图像",单击"保存"按钮。

（8）打开保存网页的路径,可以看到一个名为 images 的文件夹和一个名为 hkdsy.html 的网页文件。所有切片都以 JPEG 图片方式保存到了 images 文件夹中,其中"分割符.gif"图片是程序自动生成的,用于确定行、列切片在网页中的占位,不影响网页效果。

专家点拨:为了生成规范的网页,这里的路径和文件名要用英文字母。网页制作要求涉及路径和文件名的地方都用英文。

（9）双击网页文件 hkdsy.html 就可以在 IE 浏览器中浏览网页。

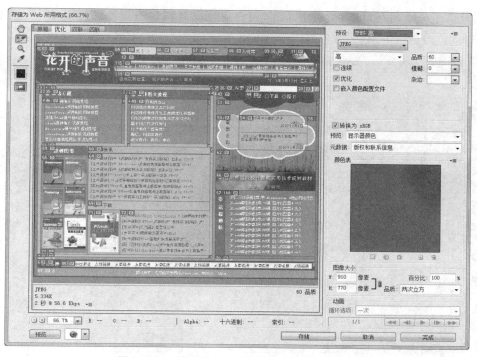

图 10-92 "存储为 Web 所用格式"对话框设置

10.4.4 在 Dreamweaver 中编辑网页

（1）打开 Dreamweaver，选择"文件"|"打开"命令，在弹出的"打开"对话框中选择 10.4.3 节导出的 hkdsy.html 文件。

（2）在打开的文件窗口中可以看出，在 Photoshop 中编辑好的网页在 Dreamweaver 中得到了完美的支持，切片生成了表格，如图 10-93 所示。

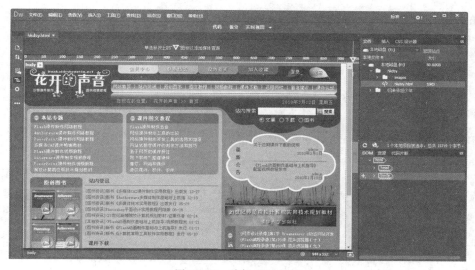

图 10-93 编辑网页文件

（3）选中整个网页，将网页居中对齐，用户还可以对网页进行各种修改，修改完成后按
F12 键在 IE 浏览器中预览，效果如图 10-94 所示。

图 10-94　预览网页

10.5　本章习题

一、选择题

1. 网站图标的格式是（　　）。

　　A. gif　　　　　　　　B. jpg　　　　　　　　C. ico　　　　　　　　D. psd

2. （　　）是网站的"眼睛"。

　　A. Logo　　　　　　　B. 网站图标　　　　　C. Banner　　　　　　D. 广告动画

3. 绘制不规则路径一般使用（　　）工具。

　　A. 铅笔　　　　　　　B. 钢笔　　　　　　　C. 笔刷　　　　　　　D. 矩形

4. （　　）是一组按钮的集合，它提供了到网站不同栏目的链接。

　　A. 导航条　　　　　　B. Logo　　　　　　　C. 网站图标　　　　　D. 标题栏

5. 在 Dreamweaver 中，将网页编辑好后如果想在浏览器中预览网页效果，可以按（　　）键。

　　A. F5　　　　　　　　B. F6　　　　　　　　C. F10　　　　　　　　D. F12

二、填空题

1. _____是一个网站的标志性图片，它的英文名称叫 Favicon。

2. 网站图标的表现形式有 3 种。第一种是_____，第二种是_____，第三种
是_____。

3. Banner 是指网页中的_____，一般使用_____格式的动态图像文件，以达到吸
引观者注意力的目的。

4. _____是指左右与网页同宽,高度一般为 100～200 像素的图片广告,这种广告多为_____。

5. 将图像切片至少有 3 个主要优点:一是_____,二是_____,三是_____。

10.6　上机练习

练习1　绘制网站 Logo

综合使用各种绘图工具和图层样式绘制如图 10-95 所示的网站标志,可以参考以下步骤进行操作练习。

(1) 使用"椭圆工具"绘制橙色底圆。

(2) 使用"横排文字蒙版工具"制作出字母的镂空效果。

(3) 添加文字和网址。

(4) 添加图层样式。

练习2　绘制导航条

综合使用各种绘图工具绘制如图 10-96 所示的导航条,可以参考以下步骤进行操作练习。

图 10-95　网站标志

图 10-96　导航条

(1) 使用"圆角矩形工具"绘制单个按钮。

(2) 添加渐变色和描边。

(3) 复制、翻转按钮,制作不同的按钮状态图形。

练习3　制作网页 GIF 动画

综合使用各种绘图工具绘制如图 10-97 所示的网页动画,可以参考以下步骤进行操作练习。

(1) 使用绘图工具绘制窗。

(2) 用"自由变换"命令将窗修改成半开状态。

(3) 添加文字,第二页文字内容如图 10-98 所示。

图 10-97　动画画面 1

图 10-98　动画画面 2

(4) 添加帧,更改各帧中的文字内容。

练习4　设计个人主页

综合使用所学知识设计一个个人网站的主页,在操作练习时先用 Photoshop 绘制主页布局效果,然后切片导出,最后用 Dreamweaver 进行网页的编辑。

第11章

Animate动画制作基础

Animate(Flash 的升级版本)是专业的矢量网页动画制作软件。使用 Animate 可以制作 HTML5 动画,另外它制作的动画文件体积小,能边下载边播放,这样可以避免等待时间过长而关闭网页。在网站开发过程中经常使用 Animate 设计制作网页动画,网站效果更加丰富,更吸引用户的注意。

本章主要内容:

- Animate CC 的工作环境
- Animate 文档的基本操作方法
- 绘制矢量图形
- 位图和文字

11.1 Animate CC 的工作环境

Animate CC 以便捷、完美、舒适的动画编辑环境深受广大动画制作爱好者的喜爱,在制作动画之前先对工作环境进行介绍,包括一些基本的操作方法与工作环境的组织与安排。

11.1.1 工作界面简介

1. 开始页

运行 Animate CC,首先打开的是开始页,如图 11-1 所示。开始页将常用的任务集中放在一个页面中,用户可以在其中选择从哪个项目开始工作,很容易地实现从模板创建文档、新建文档和打开文档的操作。同时通过选择"学习"下的选项,用户能够方便地打开相应的帮助文档,进入具体内容的学习。

专家点拨: 如果要隐藏开始页,可以选中"不再显示"复选框,然后在弹出的对话框中单击"确定"按钮。如果要再次显示开始页,可以通过选择"编辑"|"首选参数"命令,打开"首选参数"对话框,然后在"常规"类别中单击"重置所有警告对话框"按钮。

2. 工作窗口

在开始页中选择"新建"下的 ActionScript 3.0 选项,这样就启动了 Animate CC 的工作窗口并新建一个动画文档。Animate CC"传统"工作区的工作窗口的构成如图 11-2 所示。

Animate CC 的工作窗口主要包括菜单栏、绘图工具箱、"时间轴"面板、舞台和面板组等。

窗口最上方的是菜单栏,用于显示软件的图标,设置工作区的布局。菜单栏中还包括了传统的 Windows 应用程序窗口的最大化、关闭和最小化按钮。在菜单栏的菜单中提供了几乎所有的 Animate CC 命令。

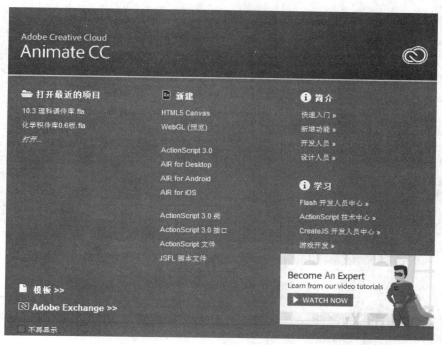

图 11-1　开始页

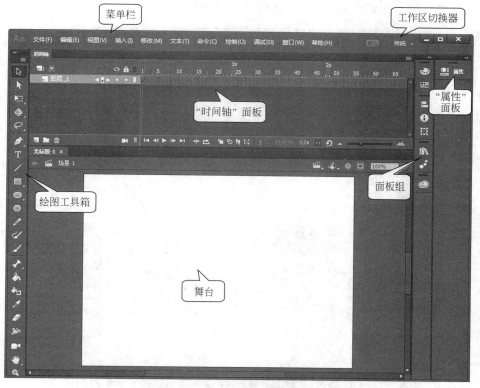

图 11-2　Animate CC 的工作窗口

　　菜单栏下方是"时间轴"面板，这是一个显示图层和帧的面板，用于控制和组织文档内容在一定时间内播放的帧数，同时可以控制动画的播放和停止，如图 11-3 所示。在"时间轴"面板中，左侧是图层，图层就像堆叠在一起的多张幻灯胶片一样，在舞台上一层层地向上叠加。如果上面的一个图层上没有内容，那么就可以透过它看到下面的图层。每一个图层上包括一些小方格，它们是 Animate 的"帧"，是制作 Animate 动画的一个关键元素。

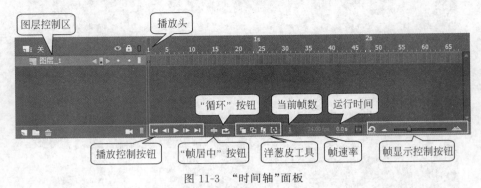

图 11-3　"时间轴"面板

　　专家点拨：在"时间轴"面板上双击"时间轴"标签，可以隐藏"时间轴"面板。隐藏后单击该标签能将"时间轴"面板重新显示。

　　"时间轴"面板下方是舞台。舞台是放置动画内容的矩形区域（默认是白色背景），这些内容可以是矢量图形、文本、按钮、导入的位图或视频等，如图 11-4 所示。

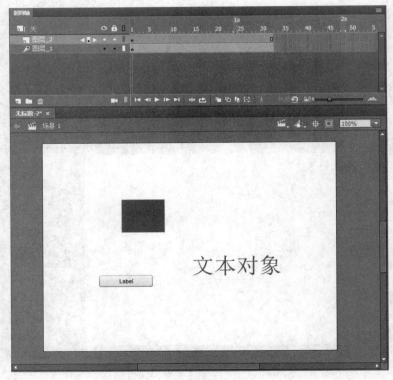

图 11-4　舞台

专家点拨：窗口中的矩形区域为舞台，在默认情况下，它的背景是白色的。将来导出的动画只显示矩形舞台区域内的对象，舞台外灰色区域内的对象不会显示出来。也就是说，动画"演员"必须在舞台上演出才能被观众看到。

在工作时根据需要可以改变舞台显示的比例大小，可以在舞台右上角的"显示比例"列表框 100% 中设置显示比例，最小比例为8%，最大比例为2000%。在"显示比例"列表框中还有3个选项，其中"符合窗口大小"选项用来自动调节到最合适的舞台比例大小；"显示帧"选项可以显示当前帧的内容；"显示全部"选项能显示整个工作区中包括舞台之外的元素。

在"显示比例"列表框的左边还有两个控制舞台显示的按钮，一个是"舞台居中"按钮，单击它可以使舞台居中显示；另一个是"剪切掉舞台范围以外的内容"按钮，单击它可以不显示舞台以外的内容。

窗口左侧是功能强大的绘图工具箱，它是Animate中最常用到的一个面板，其中包含了用于图形绘制和编辑的各种工具，使用这些工具可以绘制图形、创建文字、选择对象、填充颜色、创建3D动画等。单击绘图工具箱上的 按钮，可以将绘图工具箱折叠为图标。在绘图工具箱中某些工具的右下角有一个三角形符号，表示这里存在一个工具组，选择工具后单击该三角形符号，则会打开工具组。将鼠标指针移到打开的工具组中单击需要的工具，即可选择该工具，如图11-5所示。

在绘图工具箱中选择某工具（例如选择钢笔工具），在"属性"面板中将显示该工具的属性参数，对其属性参数进行设置，如图11-6所示。

图11-5　打开隐藏的工具组

图11-6　在"属性"面板中设置工具的属性

11.1.2　面板的操作

Animate CC加强了对面板的管理，常用的面板可以嵌入面板组中。使用面板组可以对面板的布局进行排列，包括对面板进行折叠、移动和任意组合等操作。在默认情况下，Animate CC 的面板以组的形式停放在操作界面的右侧。

在面板组中单击图标，能够展开该图标对应的面板，如图 11-7 所示。从面板组中将一个图标拖出，该图标可以放置在屏幕上的任何位置，如图 11-8 所示。

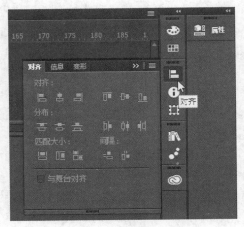

图 11-7　展开面板

图 11-8　放置面板

专家点拨：将面板标签拖曳到面板组中，松开鼠标即可将该面板放置到组中。在展开的面板中，如果需要重新排列面板，只需要将面板标签移到组中的新位置即可。

11.2　Animate 文档的基本操作方法

掌握 Animate 制作动画的工作流程以及 Animate 动画文档的基本操作方法是设计制作网页动画的基础。

11.2.1　Animate 动画的制作流程

Animate 动画制作的基本流程是准备素材→新建 Animate 文档→设置文档属性→制作动画→测试和保存动画→导出和发布动画。

1. 准备素材

根据动画内容准备一些动画素材,包括音频素材(声效、音乐等)、图像素材、视频素材等。一般情况下,需要对这些素材进行采集、编辑和整理,以满足动画制作的需求。

2. 新建 Animate 文档

Animate 文档有两种创建方法,一种是新建空白的动画文档,另一种是从模板创建动画文档。在 Animate CC 中常用的动画文档有 3 种类型,即 HTML5 Canvas 文档、WebGL(预览)文档和 ActionScript 3.0 文档。

- HTML5 Canvas 文档:选择这种文档可以创建使用 HTML5 和 JavaScript 的浏览器播放的动画素材。这是目前使用比较广泛的一种网络动画类型,可以实现动画的交互功能。
- WebGL(预览)文档:选择这种文档一般是创建纯动画素材,可以充分利用硬件图形加速功能。
- ActionScript 3.0 文档:选择这种文档可以创建在桌面浏览器的 Flash Player 中播放的动画。这是早期比较流行的动画文档类型,可以通过内置的 ActionScript 脚本语言实现动画的交互性。目前这种 SWF 格式的动画类型逐渐被现代互联网技术淘汰。

3. 设置文档属性

在开始制作动画之前,要先设置好舞台大小、舞台颜色、帧频(每秒播放的帧数)等文档属性。这些操作可以在"文档设置"对话框中进行,如图 11-9 所示。

专家点拨:用户也可以在文档的"属性"面板中进行文档属性的设置。

4. 制作动画

这是完成动画效果制作的最主要的步骤。一般情况下,需要先创建动画角色(可以用绘图工具绘制或者导入外部的素材),然后在时间轴上组织和编辑动画效果。

5. 测试和保存动画

在动画制作完成后,可以选择"控制"|"测试影片"下面的命令对动画效果进行测试,如果满意,可

图 11-9　"文档设置"对话框

以选择"文件"|"保存"命令(快捷键为 Ctrl+S)保存动画。为了安全,在动画制作过程中要经常保存文件。按 Ctrl+S 组合键可以快速保存文件。

6. 导出和发布动画

如果对制作的动画效果比较满意,可以导出或者发布动画。选择"文件"|"导出"下面的命令可以导出动画。选择"文件"|"发布"命令可以发布动画,通过发布动画可以得到更多类型的目标文件。

11.2.2　制作第一个网页动画

本节利用投影滤镜制作一个阴影文字特效范例,范例的效果如图 11-10 所示。通过这

扫一扫

视频讲解

个阴影文字特效的制作过程介绍如何新建 Animate 文档、设置文档属性、保存文件、测试动画、导出动画、发布动画、打开文件、修改文件、输入文本、设置文本的滤镜效果以及认识 Animate 所产生的文件类型等内容。

其制作步骤如下。

1. 新建动画文档和设置文档属性

（1）启动 Animate CC，出现开始页，选择"新建"下的 HTML5 Canvas 选项，这样就启动了 Animate CC 的工作窗口并新建了一个动画文档。

（2）选择"修改"|"文档"命令，打开"文档设置"对话框，在其中设置"舞台大小"为 300×200 像素，设置"舞台颜色"为浅蓝色、"帧频"为 24，其他保持默认，如图 11-11 所示。

图 11-10　范例的效果

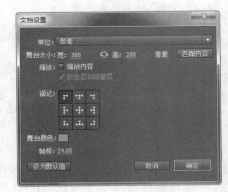

图 11-11　"文档设置"对话框

"文档设置"对话框中参数的含义如下。

- 单位：在该下拉列表中可以选择舞台尺寸的单位，包括"英寸""点""厘米""毫米""像素"等，默认单位是像素。
- 舞台大小：舞台大小最小可设置成宽 1 像素、高 1 像素，最大可设置成宽 8192 像素、高 8192 像素。用户可以单击"宽"和"高"之间的链接图标来限制舞台的比例。
- 匹配内容：单击该按钮，舞台大小将恰好容纳当前的内容。
- 缩放：选中"缩放内容"复选框，如果这时更改舞台大小，舞台内容的大小也将随之调整。
- 锚记：取消对"缩放内容"复选框的选中，则"锚记"功能可用，用户可以在九宫格中选择一种锚记。当更改舞台大小时，舞台会根据所选锚记沿相应方向进行扩展。
- 舞台颜色：设置舞台的背景颜色。单击颜色块，在弹出的调色板中选择合适的颜色即可。
- 帧频：默认是 24fps。用户可以根据需要更改这个数值，数值越大动画的播放速度越快，动画的运行更为平滑，但是相应的文档体积也会较大。对于大多数计算机显示的动画，特别是网站中播放的动画，帧频为 8fps～15fps 就足够了。
- 设为默认值：将所有设置存成默认值，这样下次再开启新的动画文档时，动画的舞台大小和背景颜色会自动调整成这次设置的值。

2. 创建文字

（1）在绘图工具箱中选择"文本工具" T 。在"属性"面板中的"字符"栏下设置"系列"

为黑体、"大小"为 45 磅、"颜色"为白色,其他属性保持默认,如图 11-12 所示。

（2）将鼠标移向舞台上单击,在出现的文本框中输入"网页制作"。

（3）在绘图工具箱中选择"选择工具",拖动文字到舞台的中央位置,效果如图 11-13 所示。

图 11-12 在"属性"面板中设置文本属性　　　　图 11-13 创建文本对象

3. 保存和测试动画

（1）选择"文件"|"保存"命令(快捷键为 Ctrl+S),弹出"另存为"对话框,指定保存的文件夹,输入文件名"第一个网页动画",单击"保存"按钮,即可将文档保存起来,文件的扩展名是.fla。

（2）选择"控制"|"测试"命令(快捷键为 Ctrl+Enter),弹出浏览器窗口,在其中可以观察到动画的效果,如图 11-14 所示。

（3）打开"资源管理器"窗口,定位到保存动画文档的文件夹,可以观察到 3 个文件,如图 11-15 所示。第一个是动画文档源文件(扩展名是.fla),也就是第(1)步保存的文件;第二个是 HTML5 文件(扩展名是.html);第三个是 JavaScript 文件(扩展名是.js)。后面两个文件是第(2)步测试动画时自动产生的文件。直接双击 HTML5 文件可以在浏览器中播放动画。

图 11-14 测试动画　　　　　　　　　图 11-15 文档类型

专家点拨：如果开始创建的是 ActionScript 3.0 文档，则测试动画后可以得到两个文件，一个是 FLA 动画源文件，另一个是 SWF 动画播放文件。双击 SWF 文件可以在 Flash Player 中播放动画效果。

4. 关闭和打开动画文档

（1）单击文档窗口左上角的关闭按钮，可以关闭动画文档，如图 11-16 所示。

图 11-16　关闭动画文档

（2）在开始页的"打开最近的项目"下单击"第一个网页动画.fla"文件，即可重新打开动画文档。

专家点拨：如果在开始页的"打开最近的项目"下找不到需要打开的文件，可以单击"打开"按钮，弹出"打开"对话框，在"查找范围"中定位到要打开动画文件所在的文件夹，选择要打开的动画源文件（扩展名为.fla），单击"打开"按钮。

（3）单击舞台上的文本对象，然后展开"属性"面板，在"文本类型"下拉列表中选择"动态文本"；在"滤镜"栏中单击"添加滤镜"按钮 ，在弹出的菜单中选择"投影"滤镜，此时舞台上的文本对象产生了滤镜效果，如图 11-17 所示。

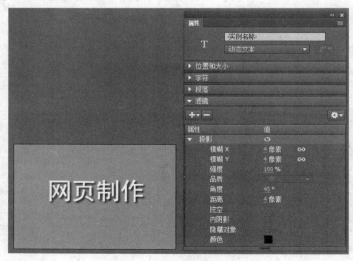

图 11-17　设置滤镜效果

（4）按 Ctrl＋S 组合键保存文件。按 Ctrl＋Enter 组合键测试动画效果，得到一个具有阴影效果的文字特效。当对动画文档中的内容进行了修改，按 Ctrl＋Enter 组合键测试动画效果时，系统自动生成的 HTML 文件和 JS 文件会覆盖原来的同名文件。

5. 导出动画

选择"文件"|"导出"命令，会弹出级联菜单，在其中可以选择更多的导出格式，如图 11-18 所示。

图 11-18　导出动画

6. 发布动画

选择"文件"|"发布设置"命令，弹出"发布设置"对话框，在其中可以进行详细的设置，以满足最终发布的要求，如图 11-19 所示。设置完成后单击"发布"按钮，即可发布动画。

图 11-19　发布动画

11.3　绘制矢量图形

图形是制作 Animate 动画的基础，要想创作出专业的 Animate 动画作品，必须先掌握图形的绘制方法。Animate 提供了很多实用的矢量绘图工具，这些工具功能强大而且使用简单,对于 Animate 入门者来说,不需要太多的绘图专业技能就能绘制出既美观又专业的图形。

11.3.1 绘制线条

线条是最简单的图形,很多图形都是由线条构成的。本节主要介绍线条的基本绘制方法、快速套用线条属性、用选择工具改变线条属性、线条的端点设置和线条的接合等内容。

1. 线条工具

线条工具是绘制各种直线最常用的工具,它的使用非常广泛。下面首先绘制一条直线。

（1）选择"线条工具" 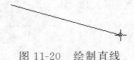,移动鼠标指针到舞台上,这时鼠标指针变成了十字形状。按住鼠标左键并拖动,到合适的位置松开鼠标左键,一条直线就绘制好了,如图 11-20 所示。

图 11-20　绘制直线

（2）选择"线条工具"后,打开"属性"面板,在"填充和笔触"栏中可以设置线条的颜色、笔触和样式等,从而绘制出风格各异的线条,如图 11-21 所示。

（3）在"属性"面板中单击"笔触颜色"按钮 ,会弹出一个调色板,此时鼠标指针变成滴管形状。用滴管直接拾取颜色或者在文本框中输入颜色的十六进制数值,可以完成线条颜色的设置,如图 11-22 所示。

图 11-21　"属性"面板

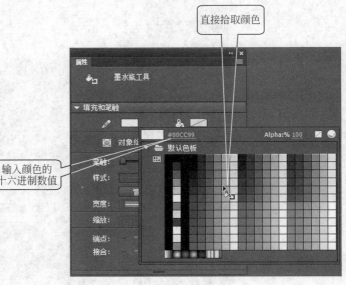

图 11-22　笔触调色板

（4）在"属性"面板中,单击"笔触"右边的按钮并拖动,或者直接在文本框中输入数字,可以设置线条的笔触高度。

（5）在"属性"面板中,单击"样式"右边的按钮会弹出一个下拉菜单,如图 11-23 所示。在其中可以选择线条的笔触样式。

专家点拨:在使用线条工具绘制直线时,按住 Shift 键拖动,可以将线条的角度限制为 45°的倍数,可方便地绘制出水平、垂直等方向上的直线,同时便于绘制线条间成直角关系的

图形。按住 Alt 键拖动,可以从拖动点中心向两边绘制直线。

2．自定义笔触样式

（1）选择"线条工具"后,在"属性"面板中单击"样式"右边的"编辑笔触样式"按钮 打开"笔触样式"对话框,根据需要在其中进行相应的设置,如图 11-24 所示。设置完成后单击"确定"按钮,然后在舞台上拖动即可绘制自定义笔触样式的线条。图 11-25 所示为绘制的各种样式的线条效果。

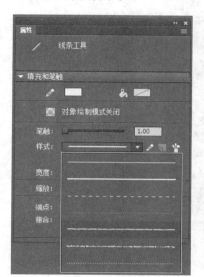

图 11-23　设置笔触样式

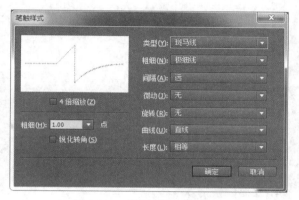

图 11-24　"笔触样式"对话框

（2）选择"线条工具"后,在"属性"面板中单击"样式"右边的"画笔库"按钮 打开"画笔库"对话框,在其中可以选择各种各样的画笔,如图 11-26 所示。双击某一个画笔即可将其添加到"笔触样式"下拉列表中。

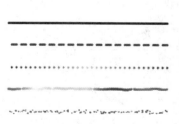

图 11-25　各种样式的线条

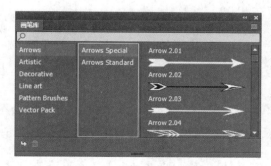

图 11-26　"画笔库"对话框

专家点拨:对于初学者来说,在"笔触样式"对话框中多试着改变线条的各项参数,将对各种线条的理解和绘图能力的提高有很大的帮助。

3．快速套用线条属性

使用"滴管工具" 和"墨水瓶工具" 可以很快地将任意线条的属性套用到其他的线条上。其具体操作步骤如下。

（1）用"滴管工具"单击要套用属性的线条,查看"属性"面板,其显示的就是该线条的属性,此时所选工具自动变成了"墨水瓶工具"。

（2）使用"墨水瓶工具"单击其他线条,可以看到被单击线条的属性变成了第一个线条的属性,如图 11-27 所示。

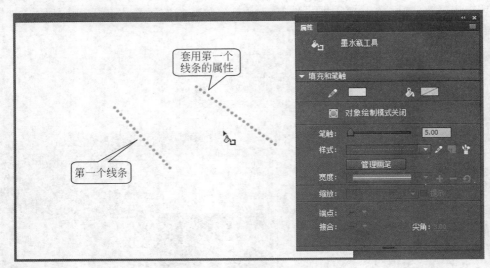

图 11-27 快速套用线条属性

4. 改变线条形状

"选择工具" 主要用于选择对象、移动对象和改变对象轮廓。如果需要更改线条的方向和长短,可以用"选择工具"来实现。

（1）更改线条的方向和长短。在绘图工具箱中选择"选择工具",然后移动鼠标指针到线条的端点处,当鼠标指针右下角出现直角标志后,拖动鼠标即可改变线条的方向和长短,如图 11-28 所示。

（2）更改线条的轮廓。将鼠标指针移到线条上,当鼠标指针右下角出现弧线标志后,拖动鼠标即可改变线条的轮廓,可以使直线变成各种形状的弧线,如图 11-29 所示。

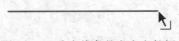

图 11-28 改变线条的方向和长短

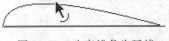

图 11-29 改变线条为弧线

5. 线条的端点和接合

在"属性"面板中还可以设置线条的端点和接合,如图 11-30 所示。这样可以绘制出更加丰富的线条类型。

图 11-30 设置线条的端点和接合

11.3.2 绘制简单图形

使用矩形工具组、椭圆工具组和多角星形工具可以绘制一些简单图形。矩形工具组中包括矩形工具和基本矩形工具,椭圆工具组中包括椭圆工具和基本椭圆工具。

1. 矩形工具组

1) 矩形工具

使用矩形工具可以绘制矩形、圆角矩形、正方形等基本图形。在绘图工具箱中选择"矩形工具" 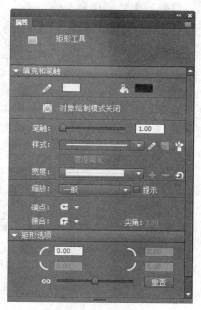,展开"属性"面板,在其中可以设置矩形的颜色、笔触、样式、宽度、边角半径等属性,如图 11-31 所示。

"填充和笔触"栏中各个选项的含义和线条工具"属性"面板中的相同,这里不再赘述。"矩形选项"栏中各个选项的含义如下。

- "矩形边角半径"文本框:包括 4 个文本框,用于指定矩形的角半径。用户可以在文本框中输入内径的数值,或单击滑块相应地调整半径的大小。如果输入负值,则创建的是反半径。另外,用户还可以取消选择锁定角半径的图标,然后分别调整每个角半径。
- "重置"按钮:单击该按钮,可以将矩形边角半径重置为 0。

根据需要将矩形工具的属性设置完成以后,在舞台上拖动鼠标即可绘制出一个矩形。绘制的各种矩形如图 11-32 所示。

图 11-31 设置矩形的属性

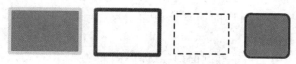

图 11-32 各种矩形

专家点拨:在绘制矩形时如果按住 Shift 键拖动鼠标,那么可以绘制出正方形。

如果想精确地绘制矩形,可以在选择"矩形工具"后按住 Alt 键在舞台上单击,此时会弹出"矩形设置"对话框,如图 11-33 所示,在其中可以以像素为单位精确地设置矩形的宽、高和边角半径的数值。

在默认情况下,用矩形工具绘制的是形状,用选择工具可以对矩形进行选择。单击矩形的某个边框可以选中这个边框;双击矩形的任意一个边框可以选中全部矩形边框;单击矩形填充可以选中填充形状;双击填充可以选中整个矩形(包括整个边框和填充)。

2) 基本矩形工具

使用基本矩形工具绘制出来的是一种叫作"图元"的对象,这种对象不同于一般的形状。在绘图工具箱中选择"基本矩形工具" ,在舞台上拖动鼠标即可绘制出"图元"矩形。用

"选择工具"单击"图元"矩形，会出现一个矩形线框，上面有 8 个控制点，拖动控制点可以改变矩形的边角半径。另外，在"属性"面板中可以对"图元"矩形的各种属性重新进行设置，这样可以得到各种各样的图形，如图 11-34 所示。

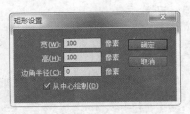

图 11-33　"矩形设置"对话框

图 11-34　用基本矩形工具绘制的各种"图元"图形

专家点拨：在用基本矩形工具绘制"图元"矩形时，要想更改矩形的边角半径，可按向上箭头键或向下箭头键。当圆角达到所需圆度时松开鼠标按键即可。

扫一扫

视频讲解

2. 椭圆工具组

1）椭圆工具

使用椭圆工具可以绘制椭圆、圆、扇形、圆环等基本图形。在绘图工具箱中选择"椭圆工具" ，展开"属性"面板，在其中可以设置椭圆的颜色、笔触、样式、宽度、开始角度、结束角度、内径等属性，如图 11-35 所示。

"填充和笔触"栏中各个选项的含义和线条工具"属性"面板中的相同，这里不再赘述。"椭圆选项"栏中各个选项的含义如下。

图 11-35　设置椭圆的属性

- "开始角度"文本框和"结束角度"文本框：用于指定椭圆的开始点和结束点的角度。使用这两个文本框可以轻松地将椭圆和圆形的形状修改为扇形、半圆形及其他有创意的形状。
- "内径"文本框：用于指定椭圆的内径（即内侧椭圆）。用户可以在该文本框中输入内径的数值，或单击滑块相应地调整内径的大小。允许输入的内径数值的范围为 0～99，表示删除的椭圆填充的百分比。
- "闭合路径"复选框：用于指定椭圆的路径（如果指定了内径，则有多个路径）是否闭合。如果指定了一条开放路径，但未对生成的形状应用任何填充，则仅绘制笔触。在默认情况下该复选框处于选中状态。
- "重置"按钮：将重置"开始角度""结束角度"和"内径"的值为 0。

根据需要将椭圆工具的属性设置完成以后，在舞台上拖动鼠标即可绘制出需要的图形。绘制的各种图形如图 11-36 所示。

专家点拨：在绘制椭圆时，如果按住 Shift 键拖动鼠标，可以绘制出圆形。

如果想精确地绘制椭圆，可以在选择"椭圆工具"后按住 Alt 键在舞台上单击，此时会弹出"椭圆设置"对话框，如图 11-37 所示，在其中可以以像素为单位精确地设置椭圆的宽、高的数值。

图 11-36　用椭圆工具绘制的各种图形

专家点拨：在默认情况下，用椭圆工具绘制的也是形状。在用"选择工具"选择用椭圆工具绘制的图形时，情况与选择矩形一样，这里不再赘述。

2）基本椭圆工具

使用"基本椭圆工具"可以绘制出和用"椭圆工具"绘制的一样的图形，包括椭圆、圆、圆弧、圆环等，但是用基本椭圆工具绘制的不是形状，而是"图元"对象。在绘图工具箱中选择"基本椭圆工具" ，在舞台上拖动鼠标即可绘制出"图元"椭圆。用"选择工具"单击"图元"椭圆，会出现一个矩形线框，上面有两个控制点，拖动控制点可以改变椭圆的开始角度、结束角度、内径等属性，这样可以得到各种各样的图形，如图 11-38 所示。另外，在"属性"面板中可以对选中的"图元"椭圆的各种属性重新进行设置。

图 11-37　"椭圆设置"对话框

图 11-38　用基本椭圆工具绘制的各种"图元"图形

3. 多角星形工具

"多角星形工具"是一个复合工具，用户可以使用它绘制规则的多边形和星形。在绘图工具箱中选择"多角星形工具" ⬡，展开"属性"面板，在其中可以设置多边形或星形的颜色、笔触、样式等属性，如图 11-39 所示。

单击"属性"面板中的"选项"按钮，将弹出"工具设置"对话框，如图 11-40 所示。在"样式"下拉列表中可以选择"多边形"或"星形"，在"边数"文本框中输入一个3～33 的数字。根据需要设置为多边形后，在舞台上拖动鼠标即可绘制出一个多边形。绘制的各种多边形如图 11-41 所示。

当选择"样式"为"星形"时，"星形顶点大小"决定了顶点的深度，介于 0 到 1 之间，数字越接近 0，创建的顶点就越细小。设置完成后同样可以绘制出各种星形，如图 11-42 所示。

图 11-39　设置多边形的属性

专家点拨：在绘制多边形时，星形顶点的大小不影响绘制的形状，应保持数值不变。

图 11-40　"工具设置"对话框

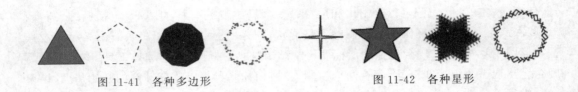

图 11-41　各种多边形　　　　　　　图 11-42　各种星形

11.3.3　设计图形色彩

丰富的色彩是建构动画必不可少的元素。在设计图形色彩时，主要使用墨水瓶工具、颜料桶工具、渐变变形工具和"颜色"面板进行操作。

1. 颜料桶工具

"颜料桶工具"可以使用纯色、渐变色和位图对闭合的轮廓进行填充。在绘图工具箱中选择"颜料桶工具" 🖌️，展开"属性"面板，在其中可以设置填充颜色属性。另外，选择"颜料桶工具"后，在绘图工具箱下方的选项栏里出现了"颜料桶工具"的两个属性设置按钮——"间隔大小"按钮 ⭕ 和"锁定填充"按钮 🖼️。

图 11-43　"间隔大小"下拉列表

- "间隔大小"按钮：单击这个按钮，打开下拉列表，如图 11-43 所示。其中包括"不封闭空隙""封闭小空隙""封闭中等空隙""封闭大空隙"4 个填充时闭合间隔大小的选项。如果要填充颜色的轮廓有一定的空隙，那么可以在这个"间隔大小"下拉列表中选择一个合适的选项，以完成颜色的填充。但是有时候因为轮廓的缝隙太大，选择"封闭大空隙"选项也不能完成轮廓的颜色填充。
- "锁定填充"按钮：选中它可以对舞台上的图形进行相同颜色的填充。一般情况下，在进行渐变色填充时，这个按钮十分有用。

专家点拨：使用颜料桶工具为图形填充渐变色时单击可以确定新的渐变起始点，然后向另一个方向拖动可以快速更改渐变填充效果。

2. "颜色"面板

使用"颜色"面板可以方便地对线条和形状的填充颜色进行创建编辑。在默认情况下，"颜色"面板停驻在面板区，双击面板的标题栏能折叠或打开该面板。如果面板区中没有"颜色"面板，可以选择"窗口"|"颜色"命令或按 Ctrl＋Shift＋F9 组合键将其打开，如图 11-44 所示。

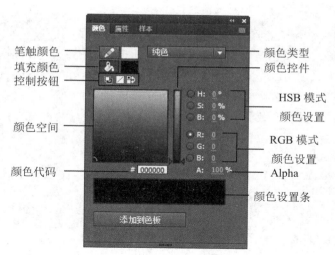

图 11-44　"颜色"面板

- "笔触颜色"按钮：单击 ✎ 按钮，切换到笔触颜色。单击后面的色块按钮弹出调色板，在其中可以设置图形的笔触颜色。

- "填充颜色"按钮：单击 ⬧ 按钮，切换到填充颜色。单击后面的色块按钮弹出调色板，在其中可以设置图形的填充颜色。

- 控制按钮：包括 3 个按钮，即"黑白"按钮、"无色"按钮和"交换颜色"按钮。单击"黑白"按钮，可以设置"笔触颜色"为黑色、"填充颜色"为白色。单击"无色"按钮，可以设置"笔触颜色"为无色或者"填充颜色"为无色。单击"交换颜色"按钮，可以让"笔触颜色"和"填充颜色"的设置颜色互相交换。

- "颜色类型"下拉列表框：在这个下拉列表框中可以选择填充的类型，包括纯色、线性渐变、径向渐变和位图填充 4 种填充类型。

- HSB 模式颜色设置：可以分别设置颜色的色相、饱和度和亮度。

- RGB 模式颜色设置：可以用 RGB 模式分别设置红、绿和蓝的颜色值。在相应的文本框中可以直接输入颜色值进行颜色设置。

- 颜色空间：单击鼠标，可以选择颜色。

- 颜色控件：在 HSB 模式或者 RGB 模式中单击某个单选按钮后，这个颜色控件会随之发生变化，用鼠标可以操作这个颜色控件从而改变颜色设置。

- Alpha 文本框：设置颜色的透明度，范围是 0～100％，0％为完全透明，100％为完全不透明。

- "颜色代码"文本框：这个文本框中显示以"♯"开头的十六进制模式的颜色代码，可以直接在这个文本框中输入颜色值。

- 颜色设置条：当用户选择填充类型为纯色时，这里显示所设置的纯色。当用户选择填充类型为渐变色时，这里可以显示和编辑渐变色。

- "添加到色板"按钮：单击这个按钮可以将选中的颜色添加到调色板中。

3．渐变色

渐变色有两种，即线性渐变和径向渐变。它们都可以在"颜色"面板中进行设置。

1）线性渐变

"线性渐变"用来创建从起点到终点沿直线变化的颜色渐变，展开"颜色"面板，在"颜色类型"下拉列表框中选择"线性渐变"选项，如图11-45所示。

这里"流"用来控制超出渐变范围的颜色布局模式，它有扩展颜色（默认模式）、反射颜色和重复颜色3种模式。"扩展颜色"是指把纯色应用到渐变范围外；"反射颜色"是指将线性渐变色反向应用到渐变范围外；"重复颜色"是指把线性渐变色重复应用到渐变范围外。图11-46所示为3种模式的区别。

专家点拨：如果创建的是HTML5 Canvas文档，那么"颜色"面板中的"流"只有第一个"扩展颜色"选项可用，其他两个选项不可用。

图11-45　设置线性渐变

扩展颜色　　反射颜色　　重复颜色

图11-46　"流"选项的不同效果

在默认情况下，"颜色"面板下方的颜色设置条上有两个渐变色块，左边的表示渐变的起始色，右边的表示渐变的终止色。单击颜色设置条或颜色设置条的下方可以添加渐变色块。Animate最多可以添加15个渐变色块，从而创建多达15种颜色的渐变效果。

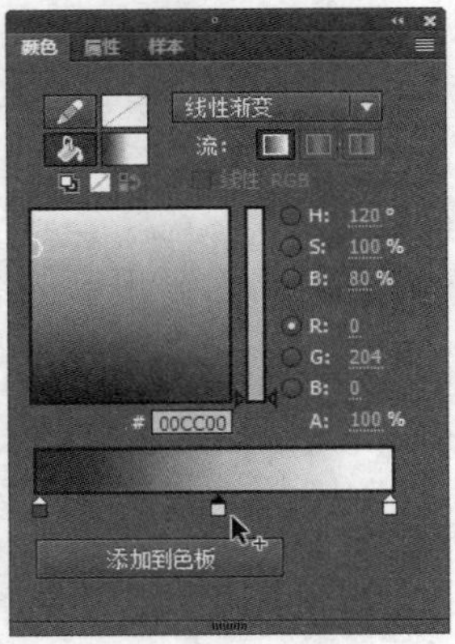

下面通过实际操作介绍一下线性渐变填充的应用。

（1）选择"矩形工具"，展开"颜色"面板，首先单击选中"笔触颜色"按钮，单击"颜色类型"后面的小三角按钮，弹出下拉列表，在其中选择"无"。然后单击选中"填充颜色"按钮，单击"颜色类型"后面的小三角按钮，弹出下拉列表，在其中选择"线性渐变"。

（2）双击颜色设置条左边的色块，在弹出的调色板中选择蓝色。双击右边的色块，在弹出的调色板中选择黄色。

（3）单击颜色设置条的中间区域，增加一个渐变色块，设置这个色块的颜色为绿色，如图11-47所示。

图11-47　设置渐变色

（4）在舞台上拖动鼠标绘制一个矩形，沿直线进行线性渐变的图形就绘制完成了，如图11-48所示。

图11-48　绘制线性渐变填充的矩形

2）径向渐变

"径向渐变"可以创建一个从中心焦点出发沿环形轨道混合的渐变。展开"颜色"面板，在"颜色类型"下拉列表中选择"径向渐变"选项，如图 11-49 所示。选择不同的"流"选项，效果如图 11-50 所示。

图 11-49　选择径向渐变

扩展颜色　　　反射颜色　　　重复颜色

图 11-50　"流"选项的不同效果

径向渐变的颜色设置条上默认有两个渐变色块，左边的色块表示渐变中心的颜色，右边的色块表示渐变的边沿色。下面通过实际操作介绍一下径向渐变填充的应用。

（1）选择"椭圆工具"，打开"颜色"面板，首先单击选中"笔触颜色"按钮，单击"颜色类型"后面的小三角按钮，弹出下拉列表，在其中选择"无"。然后单击选中"填充颜色"按钮，单击"颜色类型"后面的小三角按钮，弹出下拉列表，在其中选择"径向渐变"。

（2）单击颜色设置条左边的色块，在弹出的调色板中选择蓝色，然后用同样的方法设置右边色块的颜色为黑色，如图 11-51 所示。

（3）按住 Shift 键拖动鼠标在舞台上绘制一个圆形，径向渐变的图形就绘制完成了，如图 11-52 所示。

图 11-51　设置渐变色

图 11-52　绘制径向渐变填充的圆形

专家点拨：在"颜色"面板中设置好径向渐变填充色后，在绘制图形时默认的径向渐变色的中心点在图形中心。如果使用"颜料桶工具"给图形填充颜色，那么单击图形的任意位置就会将径向渐变色的中心点改变到该位置。

4. 渐变变形工具

"渐变变形工具"通过调整填充颜色的大小、方向或者中心，可以使渐变填充或位图填充变形。在绘图工具箱中单击"任意变形工具"，在下拉列表中选择"渐变变形工具" 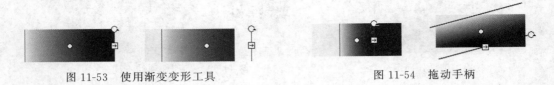，单击舞台上绘制好的线性渐变图形，线性渐变上面会出现两条竖向平行的直线，其中一条上有方形和圆形的手柄，如图 11-53 所示。

平行线代表渐变的范围，拖动中心圆点手柄可以改变渐变的位置，拖动方形手柄可以改变渐变的范围大小，拖动圆形手柄可以旋转渐变色的方向。图 11-54 所示为拖动不同手柄时的效果图。

图 11-53　使用渐变变形工具　　　　　　图 11-54　拖动手柄

在绘制好径向渐变的图形后，选择"渐变变形工具"，单击径向渐变的图形，出现一个带有若干编辑手柄的环形边框，如图 11-55 所示。

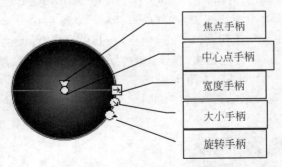

图 11-55　径向渐变填充变形手柄

边框中心的小圆圈是填充色的"中心点"，边框中心的小三角是"焦点"。边框上有 3 个编辑手柄，分别是大小手柄、旋转手柄和宽度手柄，在将鼠标指针移到手柄上时指针的形状会发生变化。

- 中心点手柄可以更改渐变的中心点。在将鼠标指针移到它上面时会变成一个四向箭头。
- 焦点手柄可以改变径向渐变的焦点。在将鼠标指针移到它上面时会变成倒三角形。
- 大小手柄可以调整渐变的大小。在将鼠标指针移到它上面时会变成内部有一个箭头的圆。
- 旋转手柄可以调整渐变的旋转。在将鼠标指针移到它上面时会变成 4 个圆形箭头。
- 宽度手柄可以调整渐变的宽度。在将鼠标指针移到它上面时会变成一个双头箭头。

尝试拖动不同的手柄，效果如图 11-56 所示。

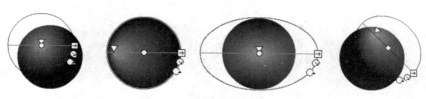

图 11-56 更改后的径向渐变

11.3.4 绘制复杂图形

前面运用线条、矩形、椭圆等工具绘制了比较规则的形状,如果要绘制复杂的不规则图形,就要用到功能强大的钢笔、铅笔、画笔等绘图工具,以及部分选取工具和橡皮擦工具等这些辅助工具。

1. 钢笔工具

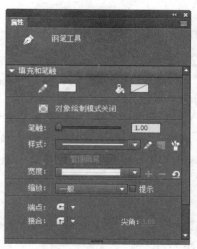

Animate 的钢笔工具组中包括钢笔工具、添加锚点工具、删除锚点工具和转换锚点工具 4种,钢笔工具用来绘制任意直线、折线或曲线。选择"钢笔工具",展开"属性"面板,可以设置颜色、笔触、样式、宽度等属性,如图 11-57 所示。

1)用钢笔工具绘制直线

在舞台上单击鼠标,会出现一个小圆圈,它就是锚点。移动鼠标指针到另一位置单击,出现一个新锚点,两个锚点之间出现一条直线路径,不断拖动鼠标指针单击,就能绘制出非常复杂的直线路径。如果要结束开放路径的绘制,双击最后一个锚点即可。如果要闭合路径,将"钢笔工具"放置到第一个锚点上,如果定位准确,就会在靠近钢笔尖的地方出现一个小圆圈。单击或拖动可以闭合路径。使用"选择工具"就能看到绘制的路径是线条。绘制过程如图 11-58 所示。

图 11-57 钢笔工具的属性设置

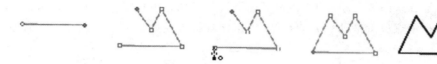

图 11-58 绘制的直线路径

专家点拨:锚点是钢笔工具绘制路径的构造点,它决定了线条的方向、形状和大小。

2)添加和删除锚点

选择绘图工具箱中的"添加锚点工具",鼠标指针变为带"＋"号的钢笔尖,单击需要添加锚点的位置就可以增加一个锚点,如图 11-59 所示。

选择绘图工具箱中的"删除锚点工具",鼠标指针变为带"－"号的钢笔尖,单击锚点可以删除锚点,如图 11-60 所示。

图 11-59　添加锚点

图 11-60　删除锚点

3) 用钢笔工具绘制曲线

使用钢笔工具还可以绘制平滑的曲线,下面实际操作一下。

(1) 选择绘图工具箱中的"钢笔工具",在舞台上单击创建第一个锚点。

(2) 将鼠标指针移到新位置,向右拖动,直线路径变成了曲线。

(3) 松开鼠标左键,到新位置继续绘制曲线,绘制过程如图 11-61 所示。

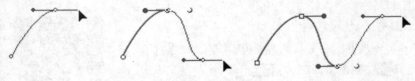
图 11-61　使用钢笔工具绘制曲线

专家点拨:在使用"钢笔工具"绘制曲线时,以锚点为中心生成的线段叫作切线手柄。拖动该手柄,可以调整曲线的方向和形状。另外,在用"钢笔工具"绘制曲线时尽量用更少的锚点来完成曲线的绘制,因为太多的锚点会影响系统显示曲线的速度并且不利于对曲线的编辑。

4) 调整路径上的锚点

在使用钢笔工具绘制曲线时会创建曲线点,即连续的弯曲路径上的锚点;在绘制直线段或连接到曲线段的直线时会创建转角点,即在直线路径上或直线和曲线路径接合处的锚点。默认情况下,选定的曲线点显示为空心圆圈,选定的转角点显示为空心正方形。

若要将线条中的线段从直线段转换为曲线段或者从曲线段转换为直线段,请将转角点转换为曲线点或者将曲线点转换为转角点。

(1) 用"钢笔工具"在舞台上绘制一条由直线段构成的折线。

(2) 选择绘图工具箱中的"转换锚点工具",将鼠标指针移到最下边的锚点上。

(3) 在锚点位置拖动将方向点拖出,这样就将折线变成了曲线,如图 11-62 所示。

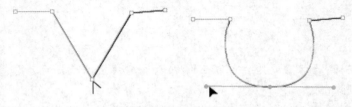
图 11-62　将折线变成曲线

(4) 这时还可以使用"转换锚点工具"自由地改变曲线的曲率、大小等。

(5) 如果想把曲线变成原来的折线,只需用"转换锚点工具"在曲线锚点上单击即可。

专家点拨：钢笔工具可以胜任复杂图形的绘制，虽然初学者在短时间内很难掌握其使用要领，但只要多加练习，一定会熟能生巧，随心所欲地绘制出任意图形。

2. 部分选取工具

使用"部分选取工具"可以精细地调整线条的形状。选择绘图工具箱中的"部分选取工具"，单击图形中的曲线，线条上会出现一个个锚点。

拖动锚点可以改变锚点的位置，在锚点上拖动切线手柄可以改变曲线的形状。图 11-63 所示为调整形状的过程。

图 11-63　使用部分选取工具调整形状

选择绘制的折线，拖动锚点可以改变形状。按住 Alt 键拖动锚点，出现了切线手柄，这时可以拖动手柄自由改变曲线的形状，调整过程如图 11-64 所示。

图 11-64　改变折线的形状

3. 铅笔工具

"铅笔工具"用来自由地手绘线条，单击绘图工具箱中的"铅笔工具"，在"属性"面板中可以定义线条的颜色、粗细、样式和平滑度等。其中"平滑"选项表示绘制线条时的平滑程度，平滑值越大，形状越平滑。

选择"铅笔工具"后，在绘图工具箱的选项栏中可以定义绘制线条的模式，包括伸直、平滑和墨水，如图 11-65 所示。

图 11-65　"铅笔工具"选项

- "伸直"模式：把绘制的线条自动转换成接近形状的直线。
- "平滑"模式：把绘制的线条转换为接近形状的平滑曲线。
- "墨水"模式：不进行修饰，完全保持鼠标轨迹的形状。

图 11-66 所示为用不同铅笔模式绘制的山峰。

图 11-66　用不同铅笔模式绘制的山峰

4. 传统画笔工具

"传统画笔工具"可以随意地涂画出色块区域。选择"传统画笔工具"，展开"属性"面板，可以在其中设置颜色、画笔形状和平滑等属性，如图 11-67 所示。

选择"传统画笔工具"后，在绘图工具箱的选项栏中可以设置画笔的大小和形状，如

图 11-68 所示，左图为画笔的大小，右图为画笔的形状。

专家点拨：选择"传统画笔工具"后，在绘图工具箱下方单击"锁定填充"按钮 [img] 可启动画笔工具的锁定功能，此时画笔工具绘制的所有颜色将被视为同一区域。

选择"传统画笔工具"后，单击绘图工具箱下方的"画笔模式"按钮 [img]，弹出画笔模式下拉菜单，在其中可以选择"标准绘画""颜料填充""后面绘画""颜料选择""内部绘画"5种填充模式之一。

- 标准绘画：不论是线条还是填色范围，只要是画笔经过的地方都被上色。
- 颜料填充：只改变填色范围，不会遮盖住线条。

图 11-67 传统画笔工具的"属性"面板

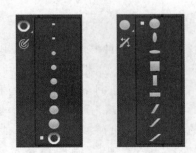

图 11-68 画笔的大小和形状

- 后面绘画：绘制在图像后方，不会影响前景图像。
- 颜料选择：对选择的区域涂色。
- 内部绘画：在绘画时，画笔的起点必须在轮廓线以内，而且画笔的范围只能作用在轮廓线以内。

图 11-69 所示为用不同模式下的画笔工具在草莓形状上绘制的效果。

专家点拨：使用"传统画笔工具"能够获得毛笔上彩的效果，该工具常用于绘制对象或为对象填充颜色。使用"传统画笔工具"绘制的图形属于面，而非线，因此绘制的图形没有外轮廓线。

5. 画笔工具

Animate 中的"画笔工具"就像一支画笔一样，能够让用户自由地绘制各种生动的形状。Animate 为用户提供了多种不同的画笔样式，用户可以根据需要进行选择，也可以根据需要

图 11-69　5种模式的绘制效果

对画笔进行自定义。

　　"画笔工具"的使用方法与"传统画笔工具"类似。在绘图工具箱中选择"画笔工具"，在"属性"面板中对笔触的颜色、大小和样式等进行设置，例如这里设置笔触的"宽度"。在舞台上拖动鼠标绘制图形，如图 11-70 所示。

　　Animate CC 提供了画笔库，其中有多种笔触类型供用户选择使用。选择"画笔工具"后，在"属性"面板中单击"样式"右侧的"画笔库"按钮，可以打开"画笔库"对话框，在其中可以选择需要的画笔类型，如图 11-71 所示。

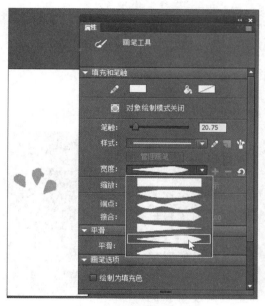

图 11-70　使用"画笔工具"

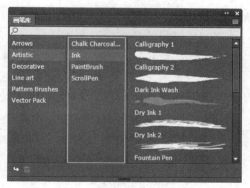

图 11-71　"画笔库"对话框

6.橡皮擦工具

　　使用"橡皮擦工具"可以像使用橡皮一样擦去不需要的图形。选择绘图工具箱中的"橡皮擦工具"，在绘图工具箱下方单击"橡皮擦形状"按钮，可以设置橡皮擦的大小和形状。单击"橡皮擦模式"按钮，在弹出的下拉菜单中有以下 5 个选项。

- 标准擦除：移动鼠标擦除同一层上的笔触色和填充色。
- 擦除填色：只擦除填充色，不影响笔触色。
- 擦除线条：只擦除笔触色，不影响填充色。
- 擦除所选填充：只擦除当前选定的填充色，不影响笔触色，不管此时笔触色是否被选中。在使用此模式之前需要先选择要擦除的填充色。

- 内部擦除：只擦除橡皮擦笔触开始处的填充色。如果从空白点开始擦除，则不会擦除任何内容。以这种模式使用橡皮擦并不影响笔触色。

如果在绘图工具箱的下方选择"水龙头" 模式，单击需要擦除的填充区域或笔触段，可以快速将其删除。

图 11-72 所示为在不同模式下用橡皮擦工具在草莓形状上擦除的效果。

图 11-72　5 种模式的擦除效果

专家点拨：双击橡皮擦工具，可以删除舞台上的全部内容。

11.3.5　图形的变形

对于绘制好的图形对象经常需要进行变形操作，例如缩放大小、扭曲形状等，这时就要用到"变形"面板和任意变形工具。

1."变形"面板

使用"变形"面板可以对选定对象执行缩放、旋转、倾斜和创建副本的操作，如图 11-73 所示。

"变形"面板的具体情况如下。

- "缩放"：可以在相应的文本框中输入垂直和水平缩放的百分比值。"约束"按钮处于  状态，可以使对象按原来的宽高比例进行缩放；"约束"按钮处于 状态，对象可以不按照原来的宽高比例进行缩放。

- "旋转"：在相应的文本框中输入旋转角度，可以使对象旋转。

- "倾斜"：在相应的文本框中输入水平和垂直角度可以倾斜对象。

图 11-73　"变形"面板

- "重制选区和变形"按钮 ：可以复制出新对象并且执行变形操作。

- "取消变形"按钮 ：用来恢复上一步的变形操作。

- "水平翻转所选内容"按钮 ：可以将所选内容进行水平翻转。

- "垂直翻转所选内容"按钮 ：可以将所选内容进行垂直翻转。

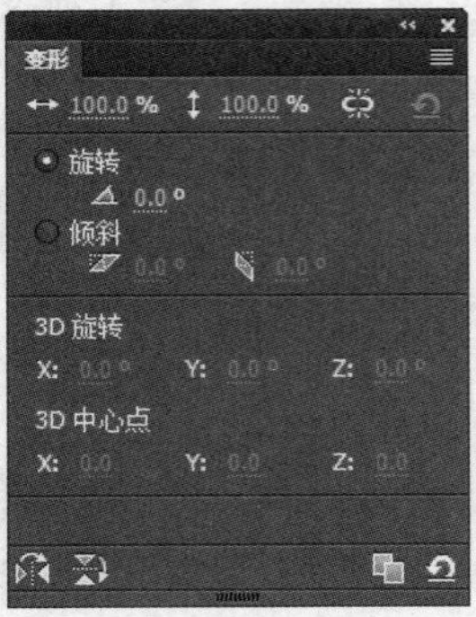

专家点拨：在"变形"面板中还包括 3D 旋转和 3D 中心点这两个选项栏，当选中应用了 3D 的对象时，利用这两个选项栏可以改变 3D 旋转的角度和 3D 平移的中心点。

2. 任意变形工具

任意变形工具用来对绘制的对象进行缩放、扭曲和旋转等变形操作。选择"任意变形工具"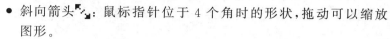,单击绘制好的图形,在图形上出现了变形控制框,如图 11-74 所示。

把鼠标指针移到不同位置时鼠标指针的形状会发生不同的变化,从而代表变形的不同操作,具体情况如下。

图 11-74　变形控制框

- 斜向箭头[⬊]：鼠标指针位于 4 个角时的形状,拖动可以缩放图形。
- 水平或垂直平行反向箭头：鼠标指针位于水平或垂直框线上时的形状,拖动可以倾斜图形。
- 水平或垂直箭头↕：鼠标指针位于框线控制点上时的形状,拖动可以水平或垂直缩放图形。
- 圆弧箭头：鼠标指针位于 4 个角外部时的形状,拖动可以旋转图形。

专家点拨：在使用"任意变形工具"调整对象大小时,按住 Alt 键能够使对象以中心点为基准缩小或放大；按住 Shift 键,能够使对象按照原来的长宽比缩小或放大；按住 Alt＋Shift 组合键,可以使对象按照原来的长宽比以中心点为基准缩小或放大。

在选择"任意变形工具"后,在绘图工具箱的下方有 4 个按钮,分别是"旋转与倾斜""缩放""扭曲"和"封套"。

1)"旋转与倾斜"按钮

选中该按钮,可以对图形进行旋转与倾斜操作。选择"任意变形工具",单击绘图工具箱下方的"旋转与倾斜"按钮，旋转将以图形中心的小圆圈为轴进行。拖动中心点将其移到图形的左下角,将鼠标指针放到变形框的任意角上,当鼠标指针变成圆弧状时拖动鼠标图形就发生了旋转。其操作过程如图 11-75 所示。

图 11-75　旋转图形

将鼠标指针放到变形框上,当鼠标指针变成平行反向的箭头形状时拖动鼠标可以倾斜对象,如图 11-76 所示。

2)"缩放"按钮

选中该按钮,可以对图形进行缩放操作。选择"任意变形工具",单击绘图工具箱下方的"缩放"按钮，将鼠标指针放到变形框的任意一个调整手柄上,当鼠标指针变成双向箭头状时拖动鼠标就可以任意缩放图形,如图 11-77 所示。

图 11-76　倾斜对象

图 11-77　缩放图形

3）"扭曲"按钮

选中该按钮，可以对形状进行扭曲操作。选择"任意变形工具"，单击绘图工具箱下方的"扭曲"按钮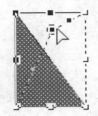，将鼠标指针放到变形框的任意一个调整手柄上，当鼠标指针变成三角状时拖动鼠标就可以任意扭曲图形，如图 11-78 所示。按住 Shift 键拖动转角点可以同步扭曲该对象，如图 11-79 所示。

 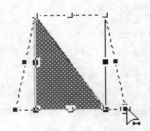

图 11-78　扭曲形状　　　　　　　　图 11-79　同步扭曲

4）"封套"按钮

选中该按钮，可以在图形封套后任意改变其形状。选择"任意变形工具"，单击绘图工具箱下方的"封套"按钮，拖动锚点和切线手柄修改封套。其操作过程如图 11-80 所示。

 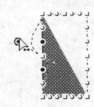

图 11-80　修改封套

专家点拨：可以使用"扭曲"和"封套"按钮的对象有形状，利用铅笔工具、钢笔工具、线条工具和画笔工具绘制的对象，打散后的文字，不能使用"扭曲"和"封套"按钮的对象有图元、群组、元件、位图、视频对象、文本和声音。

11.3.6　绘制模式

在 Animate 中绘制图形时可以选择"合并绘制模式""对象绘制模式"或"图元对象绘制模式"，不同绘制模式下绘制出的图形有不同的特性，本节将介绍这 3 种绘制模式的实现方法和绘制技巧。

1. 合并绘制模式

1）认识形状

形状是在合并绘制模式下创建的图形对象，它是绘图的默认模式，在这种模式下绘制的形状会发生合并现象。

选择"多角星形工具"，确认绘图工具箱下方的"对象绘制"按钮处于弹起状态，在舞台上绘制一个笔触颜色为无、填充颜色为红色的星形，然后切换到"选择工具"，单击选择星形。这时星形上布满网格点，在"属性"面板中显示的对象就是"形状"，如图 11-81 所示。

专家点拨：在合并绘制模式下，除了"基本矩形工具"和"基本椭圆工具"外，其他绘制工

扫一扫

视频讲解

图 11-81 选中星形

具绘制的图形都是形状。

2）形状的切割和融合

两个不同颜色的形状相互接触会发生切割现象，相同颜色的形状相互重合会发生融合现象，这是一个非常重要的绘图技巧。

选择"多角星形工具"，在红色的星形上绘制一个填充颜色为蓝色的小星形。切换到"选择工具"，单击选中蓝色的小星形，然后把它拖到旁边，蓝色的小星形就将红色的星形切割了。其切割过程如图 11-82 所示。

如果将蓝色的星形换成红色，进行类似的操作，形状就会融合成整体，如图 11-83 所示。

图 11-82 切割形状

图 11-83 形状融合

专家点拨：在合并绘制模式下，线条与线条、线条和色块之间也能发生切割或融合现象。

3）将形状转换为组

为避免形状相互切割或融合，可以将形状转换为组（或称群组对象）。下面通过实际操作进行介绍。

（1）在舞台上绘制一个笔触颜色为无、填充颜色为红色的星形。选中星形，选择"修改" |"组合"命令或按 Ctrl＋G 组合键组合对象。

（2）这时处在选中状态的星形上的网格点消失了，并且对象周围出现了绿色的矩形框，在"属性"面板中显示出对象类型为"组"，如图 11-84 所示。

（3）在星形上绘制一个没有边框的蓝色小星形。

（4）此时蓝色的小星形被遮盖在下层了，两个图形并没有出现切割或融合的现象，仍然保持独立特性，效果如图 11-85 所示。

专家点拨："形状"和"组"是不会相互切割或者融合的，而且"组"对象要比"形状"对象的层次高。如果现在想让小星形出现在大星形的上面，可以将小星形也转换成"组"对象类型。

图 11-84　将图形转换为组　　　　　　图 11-85　组对象和形状没有切割

2. 对象绘制模式

与合并绘制模式相对应的是对象绘制模式。在绘图工具箱中选择线条工具、矩形工具、椭圆工具、多角星形工具、钢笔工具、铅笔工具、画笔工具时，在绘图工具箱的下方会出现"对象绘制"按钮 。它用于在合并绘制模式与对象绘制模式之间切换。

1）绘制对象

使用对象绘制模式绘制出的图形叫"绘制对象"，它的笔触和填充都不是单独的元素，而是一个整体，所以在相互重叠时不会发生融合或切割。下面使用对象绘制模式绘制一个对象。

（1）选择"椭圆工具"，在绘图工具箱的下方单击"对象绘制"按钮，在舞台上绘制一个正圆。

（2）展开"属性"面板，可以看到绘制的椭圆不再是形状，而是一个绘制对象，并且在选中状态下对象的周围会显示一些控制点，如图 11-86 所示。

（3）任意改变一下笔触颜色和填充颜色，在蓝色的椭圆上再绘制一个椭圆。

（4）将椭圆移走，绘制对象没有发生切割或融合，如图 11-87 所示。

图 11-86　绘制对象　　　　　　　　　图 11-87　不发生切割

专家点拨：使用绘图工具箱中支持对象绘制模式的绘图工具后，按 J 键可直接将绘图模式切换到对象绘制模式，当再次按下 J 键时可将绘图模式切换回合并绘制模式。

2）绘制对象的切割和组合

绘制对象也能完成切割和组合，Animate 提供了一组"合并对象"命令，包括联合、交集、打孔和裁切。接下来对上面绘制的两个椭圆对象继续操作。

（1）同时选中这两个对象，如果选择"修改"|"合并对象"|"联合"命令，发现这两个图形对象合成一个整体。

（2）如果选择"修改"|"合并对象"|"交集"命令，发现交集就是保留两个图形之间重叠的地方。

（3）如果选择"修改"|"合并对象"|"打孔"命令，发现打孔就是用上层的对象切割下层对象。

（4）如果选择"修改"|"合并对象"|"裁切"命令，发现裁切就是把上层遮盖下层对象的部分裁切出来，如图 11-88 所示。

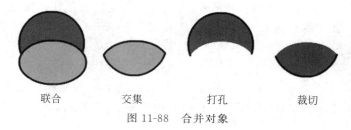

联合　　　　　交集　　　　　打孔　　　　　裁切

图 11-88　合并对象

3. 图元对象绘制模式

图元对象绘制模式的实质是对象绘制模式的高级应用，它在对象绘制模式的基础上增加了对图形的自由调整和控制手柄，可以更方便地调整图形。在 Animate 中只有使用基本矩形工具和基本椭圆工具绘制对象时用这种模式，用这种模式绘制出的对象就是图元对象。下面具体操作一下。

（1）选择"基本椭圆工具"，在舞台上绘制一个图形，如图 11-89 所示。

（2）使用"选择工具"拖动图形上的控制手柄可以自由地改变形状，如图 11-90 所示。

图 11-89　绘制一个椭圆图元

图 11-90　改变图元形状

（3）双击图元对象，弹出"编辑对象"对话框，如图 11-91 所示。单击"确定"按钮，回到主场景，在"属性"面板中提示图形已经改变为"绘制对象"。

专家点拨：在使用基本矩形工具和基本椭圆工具绘制图元对象时，无论绘图工具箱下

图 11-91　"编辑对象"对话框

方的"对象绘制"按钮是否处于按下状态,都不影响绘制的效果。

11.4　位图和文字

　　位图资源极其丰富,而且表现力非常强,在制作网页动画时往往需要应用位图。文字也是网页动画中不可或缺的元素。本节介绍位图和文字在 Animate 动画中的应用。

11.4.1　应用位图

　　使用位图必须先将它导入当前 Animate 文档的舞台或当前文档的库中,Animate 提供了导入位图的相关命令,可以很方便地导入和使用位图。下面通过实际操作介绍一下导入位图的方法。

　　(1) 在新建的 Animate 文档中选择"文件"|"导入"|"导入到舞台"命令,弹出"导入"对话框,在文件夹中选择需要导入的图片文件(鸽子.jpg),如图 11-92 所示。

图 11-92　导入位图

　　(2) 单击"打开"按钮,导入文档中的图像会自动分布到舞台上,按 Delete 键将图像文件删除,此时图像文件仍然保存在"库"中。打开"库"面板可以看到导入的位图对象,如图 11-93 所示。

　　(3) 导入的位图在"库"面板中的名称是图像的文件名,它们的"类型"标识为"位图",

"库"面板中的位图对象可以随时拖放到舞台上使用。

　　专家点拨：导入 Animate 中的图形文件的幅面不能小于 2×2 像素。在"导入"对话框中，按住 Ctrl 键依次单击图像文件，可同时选中要导入的多个图像文件；按住 Shift 键单击可同时选中两个文件之间所有连续的图像文件。另外，用户还可以直接选择"文件"|"导入"|"导入到库"命令，将外部图像直接导入"库"面板中。

　　(4) 如果要导入的位图名称按数字顺序结尾，例如 image001.jpg、image002.jpg、image003.jpg 等，就会出现导入文件序列的对话框。选择"文件"|"导入"|"导入到舞台"命令，弹出"导入"对话框，在相应的文件夹下选择所需要的图片文件(走路 1.jpg)，单击"打开"按钮，会出现"是否导入文件序列"对话框，如图 11-94 所示。

图 11-93　"库"面板中的位图

图 11-94　是否导入文件序列

　　(5) 单击"是"按钮导入所有的连续文件，这些图片各占用时间轴的一帧，如图 11-95 所示。如果单击"否"按钮，只能导入指定的文件。

图 11-95　导入文件序列

专家点拨:导入 Animate 中的位图往往有背景,在使用时会造成很大的不便,也不利于作品整体风格的设计。在 Animate 中去除位图的背景时,对于大片的相同或者相近色,用"魔术棒工具" 能比较方便地去除。如果要去掉的背景比较复杂,可直接用"套索工具" 或者在相应的选项中选择"多边形模式",对需要去除背景的区域逐个进行选择后再删除。

11.4.2 应用文字

在制作 Animate 动画时经常需要制作各种文本效果。使用文本工具可以在舞台上创建需要的文本对象。

1. 输入文字

使用绘图工具箱中的"文本工具" 可以直接输入文本,并且可以在"属性"面板中改变文字的字体、大小、颜色等属性,使用简单,设置方便。

(1)新建一个 ActionScript 3.0 文档,在绘图工具箱中选择"文本工具"。

(2)展开"属性"面板,从"文本类型"下拉列表框中选择"静态文本",如图 11-96 所示。

专家点拨:文本类型包括 3 种,分别是静态文本、动态文本和输入文本,其中静态文本是系统默认的类型,也是制作动画时经常用到的文本类型。

(3)在舞台上拖动鼠标指针会出现文本框,该框的高度与设定的文字大小一致,长度由制作者决定,它的右上角出现了一个方形手柄,表明此时输入的是具有固定宽度的静态文本,如图 11-97 所示。

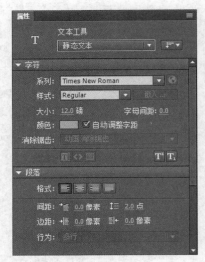

图 11-96 选择"静态文本"

(4)光标开始闪烁,表示可以输入文字了,输入文字"固定宽度",如图 11-98 所示。

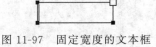

图 11-97 固定宽度的文本框   图 11-98 输入文本

(5)输入文字"静态文本",此时固定宽度的文本自动换行,如图 11-99 所示。

(6)将鼠标指针放在文本框右上角的方形手柄上拖动,可以改变文本框的长度,让文本显示在一行内,如图 11-100 所示。

图 11-99 文本自动换行   图 11-100 拖动方形手柄

(7)在舞台的空白处单击,会出现一个右上角有小圆形的文本输入框,它就是可扩展的静态文本框。输入文字,文本框按照输入文本的长短自动延伸而不会换行,如图 11-101

所示。

（8）拖动固定宽度静态文本的方形手柄，它会改变为可扩展的静态文本，手柄变成了圆形；双击可扩展的静态文本的圆形手柄，它会改变为固定宽度的静态文本，手柄变成了方形，如图11-102所示。

图 11-101　可扩展的静态文本框 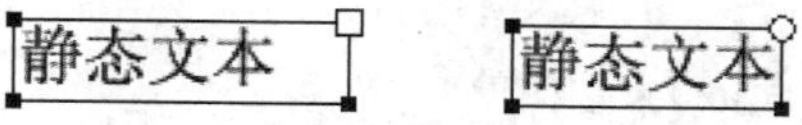　　　　图 11-102　可扩展和固定宽度静态文本间的互换

专家点拨：除了用"文本工具"直接在文本框中输入文字外，还可以使用"复制"与"粘贴"命令将 Word 文档、网页或写字板中的文本复制到文本框中。

2. 文本属性的设置

在"属性"面板中可以进行文本属性的设置。选择"文本工具"后，在"属性"面板中进行设置，然后再输入文本。用户也可以输入文本后，用"选择工具"选中文本，然后在"属性"面板中进行设置。

下面对文本属性进行简要介绍。

- "文本类型"下拉列表框 静态文本 ：可以选择文本的类型，包括静态文本、动态文本、输入文本 3 种。默认为静态文本类型。
- "改变文本方向"下拉列表框 ：可以选择文字的方向，包括"水平""垂直""垂直，从左向右"3 种。默认为"水平"。
- "系列"下拉列表框 系列: Times New Roman ：单击右侧的按钮将弹出下拉列表框，在其中可以选择字体系列。
- "样式"下拉列表框 样式: Regular ：可以为文本选择要应用的样式，包括 Regular（常规）、Italic（斜体）、Bold（粗体）、Bold Italic（粗斜体）。文本的样式和字体有关，有些字体仅包含 Regular 样式，那么"样式"下拉列表框就不可选。这时选择"文本"|"样式"菜单中的"仿粗体"或"仿斜体"命令实现粗体或斜体，但是仿样式可能看起来不如包含真正粗体或斜体样式的字体好。
- "嵌入"按钮 嵌入... ：单击这个按钮可以打开"字体嵌入"对话框。在将含有文字的文档发布为 SWF 文档时，并不能保证所有文字的字体在播放 SWF 文档的计算机上可用，如果不可用，则会出现在播放时文字的外观发生改变的情况。如果要保证 SWF 文档在播放时文字效果不变，需要在文档中嵌入全部的字体或某个字体的特定的字符集。
- "大小"文本框 大小: 12.0 磅 ：用来设置文字的大小，可以直接用鼠标单击后输入数字，也可以通过拖动设置文字的大小。
- "字母间距"文本框 字母间距: 0.0 ：直接输入数字或者通过拖动调整字符的距离。
- "颜色"按钮 颜色: ：单击会弹出调色板，在其中可以设置文字的颜色。
- "自动调整字距"复选框 ✓自动调整字距 ：选中后可以根据字体的大小自动调整字距。默认为选中状态。
- "消除锯齿"下拉列表框 消除锯齿: 动画消除锯齿 ：用来设置字体的呈现方法。其中包括 5 个选项，选择不同选项可以得到不同的字体呈现方法。

◆ 使用设备字体：该选项将生成一个较小的 SWF 文件，因为它使用用户计算机上当前安装的字体来呈现文本。

◆ 位图文本（无消除锯齿）：该选项产生明显的文本边缘，没有进行高级消除锯齿。

◆ 动画消除锯齿：该选项生成可顺畅进行动画播放的消除锯齿文本。

◆ 可读性消除锯齿：该选项使用高级消除锯齿引擎。它提供了品质最高的文本，具有最易读的文本。

◆ 自定义消除锯齿：该选项与"可读性消除锯齿"选项相同，但是可以直观地操作高级消除锯齿参数，以生成特定外观。该选项在为新字体或不常见的字体生成最佳的外观方面非常有用。

● 切换上标和下标按钮 T¹T₂：分别单击这两个按钮，可以进行上标和下标格式的切换。

3. 给文字添加跳转链接

在舞台上输入文字后，在对应的"属性"面板中展开"选项"栏，可以在其中为文字添加跳转链接，如图 11-103 所示。

专家提醒：除了以上介绍的"字符"栏和"选项"栏中各种文本属性的设置以外，在"属性"面板中还提供了"位置和大小"栏、"段落"栏、"滤镜"栏等，通过这些可以对文本进行更多的属性设置。

4. 文本的分离

丰富的文字效果能为动画增添色彩，但如果制作好的动画文档在没有安装该字体的计算机上运行，Animate

图 11-103　为文字添加跳转链接

动画就不能正常显示文本，以致带来麻烦。解决这个问题最好的办法就是分离文本，下面实际操作一下。

（1）新建一个 Animate 文档，保存文档属性的默认设置。

（2）选择"文本工具"，在"属性"面板的"文本类型"下拉列表框中选择"静态文本"，在"系列"下拉列表框中设置字体为"黑体"、大小为 39 磅、字体颜色为蓝色，在舞台上输入文字"江山如此多娇"。

（3）选中文本，选择"修改"|"分离"命令或者按 Ctrl＋B 组合键分离文本，文本被分离成单字。

（4）再次按 Ctrl＋B 组合键分离文本，此时文本变成了以网点显示的形状，再也不能改变字体和字号。文本的分离过程如图 11-104 所示。

江山如此多娇　　江山如此多娇　　江山如此多娇

图 11-104　分离文本的过程

（5）使用"选择工具"拖动文字形状的笔画，使形状变形。

（6）单击绘图工具箱中的"填充颜色"按钮，在弹出的调色板中选择"彩虹"线性渐变色。

（7）框选分离后的所有文本形状，使用"颜料桶工具"单击图形应用填充色。变形及变色过程如图 11-105 所示。

图 11-105　变形及变色过程

专家点拨：文本是不能直接应用填充效果的，把文本分离成形状后就可以使用填充效果。这也是分离文本的一个重要目的。

5. 文字滤镜

Animate 的滤镜可以应用于文本、影片剪辑和按钮。为对象添加滤镜，可以通过"属性"面板中的"滤镜"栏来进行添加和设置。在"滤镜"栏中可以对滤镜进行添加、复制、粘贴以及启用和禁用等操作，还可以对滤镜的参数进行修改。

Animate 中提供了投影、模糊、发光、斜角、渐变发光、渐变斜角和调整颜色 7 种滤镜特效。图 11-106 所示为添加各种类型的文字滤镜后的效果。

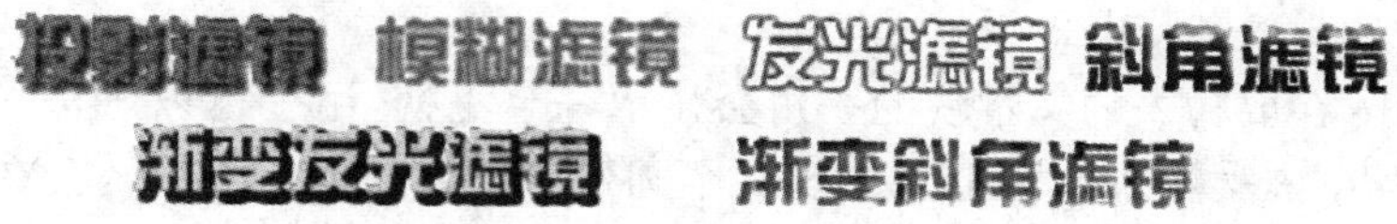

图 11-106　各种文字滤镜效果

专家点拨：如果创建的是 HTML5 Canvas 文档，在使用文本工具时，对应"属性"面板中的有些功能项不可用。

11.5　本章习题

一、选择题

1. Animate 制作的 ActionScript 3.0 文档的源文件的扩展名为（　　），导出后的动画播放文件的扩展名为（　　）。

    A. .swf　.fla　　　　B. .fla　.swf　　　　C. .png　.swf　　　　D. .fla　.png

2. 下面的叙述中正确的是（　　）。

    A. Animate 文档的舞台尺寸最小可以是 2×2 像素

    B. Animate 文档的舞台背景颜色可以直接设置成从红色向白色变化的渐变色

    C. Animate 文档的舞台背景颜色只能直接设置成纯色

    D. 无论创建的动画元素是否放在舞台区域内，在测试动画时都能看见

3. 下面所列的绘图工具中不能绘制直线的是（　　）。

    A. 钢笔工具　　　　B. 铅笔工具　　　　C. 线条工具　　　　D. 选择工具

4. 渐变变形工具可以通过对所填颜色的范围、方向和角度等进行调节来获得特殊的效果，其中改变填充高光区应该使用（　　）。

    A. 大小手柄　　　　B. 旋转手柄　　　　C. 中心点手柄　　　　D. 焦点手柄

5. 下面（　　）不能使用封套工具进行变形。

    A. 使用铅笔工具绘制的图形

B. 使用画笔工具绘制的图形

C. 使用钢笔工具绘制的图形

D. 导入主场景中的位图

6. Animate 支持导入更多的位图格式，它不能导入的是（　　　）格式的文件。

A. .png　　　　　　　　B. .psd　　　　　　　　C. .ai　　　　　　　　D. .cdr

二、填空题

1. 若想使绘制的图形成为一个独立图形，不与其他图形发生融合，可以使＿＿＿＿＿＿＿用＿＿＿＿＿＿＿功能。

2. 在使用"颜色"面板对线条或图形进行填充时有 4 种填充类型，它们分别是＿＿＿＿＿＿＿、＿＿＿＿＿＿＿、＿＿＿＿＿＿＿和＿＿＿＿＿＿＿。

3. Animate 把钢笔工具分解成一组工具，包括＿＿＿＿＿＿＿ ✒、＿＿＿＿＿＿＿ ✒⁺、＿＿＿＿＿＿＿ ✒⁻ 和＿＿＿＿＿＿＿ ▶ 4 种，使用更为方便，功能极大增强。

4. 画笔模式 ◉ 有 5 种，它们分别是 ＿＿＿＿＿＿＿模式、＿＿＿＿＿＿＿模式、＿＿＿＿＿＿＿模式、＿＿＿＿＿＿＿模式和＿＿＿＿＿＿＿模式。

5. Animate 在要输入的文本块的一角会显示一个手柄，用于标识该文本块的类型。对于＿＿＿＿＿＿＿，会在该文本块的右上角出现一个圆形手柄，对于＿＿＿＿＿＿＿，会在该文本块的右上角出现一个方形手柄。

11.6　上机练习

练习1　绘制商业标志

使用 Animate 的绘图工具绘制一个商业标志，效果如图 11-107 所示。

练习2　制作公益广告

使用位图和文本制作一个公益广告，效果如图 11-108 所示。注意，此图的背景是位图素材。鸽子也是位图素材，但是需要从位图素材中抠出来。另外，"中国"两字使用的是位图填充效果。

图 11-107　商业标志

图 11-108　公益广告

第 **12** 章

制作网页动画

Animate 具有强大的动画制作功能和超凡的视听表现力，因此将 Animate 动画运用到网页中将会使网页有声有色，富有动感。网页中的 Logo、Banner 和动态广告等元素大多都是用 Animate 制作的动画文件。

本章主要内容：

- 图层和帧
- 基础动画
- 元件及其应用
- 高级动画
- 使用 Animate 制作网络广告

12.1 图层和帧

图层和帧是 Animate 中的两个基本概念，在制作 Animate 动画时离不开对图层和帧的操作。本节介绍图层和帧的基本操作方法。

12.1.1 图层的基本概念和操作

扫一扫

视频讲解

图层就像透明的玻璃纸一样，可以在舞台上一层层地叠加。在每个图层上都可以放置不同的图形，而且在一个图层上绘制和编辑对象不会影响其他图层上的对象。

1. 新建图层

新建的 Animate 文档只有一个默认图层，名称是"图层_1"。在制作动画时可以根据需要增加多个图层，使用图层来组织和管理动画文档中的各种对象。新建图层的方法有 3 种，即通过程序菜单、右键快捷菜单和"时间轴"面板上的工具栏。其中最常用的是第 3 种方法，单击"时间轴"面板左下方工具栏中的"新建图层"按钮 ，就插入了新图层，默认的名称是"图层_2"，如图 12-1 所示。

专家点拨： 另外还有两种新建图层的方法，第一种是选择"插入"|"时间轴"|"图层"命令插入新图层；第二种是在"时间轴"面板的层编辑区中右击某个图层，在弹出的快捷菜单中选择"插入图层"命令插入新图层。

2. 图层的重命名

系统默认的图层名称为"图层_1""图层_2"等，在制作中可以根据图层上对象的功能给图层重新命名，这样更便于编辑和管理。双击图层名称，在字段中输入新的名称即可重命名图层，如图 12-2 所示。

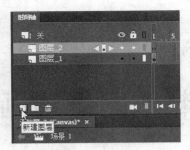

图 12-1　插入新图层

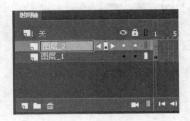

图 12-2　重命名图层

如果在图层名称前的 <img> 标志上双击,可以打开"图层属性"对话框,在其中能重命名图层或者选择图层类型等,如图 12-3 所示。

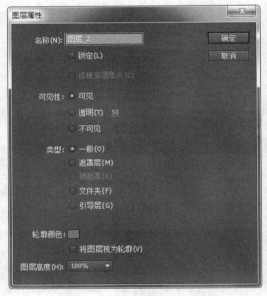

图 12-3　"图层属性"对话框

3. 选取图层

新建多个图层后,编辑工作只能在当前被选择的图层上进行,所以在绘制时必须先选取图层。选取图层的方法很多,最常用的是单击图层名称,这时图层名称的背景将变为蓝色,而且旁边会出现一个工作标志 <img> ,表示该图层是当前工作图层,如图 12-4 所示。

专家点拨:选取图层还有两种方法,一种是单击"时间轴"面板上的任意一帧选择图层;另一种是直接选取舞台上的对象选择图层。如果按住 Shift 键分别单击图层名称,就能选取多个图层。

4. 删除图层

Animate 动画制作结束后,空白图层和无用图层必须要删除,这样可以缩小文件的体积。在删除图层时首先选取要删除的图层,然后单击"时间轴"面板上的"删除"按钮 <img> 即可,如图 12-5 所示。

图 12-4 选取图层

图 12-5 删除图层

专家点拨：*删除图层还有两种方法，一种是拖曳要删除的图层到"删除"按钮▥上；另一种是在要删除图层的名称上右击，在弹出的快捷菜单中选择"删除图层"命令。*

5. 隐藏图层

在添加了多个图层后，为便于舞台上对象的编辑，可以先将其他图层隐藏起来。单击图层名称的隐藏栏就可以隐藏图层，再次单击隐藏栏则显示该图层。如图 12-6 所示，将"图层_1"图层隐藏后，隐藏栏上出现了一个叉。

如果单击"显示或隐藏所有图层"图标👁，可以将所有图层隐藏，再次单击这个图标会显示所有图层。隐藏图层后图层中的所有对象都不可见。

专家点拨：*用鼠标拖动隐藏栏也可以隐藏多个图层或者让多个图层重新显示。*

6. 锁定图层

在编辑当前图层上的对象时，如果担心误操作会更改其他图层上的对象，可以将其他图层暂时锁定，被锁定图层上的对象依旧显示但不能被编辑。单击图层名称右边的锁定栏就可以锁定图层，再次单击锁定栏则解除了对图层的锁定。如图 12-7 所示，将"图层_1"图层锁定后，锁定栏上出现了一个小锁。

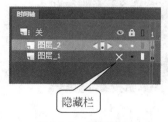

隐藏栏

图 12-6 隐藏图层

锁定栏

图 12-7 锁定图层

单击"锁定或解除锁定所有图层"图标🔒，可以将所有图层锁定，再次单击这个图标则解除了对所有图层的锁定。

专家点拨：*用鼠标拖动锁定栏也可以锁定多个图层或者让多个图层开锁。*

7. 图层文件夹

当"时间轴"面板上的图层太多时，可以创建图层文件夹来进行管理。图层文件夹将图层放在一个树形结构中，通过扩展或折叠文件夹来查看包含的图层。在图层文件夹中可以包含图层，也可以包含其他文件夹，这与计算机组织的文件结构相似。

新建图层文件夹的方法很多，最方便的方法是单击"新建文件夹"按钮📁，新建的图层文件夹将出现在所选图层或文件夹的上面,如图 12-8 所示。

在图层文件夹建立后还可以为它重新命名。拖动某个图层到图层文件夹的名称上,它就会以缩进的方式出现在图层文件夹中,如图 12-9 所示。单击文件夹名称左侧的三角形可以展开或者折叠文件夹。

图 12-8　新建图层文件夹

图 12-9　拖动图层到文件夹下

专家点拨：图层文件夹的控制操作将影响文件夹中的所有图层。例如,锁定一个图层文件夹将锁定该文件夹中的所有图层。

12.1.2　帧的基本概念和操作

帧就是影像动画中最小单位的单幅影像画面,相当于电影胶片上的每一格镜头。一帧就是一幅静止的画面,连续的帧就形成了动画。按照视觉暂留的原理每一帧都是静止的图像,快速连续地显示帧便形成了运动的假象。

在 Animate 文档中,帧表现在"时间轴"面板上,外在特征是一个个小方格。它是播放时间的具体化表现,也是动画播放的最小时间单位,可以用来设置动画运动的方式、播放的顺序及时间等,如图 12-10 所示。

图 12-10　"时间轴"面板中图层上的帧

从图 12-10 中可以看出,每 5 帧有一个"帧序号"标识(呈深灰色显示,其他的呈浅灰色显示)。根据性质的不同,可以把帧分为关键帧和普通帧两种类型。

1. 关键帧

关键帧定义了动画的变化环节,逐帧动画的每一帧都是关键帧。传统补间动画在动画的重要点上创建关键帧,再由 Animate 自动创建关键帧之间的画面内容。实心圆点●是有内容的关键帧,即实关键帧;无内容的关键帧(即空白关键帧)则用空心圆○表示。在对象补间动画中还有一种属性关键帧,用黑色菱形◆表示。

2. 普通帧

普通帧显示为一个个普通的单元格。空白的单元格是无内容的帧,有内容的帧显示出一定的颜色。不同的帧颜色代表不同类型的动画,例如传统补间动画的帧显示为浅紫色,形状补间动画的帧显示为浅绿色。关键帧后的普通帧显示为灰色。关键帧后面的普通帧将继承和延伸该关键帧的内容。

3．播放头

播放头指示当前显示在舞台中的帧,将播放头沿着时间轴移动,可以轻易地定位当前帧。播放头用红色矩形█表示,红色矩形下面的红色细线所经过的帧表示该帧目前正处于"播放帧"状态。

4．选择帧

动画中的帧有很多,在操作中首先要准确定位和选择相应的帧,然后才能对帧进行其他操作。如果选择某单帧来操作,可以直接单击该帧;如果要选择很多连续的帧,无论正在使用的是哪种绘图工具,都可以在要选择的帧的起始位置处单击,然后拖动鼠标指针到要选择的帧的终点位置,此时所有被选中的帧都显示为黄色的背景,那么下面的操作就是针对这些帧了,如图 12-11 所示。

图 12-11　选择帧

专家点拨:在同时选择连续的多个帧时,还可以先单击起点帧,按住 Shift 键再单击需要选取的连续帧的最后一帧。另外,按住 Ctrl 键单击时间轴上的帧,可以选取多个不连续的帧。

5．翻转帧

在创作动画时,一般是把动画按顺序从头播放,但有时也会把动画反过来播放,创造出另外一种效果,这可以使用"翻转帧"命令来实现。它是指将整个动画从后往前播放,即原来的第 1 帧变成最后一帧,原来的最后一帧变成第 1 帧,整体调换位置。

其具体操作步骤是,首先选定需要翻转的所有帧,然后在帧格上右击,在弹出的快捷菜单中选择"翻转帧"命令,如图 12-12 所示。

6．移动播放头

使用播放头可以观察正在编辑的帧内容以及选择要处理的帧,并且通过移动播放头能观看动画的播放,比如向后移动播放头,可以从前到后按正常顺序来观看动画,如果从后到前移动播放头,那么看到的就是动画的回放内容。

播放头的红色垂直线一直延伸到底层,选择时间轴标尺上的一个帧并单击,就把播放头移到了指定的帧,或者单击图层上的任意一帧,也会在标尺上跳转到与该帧相对应的帧数目位置。所有的图层在这一帧的共同内容就是在当前工作区中所看到的内容。

如果要拖动播放头,可以在时间轴表示帧数目的背景上单击并左右拖动播放头。单击图层名称右侧◀▐▶图标上的按钮,可以向左或者向右跳转到下一个关键帧。

7．添加帧

在制作动画时,根据需要经常要添加帧,比如作为背景的帧,如果只存在一帧,那么从第 2 帧开始的动画就没有了背景,因此要为作为背景的帧继续添加相同的帧。在要添加的帧处右击,在弹出的快捷菜单中选择"插入帧"命令(也可以选择"插入"|"时间轴"|"帧"命令),这样就可以将该帧持续一定的显示时间了。

除了普通帧,用户还可以根据不同的需求创建不同类型的帧,主要有两种,即关键帧和

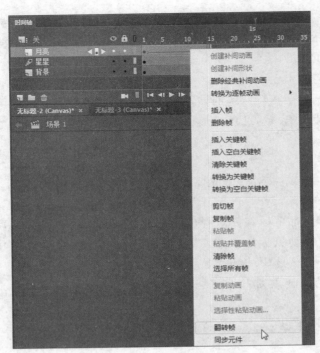

图 12-12　翻转帧

空白关键帧。系统默认第 1 帧为空白关键帧，也就是没有任何内容的关键帧，它的外观是浅灰色方格中间显示一个空心小圆圈。当在空白关键帧对应的舞台上创建对象后，这个空白关键帧就变成了关键帧，这时帧的外观是浅灰色方格中出现一个黑色小圆圈。

　　如果要在关键帧后面再建立一个关键帧，可以在"时间轴"面板中所需插入的位置上右击，这时会弹出一个快捷菜单，选择其中的"插入关键帧"命令即可。另外也可以选择"插入"|"时间轴"|"关键帧"命令。如果要同时创建多个关键帧，只要用鼠标选择多个帧的单元格，然后右击，在弹出的快捷菜单中选择"插入关键帧"命令即可。

　　如果要创建空白关键帧，可以在"时间轴"面板中所需插入的位置上选择一个单元格，然后右击，在弹出的快捷菜单中选择"插入空白关键帧"命令即可。另外也可以选择"插入"|"时间轴"|"空白关键帧"命令来完成。

　　专家点拨：创建关键帧和普通帧是在动画制作过程中频繁进行的操作，因此一般使用快捷键进行操作。插入普通帧的快捷键是 F5，插入关键帧的快捷键是 F6，插入空白关键帧的快捷键是 F7。

8. 移动和复制帧

　　在制作动画过程中，有时会将某一帧的位置进行调整，也有可能是多个帧甚至一个图层上的所有帧整体移动，此时就要用到移动帧的操作了。

　　首先选取要移动的帧，被选中的帧显示为黑色背景，然后按住鼠标左键将其拖到需要放置的新位置，释放鼠标左键，帧的位置就变化了，如图 12-13 所示。

　　如果既要插入帧又要把编辑制作完成的帧直接复制到新位置，那么还是要先选中这些需要复制的帧，然后右击，在弹出的快捷菜单中选择"复制帧"命令，被复制的帧就被放到了

图 12-13 移动帧

剪贴板上,接着右击新位置,在弹出的快捷菜单中选择"粘贴帧"命令,就可以将所选择的帧粘贴到指定位置。

9. 删除帧

若某些帧已经无用了,就可以将它删除。由于 Animate 中帧的类型不同,所以删除的方法也不同。下面分别进行介绍。

如果只是将关键帧变为普通帧,可以右击,在弹出的快捷菜单中选择"清除关键帧"命令;或者选择需要清除的关键帧,然后选择"修改"|"时间轴"|"清除关键帧"命令。在时间轴上,清除关键帧前后的变化如图 12-14 所示。

如果要删除帧(不管是什么类型的帧),将要删除

图 12-14 清除关键帧的前后对比

的帧选中,然后右击,在弹出的快捷菜单中选择"删除帧"命令即可。

12.2 基础动画

英国动画大师 John Halas(约翰·海勒斯)对动画有一个精辟的定义:"动作的变化是动画的本质"。动画由很多内容连续但各不相同的画面组成。由于每幅画面中对象的位置和形态各不相同,在连续观看时会给人以活动的感觉。例如人物走动的动画一般由 6 幅(或者 8 幅)各不相同的人物画面组成,如图 12-15 所示。

图 12-15 组成人物走路动画的 6 幅画面

动画之所以会动,是利用了人类眼睛的"视觉暂留"的生物现象。人在看物体时,物体在人的大脑视觉神经中的停留时间约为 1/24s。如果每秒更替 24 个画面或更多的画面,那么前一个画面在人脑中消失之前,下一个画面就已经进入了人脑,从而形成连续的影像。

12.2.1 逐帧动画

逐帧动画是一种常见的动画形式,其原理是在"连续的关键帧"中分解动画动作,也就是

在时间轴的每帧上逐帧绘制不同的画面,使其连续播放而成动画。

1.逐帧动画的制作方法

逐帧动画是最传统的动画方式,它是通过细微差别的连续帧画面来完成动画作品的,与在一本书的连续若干页的页脚上都画上图形,快速地翻动书页,就会出现连续的动画一样。

逐帧动画的制作方法有两个要点,一是添加若干个连续的关键帧;二是在关键帧中创建不同的但有一定关联的画面。下面通过一个卡通人物原地行走的动画范例介绍逐帧动画的制作方法。

(1)用 Animate 新建一个 ActionScript 3.0 文档。保持文档的默认设置。

(2)选择"文件"|"导入"|"导入到库"命令,打开"导入到库"对话框,在其中选择需要导入的图像素材(共 12 张人物行走动作的图像),如图 12-16 所示。单击"打开"按钮即可将图像素材导入"库"面板中。

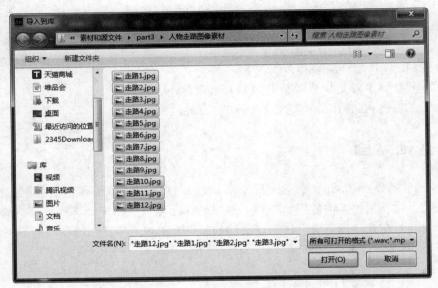

图 12-16　"导入到库"对话框

专家点拨:在 Animate 中制作人物行走动画时,经常通过逐帧动画来完成。在每个关键帧中创建人物行走动作的细微变化,可以用绘图工具直接在每个关键帧上绘制卡通人物的动作。但是这需要制作者具备很强的绘图能力,为了简化本范例的制作过程,这里直接提供了卡通人物行走动作的图像素材。

(3)打开"库"面板,将其中的"走路 1.jpg"位图拖到舞台中央。

(4)选择第 2 帧,按 F6 键插入关键帧。选中第 2 帧上的卡通人物图像,在"属性"面板中单击"交换"按钮,打开"交换位图"对话框,在其中选择"走路 2.jpg"位图,如图 12-17 所示,单击"确定"按钮,这样第 2 帧上的卡通人物图像就被更换为需要的人物行走动作图像了。

(5)采用先插入关键帧再交换位图的类似方法,从第 3 帧开始进行操作,直到第 12 帧为止。完成后的图层结构如图 12-18 所示。

(6)按 Enter 键观看动画效果,可以看到人物原地行走的动画效果,但是行走的速度太

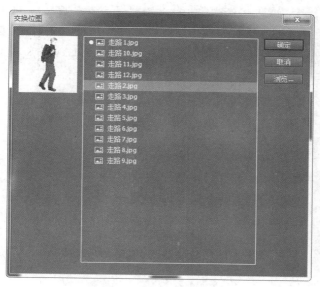

图 12-17 "交换位图"对话框

快,下面把行走的速度减慢一些。

（7）单击选中第 1 帧,连续按 F5 键 4 次,此时的图层结构如图 12-19 所示。

图 12-18 图层结构

图 12-19 添加普通帧的图层结构

（8）按照同样的方法,在每个关键帧后面插入 4 个普通帧。完成操作后的图层结构如图 12-20 所示。

图 12-20 最后的图层结构

（9）按 Ctrl＋Enter 组合键测试动画,观看动画效果。

专家点拨：这里制作人物原地行走的动画效果,是为了达到简化本范例制作的目的。在本范例动画效果的基础上,如果想实现人物真实行走的动画效果,还要使用 Animate 的补间动画技术,这些技术将在后面介绍。

2. 绘图纸功能

绘图纸是一个帮助用户定位和编辑动画的辅助功能,这个功能对制作逐帧动画特别有用。通常情况下,Animate 在舞台中一次只能显示动画序列的单个帧。在使用绘图纸功能后,就可以在舞台中一次查看两个或多个帧了。

因为逐帧动画的各帧画面有相似之处,所以如果要一帧一帧地绘制,工作量不仅大,而

扫一扫

视频讲解

且定位会非常困难。这时如果用绘图纸功能，一次查看和编辑多个帧，对制作细腻的逐帧动画将有很大的帮助。图 12-21 所示为使用了绘图纸功能后的场景，可以看出当前帧中的对象处于选中状态，这时只能编辑当前帧的画面内容。但是其他帧的画面可以作为参考，对当前帧的画面的编辑起到辅助功能。

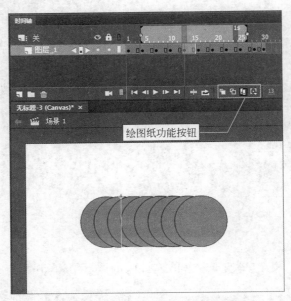

图 12-21　同时显示多帧内容的变化

绘图纸功能按钮的功能如下。

- "绘图纸外观"按钮■：按下此按钮后，在时间轴的上方会出现绘图纸外观标记■，拖动外观标记的两端可以扩大或缩小显示范围。
- "绘图纸外观轮廓"按钮■：按下此按钮后，场景中显示各帧画面的轮廓线，填充色消失，特别适合观察画面轮廓，另外可以节省系统资源，加快显示过程。
- "编辑多个帧"按钮■：按下此按钮后，可以显示全部帧内容，并且可以进行"多帧同时编辑"。
- "修改标记"按钮■：按下此按钮后，弹出一个下拉菜单，菜单中有以下选项。
  - ◆ "始终显示标记"选项：会在时间轴标题中显示绘图纸外观标记，无论绘图纸外观是否打开。
  - ◆ "锚定标记"选项：会将绘图纸外观标记锁定在它们在时间轴标题中的当前位置。通常情况下，绘图纸外观范围是和当前帧的指针以及绘图纸外观标记相关的。通过锚定绘图纸外观标记，可以防止它们随当前帧的指针移动。
  - ◆ "标记范围 2"选项：会在当前帧的两边显示两个帧。
  - ◆ "标记范围 5"选项：会在当前帧的两边显示 5 个帧。
  - ◆ "标记所有范围"选项：会在当前帧的两边显示全部帧。

　　专家点拨：绘图纸就像洋葱皮一样是一层套一层显示的，在编辑动画时能够一次性看到多个帧的画面。需要注意的是绘图纸功能不能使用在已经被锁定的图层上，若要在该图层上使用绘图纸功能,应该首先解除对图层的锁定。

12.2.2 形状补间动画

通过形状补间可以创建类似于形变的动画效果,使一个形状逐渐变成另一个形状。使用形状补间动画可以制作人物头发飘动、人物衣服摆动、窗帘飘动等动画效果。

1. 制作形状补间动画的方法

形状补间动画的基本制作方法是在一个关键帧上绘制一个形状,然后在另一个关键帧上更改该形状或绘制另一个形状。在定义好形状补间动画后,Animate 会自动补上中间的形状渐变过程。

下面制作一个圆形变成矩形的动画效果。

(1)用 Animate 新建一个 ActionScript 3.0 文档,保持文档属性为默认设置。

(2)选择"椭圆工具",在舞台上绘制一个无边框、黑色填充的圆形,如图 12-22 所示。

(3)在"图层_1"的第 20 帧处按 F7 键插入一个空白关键帧,用"矩形工具"绘制一个无边框、黑色填充的矩形,如图 12-23 所示。

图 12-22 绘制一个圆形   图 12-23 绘制一个矩形

专家点拨:在绘制圆形和矩形时,一定要保证绘图工具箱中的"对象绘制"按钮不被按下,这样才能绘制出想要的形状。

(4)选择第 1 帧,然后右击,在弹出的快捷菜单中选择"创建补间形状"命令。这时,"图层_1"的第 1 帧到第 20 帧之间出现了一条带箭头的实线,并且第 1 帧到第 20 帧之间的帧格变成绿色,如图 12-24 所示。

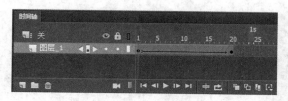

图 12-24 形状补间动画的"时间轴"面板

(5)这样就制作完成了一个形状补间动画。按 Enter 键,可以看到一个圆形逐渐变化为矩形。

(6)形状补间动画除了可以制作形状的变形动画以外,也可以制作形状的位置、大小、颜色变化的动画效果。选择第 20 帧上的矩形,将它的填充颜色更改为红色。

(7)按 Enter 键,可以看到一个圆形逐渐变化为矩形,并且图形颜色由黑色逐渐过渡为红色。

2. 形状补间动画的参数设置

在定义了形状补间动画后,在"属性"面板的"补间"栏中可以进一步设置相应的参数,以使动画效果更丰富,如图 12-25 所示。

1)"缓动"选项

"缓动类型"列表中默认是 Classic Ease(典型缓动)。这时将鼠标指针指向"缓动强度"的缓动值 **0**,会出现小手标志,拖动即可设置参数值。用户也可以直接单击缓动值,然后在文本框中输入具体的数值,设置完后动画效果会作出相应的变化。具体情况如下。

图 12-25　"属性"面板

- 在－1 到－100 的负值之间,动画的速度从慢到快,朝动画结束的方向加速补间。
- 在 1 到 100 的正值之间,动画的速度从快到慢,朝动画结束的方向减慢补间。
- 在默认情况下,补间帧之间的变化速率是不变的。

展开"缓动类型"列表,在其中可以选择不同类型的缓动效果,如图 12-26 所示。单击"编辑缓动"按钮 可以打开"自定义缓动"对话框,在其中可以自定义缓动效果,如图 12-27 所示。

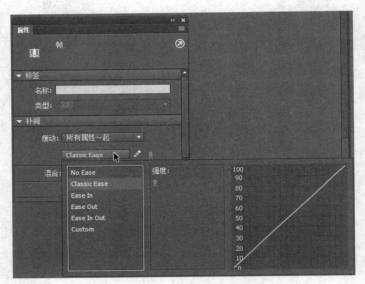

图 12-26　选择缓动类型

2)"混合"选项

在这个选项的下拉列表中有两个选项。

- 分布式:创建的动画的中间形状更为平滑和不规则。
- 角形:创建的动画的中间形状会保留明显的角和直线。

专家点拨:"角形"只适合于具有锐化转角和直线的混合形状。如果选择的形状没有角,Animate 会还原到分布式形状补间动画。

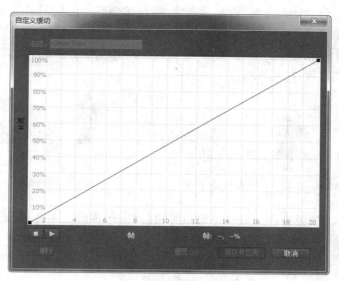

图 12-27　"自定义缓动"对话框

3. 添加形状提示

要控制更加复杂或特殊的形状变化,可以使用形状提示。形状提示会标识起始形状和结束形状中相对应的点。例如,如果要通过补间形状制作一个改变人物脸部表情的动画,可以使用形状提示来标记每只眼睛。这样在形状发生变化时脸部就不会乱成一团,每只眼睛还都可以辨认。

下面用一个简单的数字转换效果来说明一下形状提示的妙用。

(1) 用 Animate 新建一个 ActionScript 3.0 文档,保持文档属性为默认设置。

(2) 选择"文本工具",在"属性"面板中设置字体为 Arial Black、字体大小为 150 磅、文本颜色为黑色。

(3) 在舞台上单击,输入数字 1,然后选择"修改"|"分离"命令,将数字分离成形状,如图 12-28 所示。

(4) 选择"图层_1"的第 20 帧,按 F7 键插入一个空白关键帧。选择"文本工具",输入数字 2。

(5) 同样把这个数字 2 分离成形状,如图 12-29 所示。

图 12-28　将数字分离成形状　　　图 12-29　第 20 帧上的数字形状

(6) 选择第 1 帧,然后右击,在弹出的快捷菜单中选择"创建补间形状"命令来定义形状补间动画。

(7) 按 Enter 键,可以观察到数字 1 变形为数字 2 的动画效果。但是这个变形过程很乱,不太符合需要的效果。下面添加变形提示以改进动画效果。

（8）选择"图层_1"的第1帧，然后选择"修改"|"形状"|"添加形状提示"命令两次，这时舞台上会连续出现两个红色的变形提示点（重叠在一起），如图12-30所示。

（9）在绘图工具箱的下方确认"贴紧至对象"按钮 处于被按下状态，调整第1、20帧处的形状提示，如图12-31所示。

第1帧　　　　第20帧

图12-31　调整提示点

图12-30　添加两个变形提示点

（10）调整好后在旁边的空白处单击鼠标，提示点的颜色会发生变化，第1帧上的变为黄色，第20帧上的变为绿色。

（11）再次按Enter键，可以观察到数字1变形为数字2的动画效果已经比较美观了。数字转换的过程是按照用户添加的提示点进行的。

专家点拨：在Animate中形状提示点的编号为a～z，共有26个。在使用形状提示时，并不是提示点越多效果越好，有时候过多的提示点反而会使补间形状动画异常。在添加提示点时，应首先预览动画效果，然后在动画不太自然的位置添加提示点。

12.2.3　传统补间动画

在某一个时间点（也就是一个关键帧）可以设置对象的位置、旋转、缩放、颜色和滤镜等属性，在另一个时间点（也就是另一个关键帧）可以改变对象的这些属性。在这两个关键帧之间定义了传统补间，Animate就会自动补上中间的动画过程。

1. 传统补间动画的创建方法

构成传统补间动画的对象包括元件（影片剪辑元件、图形元件、按钮元件），不能是形状、文字、组等对象类型，只有把它们转换成"元件"后才可以成为传统补间动画中的"演员"。

下面制作一个飞机飞行的动画效果。

（1）用Animate新建一个ActionScript 3.0文档，设置舞台背景色为蓝色，其他保持默认。

（2）选择"文本工具"，在"属性"面板中设置"文本类型"为静态文本、"系列"为Webdings、"大小"为100磅、"颜色"为白色。

（3）在舞台上单击，然后按j键，这样舞台上就出现了一个飞机符号。将这个飞机符号拖到舞台的右上角，如图12-32所示。选择"修改"|"转换为元件"命令将其转换为图形元件。

（4）选择"图层_1"的第35帧，按F6键插入一个关键帧。

（5）把第35帧上的飞机移到舞台的左下角，如图12-33所示。

（6）选择第1帧和第35帧之间的任意一帧，然后右击，在弹出的快捷菜单中选择"创建传统补间"命令，如图12-34所示。

（7）这时"图层_1"的第1帧到第35帧之间出现了一条带箭头的实线，并且第1帧到第35帧之间的帧格变成淡紫色，如图12-35所示。

图 12-32　输入飞机符号

图 12-33　第 35 帧上飞机的位置

图 12-34　定义传统补间

图 12-35　传统补间动画的"时间轴"面板

（8）这样就完成了一个传统补间动画的制作。按 Enter 键，可以看到飞机从舞台右上角飞到舞台左下角的动画效果。

专家点拨：创建传统补间动画，还可以在起始关键帧和终止关键帧间的任意一帧上单击，然后选择"插入"|"传统补间"命令。当想要取消创建的传统补间动画时，可以任选一帧右击，在弹出的快捷菜单中选择"删除补间"命令。

2. 传统补间的参数设置

在定义了传统补间后，在"属性"面板的"补间"栏中可以进一步设置相应的参数，以使动画效果更丰富，如图 12-36 所示。

1）"缓动"选项

在"缓动"下拉列表中包括"所有属性一起"和"单独每属性"两个选项。"所有属性一起"是默认选项，表示缓动效果作用于所有属性；如果选择了"单独每属性"选项，那么可以针对单个属性进行缓动的设置，如图 12-37 所示。

"缓动类型"列表中默认是 Classic Ease（典型缓动）。这时将鼠标指针指向"缓动强度"的缓动值，会出现小手标志，拖动即可设置参数值。用户也可以直接单击缓动值，然后在文本框中输入具体的数值，设置完后动画效果会作出相应的变化。具体情况如下。

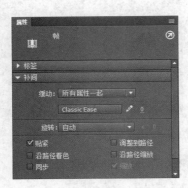

图 12-36 "属性"面板

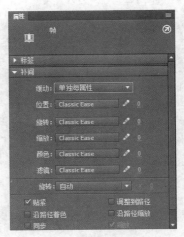

图 12-37 选择"单独每属性"

- 在－1 到－100 的负值之间,动画运动的速度从慢到快,朝运动结束的方向加速补间。
- 在 1 到 100 的正值之间,动画运动的速度从快到慢,朝运动结束的方向减慢补间。
- 在默认情况下,补间帧之间的变化速率是不变的。

展开"缓动类型"列表,在其中可以选择不同类型的缓动效果,如图 12-38 所示。单击"编辑缓动"按钮 可以打开"自定义缓动"对话框,在其中可以自定义缓动效果,如图 12-39 所示。利用这个功能,可以准确地模拟对象运动速度等属性的各种变化,使其更符合对象的运动特性。

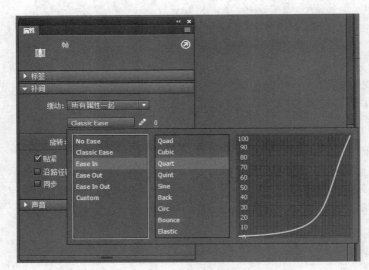

图 12-38 选择缓动类型

2)"旋转"选项

"旋转"下拉列表中包括 4 个选项。选择"无"(默认设置)可禁止元件旋转;选择"自动"可使元件在需要最小动作的方向上旋转对象一次;选择"顺时针"或"逆时针",并在后面输入数字,可使元件在运动时顺时针或逆时针旋转相应的圈数。

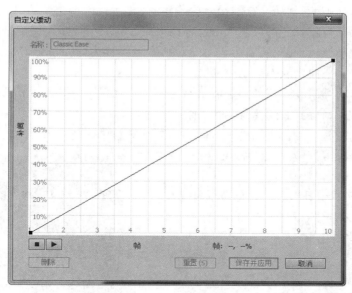

图 12-39　"自定义缓动"对话框

3）"贴紧"复选框

选中此复选框，可以根据注册点将补间对象附加到运动路径，此项功能主要用于引导路径动画。

4）"调整到路径"复选框

将补间对象的基线调整到运动路径，此项功能主要用于引导路径动画。在定义引导路径动画时，如果选中了这个复选框，可以使动画对象根据路径调整，使动画更逼真。

5）"沿路径着色"复选框

此项功能主要用于引导路径动画，当选中了这个复选框后，动画角色的颜色会根据引导路径颜色的变化而变化。

6）"沿路径缩放"复选框

此项功能主要用于引导路径动画，当选中了这个复选框后，动画角色会沿着路径缩放。

7）"同步"复选框

选中此复选框，可以使图形元件的动画和主时间轴同步。

8）"缩放"复选框

在制作传统补间动画时，如果在终点关键帧上更改了动画对象的大小，那么这个"缩放"复选框选中与否会影响动画的效果。

如果选中了这个复选框，那么可以将大小变化的动画效果补出来，也就是说可以看到动画对象从大逐渐变小（或者从小逐渐变大）的效果。

如果没有选中这个复选框，那么大小变化的动画效果就补不出来。在默认情况下，"缩放"复选框自动被选中。

12.2.4　基于传统补间的路径动画

使用传统补间动画制作的位置移动动画是沿着直线进行的，但是在生活中有很多运动

扫一扫

视频讲解

路径是弧线或不规则的,例如月亮围绕地球旋转、鱼儿在大海里遨游等,在 Animate 中使用"基于传统补间的路径动画"可以制作出这样的效果。将一个或多个图层链接到一个引导图层,使一个或多个对象沿同一条路径运动的动画形式被称为"路径动画"。这种动画可以使一个或多个对象完成曲线或不规则运动。

一个最简单的"路径动画"由两个图层组成,上面一层是"引导层",它的图标为 ；下面一层是"被引导层",它的图标为 ,和普通图层一样。

下面通过制作一个飞机沿圆周飞行的动画来讲解制作路径动画的方法。

(1) 用 Animate 新建一个动画文档,设置舞台背景色为蓝色,其他保持默认。

(2) 选择"文本工具",在"属性"面板中设置"文本类型"为静态文本、"系列"为 Webdings、"大小"为100 磅、"颜色"为白色。

(3) 在舞台上单击,然后按 j 键,这样舞台上就出现了一个飞机符号,如图 12-40 所示。选择"修改"|"转换为元件"命令将其转换为图形元件。

(4) 在"图层_1"的第 50 帧处按 F6 键插入一个关键帧,将飞机移到其他位置。

图 12-40　输入飞机符号

(5) 选择第 1 帧和第 50 帧之间的任意一帧,然后右击,在弹出的快捷菜单中选择"创建传统补间"命令,这样就定义了从第 1 帧到第 50 帧的传统补间动画。这时的动画效果是飞机直线飞行。

(6) 选择"图层_1"右击,在弹出的快捷菜单中选择"添加传统运动引导层"命令,这样"图层_1"上面就会出现一个引导层,并且"图层_1"自动缩进,如图 12-41 所示。

图 12-41　添加运动引导层

(7) 选择"椭圆工具",设置"笔触颜色"为黑色、"填充颜色"为无,在舞台上绘制一个大圆。

(8) 选择"橡皮擦工具",在绘图工具箱的下方选择一个小一些的橡皮擦形状,将舞台上的圆擦一个小缺口,如图 12-42 所示。

专家点拨:这里之所以将圆擦一个小缺口,是因为在引导层上绘制的路径不能是封闭的曲线,路径曲线必须有两个端点,这样才能进行后续的操作。

(9) 切换到"选择工具",确认"贴紧至对象"按钮 处于被按下状态。选择第 1 帧上的飞机,拖动它到圆缺口的左端点,如图 12-43 所示。注意在拖动过程中,当飞机快接近端点时,会自动吸附到上面。

(10) 按照同样的方法,选择第 50 帧上的飞机,拖动它到圆缺口的右端点。

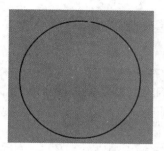

图 12-42　擦一个小缺口的圆

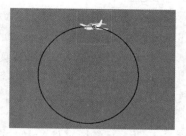

图 12-43　飞机吸附到右端点

（11）按 Enter 键，可以观察到飞机沿着圆周在飞行，但是飞机的飞行姿态不符合实际情况。通过下面的操作步骤进行改进。

（12）选择"图层_1"的第 1 帧，在"属性"面板的"补间"栏中选中"调整到路径"复选框，如图 12-44 所示。

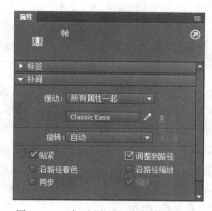

图 12-44　勾选"调整到路径"复选框

（13）测试动画，可以观察到飞机姿态优美地沿着圆周飞行。

12.3　元件及其应用

元件是指可以重复利用的图形、动画片段或者按钮，它们被保存在"库"面板中。在制作动画的过程中，将需要的元件从"库"面板中拖到场景上，场景中的对象称为该元件的一个实例。如果库中的元件发生改变（例如对元件重新编辑），则元件的实例也会随之变化。同时，实例可以具有自己的个性，它的更改不会影响库中的元件本身。

12.3.1　元件的类型和创建元件的方法

元件是 Animate 动画中的基本构成要素之一，除了可以重复利用、便于大量制作之外，它还有助于减少动画文件的大小。在应用脚本制作交互式动画时，某些元件（例如按钮和影片剪辑元件）更是不可缺少的。

扫一扫

视频讲解

1．元件的类型

元件存放在 Animate 动画文件的"库"面板中，"库"面板具有强大的元件管理功能，在制作动画时可以随时调用"库"面板中的元件。

依照功能和类型的不同，元件可分成以下 3 种。

（1）影片剪辑元件：一个独立的动画片段，具有自己独立的时间轴。它可以包含交互控制、音效，甚至能包含其他的影片剪辑实例。它能创建出丰富的动画效果，能使制作者的任何灵感变为现实。

（2）按钮元件：对鼠标事件（例如单击和滑过）作出响应的交互按钮。它无可替代的优点在于能使观众与动画更贴近，也就是利用它可以实现交互动画。

（3）图形元件：通常用于存放静态的图像，也能用来创建动画，在动画中可以包含其他元件实例，但不能添加交互控制和声音效果。

在一个包含各种元件类型的 Animate 动画文件中，选择"窗口"|"库"命令，可以在打开的"库"面板中找到各种类型的元件。在"库"面板中除了可以存储元件对象以外，还可以存放从动画文件外部导入的位图、声音、视频等类型的对象。

2．元件的创建方法

元件的创建方法一般有两种，一种方法是新建元件，另一种方法是将舞台上的对象转换为元件。

1）新建元件

选择"插入"|"新建元件"命令，弹出"创建新元件"对话框，如图 12-45 所示。在"名称"文本框中可以输入元件的名称，默认名称是"元件1"。在"类型"下拉列表中包含 3 个选项，分别对应 3 种元件类型。

单击"确定"按钮，就新建了一个元件。Animate 会将该元件添加到"库"面板中，并切换到元件编辑模式。在元件编辑模式下，元件的名称将出现在舞台左上角的上面，并在编辑场景中用一个十字光标表明该元件的注册点。

2）转换为元件

除了新建元件以外，还可以直接将场景中已有的对象转换为元件。选择场景中的对象，选择"修改"|"转换为元件"命令（或者按 F8 键），则弹出"转换为元件"对话框，如图 12-46 所示。在"名称"文本框中可以输入元件的名称，默认名称是"元件1"。在"类型"下拉列表中包含 3 个选项，分别对应 3 种元件类型。"对齐"选项右边是注册网格，在注册网格中单击，以便确定元件的注册点。

图 12-45 "创建新元件"对话框

图 12-46 "转换为元件"对话框

单击"确定"按钮，就将场景中选择的对象转换为元件。Animate 会将该元件添加到"库"面板中。舞台上选定的对象此时就变成了该元件的一个实例。

专家点拨：在使用"转换为元件"对话框将对象转换为元件时，可指定对象在元件场景中的位置，这个位置以元件中心点为基准。例如选择注册网格左上角的方块按钮，在转换为元件后，对象的左上角将与元件的中心点(十字注册点)对齐。

3. 编辑元件

在编辑元件时，Animate 会更新文档中该元件的所有实例。Animate 提供了 3 种方式来编辑元件，即在当前位置编辑元件、在新窗口中编辑元件和在元件编辑模式下编辑元件。

1) 在当前位置编辑元件

用户可以使用"在当前位置编辑"命令在该元件和其他对象一起的舞台上编辑该元件。其他对象以灰显方式出现，从而将它们与正在编辑的元件区别开来。正在编辑的元件的名称显示在舞台上方的编辑栏内，位于当前场景名称的右侧。具体操作步骤如下。

（1）执行以下操作之一，即可在当前位置进入元件的编辑状态。

- 在舞台上双击该元件的一个实例。
- 在舞台上选择该元件的一个实例，然后右击，从弹出的快捷菜单中选择"在当前位置编辑"命令。
- 在舞台上选择该元件的一个实例，然后选择"编辑"|"在当前位置编辑"命令。

（2）根据需要编辑该元件。例如要更改注册点，可以拖动该元件，让其与十字图标对齐。

（3）要退出在当前位置编辑模式并返回到文档编辑模式，可执行以下操作之一。

- 单击舞台顶部编辑栏左侧的"返回"按钮。
- 在舞台上方编辑栏的"编辑场景"弹出菜单中选择当前场景的名称。
- 选择"编辑"|"编辑文档"命令。

2) 在新窗口中编辑元件

用户可以使用"在新窗口中编辑"命令在一个单独的窗口中编辑元件。在单独的窗口中编辑元件可以同时看到该元件和主时间轴。正在编辑的元件的名称会显示在舞台上方的编辑栏内。具体操作步骤如下。

（1）在舞台上选择该元件的一个实例，然后右击，从弹出的快捷菜单中选择"在新窗口中编辑"命令。

（2）根据需要编辑该元件。

（3）单击右上角的关闭框来关闭新窗口，然后在主文档窗口内单击以返回到编辑主文档状态下。

3) 在元件编辑模式下编辑元件

使用元件编辑模式，可以将窗口从舞台视图更改为只显示该元件的单独视图来编辑元件。正在编辑的元件的名称会显示在舞台上方的编辑栏内，位于当前场景名称的右侧。具体操作步骤如下。

（1）要进入元件的编辑模式，可以执行以下操作之一。

- 双击"库"面板中的元件图标。
- 在舞台上选择该元件的一个实例，然后右击，从弹出的快捷菜单中选择"编辑元件"命令。
- 在舞台上选择该元件的一个实例，然后选择"编辑"|"编辑元件"命令。

- 在"库"面板中选择该元件，然后从"库"面板的面板菜单中选择"编辑"命令，或者右击，然后从弹出的快捷菜单中选择"编辑"命令。

（2）根据需要编辑该元件。

（3）要退出元件编辑模式并返回到文档编辑状态，可执行以下操作之一。

- 单击舞台顶部编辑栏左侧的"返回"按钮。
- 选择"编辑"|"编辑文档"命令。
- 单击舞台上方编辑栏内的场景名称。

12.3.2　影片剪辑元件

使用影片剪辑元件可以创建可重用的动画片段。影片剪辑拥有自己的独立于主时间轴的多帧时间轴。可以将影片剪辑看作主时间轴内的嵌套时间轴，它们可以包含交互式控件、声音甚至其他影片剪辑实例。

影片剪辑元件是使用最频繁的元件类型，它功能强大，利用它可以制作出效果丰富的动画效果。下面通过制作一个骏马飞奔的动画范例来理解影片剪辑元件。

（1）新建一个 Animate 动画文档，保持文档属性为默认设置。

（2）选择"文件"|"导入"|"导入到舞台"命令，将外部的一张骏马素材图像（骏马 1.gif）导入舞台中。

（3）选中舞台上的骏马图像，选择"修改"|"转换为元件"命令，将其转换为名称为"骏马"的图形元件，如图 12-47 所示。

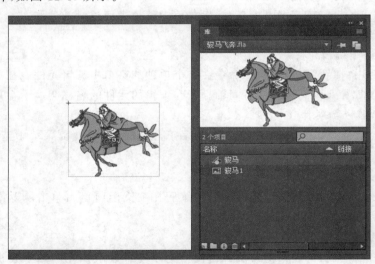

图 12-47　转换为图形元件

（4）将舞台上的骏马实例放置在舞台的右边。在"图层_1"的第 20 帧插入一个关键帧，将这个帧上的骏马实例水平移动到舞台的左边。

（5）定义从第 1 帧到第 20 帧的传统补间动画。

（6）测试动画，可以看到骏马图片位置移动的动画效果，但是这个效果绝对不是骏马飞奔的效果。

专家点拨：由于传统补间动画的动画主角是一个静态的图形实例，所以目前制作出来的动画也仅是一张静态图片的位置移动。要想制作出比较逼真的骏马飞奔的动画效果，需要将传统补间动画的动画主角换成一个动画片段。这可以利用影片剪辑元件来完成。接着上面的步骤进行操作。

（7）选择"插入"|"新建元件"命令，弹出"创建新元件"对话框。在其中定义元件的名称为"骏马奔跑"，选择"类型"为"影片剪辑"，如图12-48所示。单击"确定"按钮进入元件的编辑场景中。

（8）选择"文件"|"导入"|"导入到舞台"命令，将外部的骏马图像序列（骏马1.gif～骏马7.gif）全部导入场景中。因为前面已经导入了一张图像（骏马1.gif），所以会出现如图12-49所示的"解决库冲突"对话框，直接单击"确定"按钮即可。

图12-48　"创建新元件"对话框

图12-49　"解决库冲突"对话框

专家点拨：当要导入文档中的对象与"库"中存在的某个对象具有完全相同的名称时，Animate会打开"解决库冲突"对话框。此时如果选中"替换现有项目"单选按钮，Animate会使用同名的新对象替换"库"中已有的对象；如果选中"不替换现有项目"单选按钮，则Animate会在新对象的名称后自动增加"副本"字样并添加到"库"中。这里要注意，一旦进行了替换，替换将无法撤销。

（9）导入的图像会自动分布在"骏马奔跑"影片剪辑元件的7个关键帧上，如图12-50所示。这是一个动画片段，按Enter键，会看到骏马在原地奔跑。

（10）返回到"场景1"。选择舞台上的骏马实例（原来的"骏马"图形元件的实例），打开"属性"面板，单击其中的"交换"按钮，弹出"交换元件"对话

图12-50　"骏马奔跑"影片剪辑元件

框，如图12-51所示。在其中选择"骏马奔跑"影片剪辑元件，单击"确定"按钮。

（11）分别选择第1帧和第20帧上的实例，在"属性"面板的"实例行为"下拉列表中选择"影片剪辑"。这时舞台上的实例就换成了"骏马奔跑"影片剪辑实例，它是一个动画片段。

（12）测试动画，可以看到骏马飞奔的动画效果。这个动画效果实现的原理是，一个影片剪辑元件的实例作为传统补间动画的"演员"，影片剪辑元件是一个骏马原地奔跑的动画片段，传统补间动画是位置移动的效果，这样合在一起就形成骏马飞奔的动画效果了。

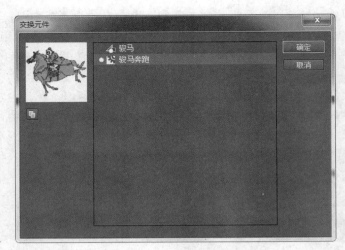

图 12-51　"交换元件"对话框

12.3.3　按钮元件

按钮元件是实现 Animate 动画与用户进行交互的灵魂，它能够响应鼠标事件（单击或者滑过等），执行指定的动作。按钮元件可以拥有灵活多样的外观，可以是位图，也可以是绘制的形状；可以是一根线条，也可以是一个线框；可以是文字，甚至还可以是看不见的"透明按钮"。

1. 认识按钮元件

新建一个动画文档，选择"插入"|"新建元件"命令，弹出"创建新元件"对话框，在"名称"文本框中输入"圆形按钮"，选择"类型"为"按钮"，如图 12-52 所示。

单击"确定"按钮，进入按钮元件的编辑场景中，如图 12-53 所示。

图 12-52　新建按钮元件

图 12-53　按钮元件的时间轴

按钮元件拥有与影片剪辑元件、图形元件不同的编辑场景，在它的时间轴上只有 4 个帧，通过这 4 个帧可以指定不同的按钮状态。

- "弹起"帧：表示鼠标指针不在按钮上时的状态。
- "指针经过"帧：表示鼠标指针在按钮上时的状态。
- "按下"帧：表示单击按钮时的状态。
- "点击"帧：定义对鼠标作出反应的区域，这个反应区域在动画播放时是看不到的。这个帧上的图形必须是一个实心图形，该图形区域必须足够大，以包含前面 3 帧中的所有图形元素。在运行时，只有在这个范围内操作鼠标才能被播放器认定为事件发生。如果该帧为空,则默认以"弹起"帧内的图形作为响应范围。

2. 按钮元件的制作范例

下面是制作一个变色按钮的例子,按钮是一个蓝色到黑色的放射状渐变色的椭圆形,当鼠标指向按钮时,椭圆变为黄色到黑色的放射状渐变色;当单击按钮时,椭圆变为绿色到黑色的放射状渐变色,如图 12-54 所示。

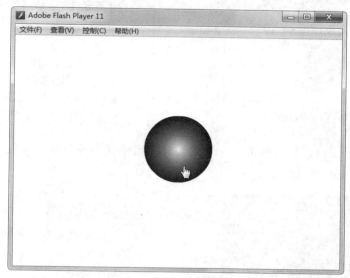

图 12-54　变色按钮

具体的制作步骤如下。

(1) 新建一个 ActionScript 3.0 动画文档,选择"插入"|"新建元件"命令,弹出"创建新元件"对话框,在"名称"文本框中输入"椭圆",在"类型"下拉列表中选择"按钮"选项,如图 12-55 所示。

(2) 单击"确定"按钮,进入按钮元件的编辑场景中,选择"椭圆工具",设置"笔触颜色"为无,设置"填充颜色"为样本色中的"蓝色径向渐变色",如图 12-56 所示。然后在场景中绘制一个如图 12-57 所示的椭圆。

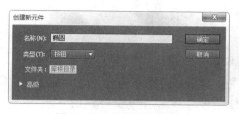

图 12-55　新建按钮元件

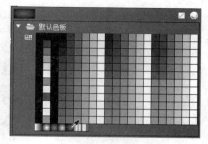

图 12-56　选择填充颜色

(3) 选择"指针经过"帧,按 F6 键插入一个关键帧。把该帧上的图形重新填充为黄色到黑色的径向渐变色,效果如图 12-58 所示。

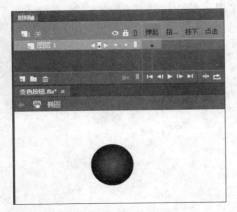

图 12-57　绘制椭圆

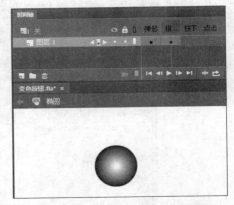

图 12-58　"指针经过"帧上的图形

（4）选择"按下"帧，按 F6 键插入一个关键帧。把该帧上的图形重新填充为绿色到黑色的径向渐变色，效果如图 12-59 所示。

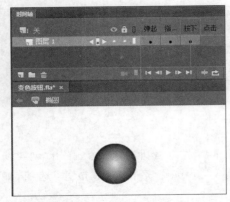

图 12-59　"按下"帧上的图形

（5）选择"点击"帧，按 F6 键插入一个关键帧，定义鼠标的响应区为椭圆。

（6）至此这个按钮元件就制作好了。现在返回场景 1，并从"库"面板中将"椭圆"按钮元件拖放到舞台上，然后按 Ctrl＋Enter 组合键测试一下，将鼠标指针移动到按钮上，按钮就会变色了。

专家点拨：在 Animate 动画文档编辑状态下，舞台上的按钮实例默认是禁用状态，无法直接测试按钮的效果。为了能在动画编辑状态下直接测试按钮，可以选择"控制"|"启用简单按钮"命令，此时鼠标滑过按钮可看到"指针经过"帧的效果，单击按钮显示"按下"帧的效果。

3. 网页导航条

Animate 按钮是网页导航条中经常使用的元素，如图 12-60 所示就是一个网站导航条，里面包括 5 个文字按钮。

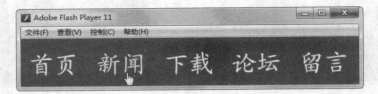

图 12-60　导航菜单

下面制作这个包括 5 个文字按钮的导航菜单。

（1）用 Animate 新建一个动画文档，设置舞台尺寸为 480×80 像素，背景颜色为蓝色。

（2）选择"插入"|"新建元件"命令，弹出"创建新元件"对话框，在"名称"文本框中输入"首页"，选择"类型"为"按钮"，单击"确定"按钮，进入按钮元件的编辑场景中。

（3）选择"文本工具"，在"属性"面板中设置"文本类型"为静态文本、字体为楷体、字体大小为40、文本颜色为白色。在场景中输入"首页"，如图12-61所示。

（4）选择"指针经过"帧，按F6键插入一个关键帧。把该帧上的文字的颜色重新设置为黄色。

（5）选择"按下"帧，按F6键插入一个关键帧。把该帧上的文字的颜色重新设置为红色，如图12-62所示。

图12-61 制作"弹起"帧上的文字

图12-62 制作"按下"帧上的文字

（6）选择"点击"帧，按F7键插入一个空白关键帧。单击"编辑多个帧"按钮，如图12-63所示。这样可以使文字显示出来，辅助创建"点击"帧上的感应区。

（7）选择"矩形工具"，绘制一个刚好能覆盖文字的矩形，如图12-64所示。这个矩形是文字按钮的鼠标感应区域。

图12-63 单击"编辑多个帧"按钮

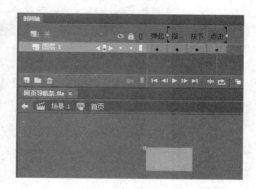

图12-64 绘制矩形

（8）返回场景1，并从"库"面板中将"首页"按钮元件拖放到舞台上，然后按Ctrl＋Enter组合键测试。

（9）其他4个文字按钮的制作方法类似。制作完成以后，将其整齐排列在舞台上即可。

12.4　高级动画

利用前面学习的知识，基本上可以完成大部分的网页动画的设计和制作工作。本节进一步学习 Animate 动画的知识，包括补间动画、遮罩动画、3D 动画和骨骼动画等的制作方法。

12.4.1　补间动画

前面学习了传统补间动画，这是 Animate 最基础的一种补间动画类型，它是将补间应用于关键帧。下面介绍一种基于对象的补间动画类型，这种动画可以对舞台上的对象的某些属性实现全面控制，由于它将补间直接应用于对象而不是关键帧，所以这也被称为对象补间。

下面制作一个飞机由远及近的飞行动画。

（1）用 Animate 新建一个动画文档，设置舞台的背景颜色为蓝色，其他保持默认设置。

（2）选择"文本工具"，在"属性"面板中设置"文本类型"为静态文本、"系列"为 Webdings、"大小"为 100点、"颜色"为白色。

（3）在舞台上单击，然后按 j 键，这样舞台上就出现了一个飞机符号。将这个飞机符号拖放到舞台的右上角，如图 12-65 所示。

图 12-65　输入飞机符号

（4）选择第 40 帧，按 F5 键插入帧。选择第 1 帧到第 40 帧之间的任意一帧，然后右击，在弹出的快捷菜单中选择"创建补间动画"命令，这时第 1 帧到第 40 帧之间的帧颜色变成了淡蓝色，如图 12-66 所示。

图 12-66　创建补间动画

专家点拨：在创建补间动画时，也可以右击文本对象，在弹出的快捷菜单中选择"创建补间动画"命令。

（5）将播放头移动到第 40 帧，然后移动舞台上的飞机到舞台的左下角。这样就在第 40帧创建了一个属性关键帧，同时可以发现舞台上出现一个路径线条，线条上有很多节点，每个节点对应一个帧，如图 12-67 所示。

专家点拨：第 40 帧这个关键帧，它不是普通的关键帧，而是被称为属性关键帧。注意属性关键帧和普通关键帧的不同，属性关键帧在补间范围中显示为小菱形。但对象补间的第 1 帧始终是属性关键帧，它仍显示为圆点。

（6）按 Enter 键，可以看到飞机从舞台右上角飞行到舞台左下角的动画效果。

（7）在默认情况下，时间轴上显示所有属性类型的属性关键帧。右击第 1 帧到第 40 帧之间的任意一帧，在弹出的快捷菜单中打开"查看关键帧"级联菜单，可以看到 6 个属性类型

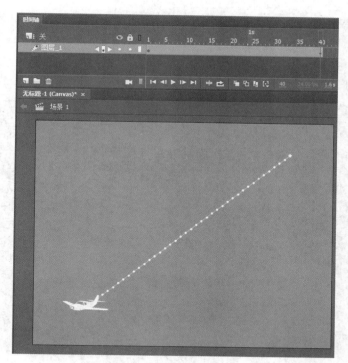

图 12-67 创建属性关键帧

都被选中了,如图 12-68 所示。

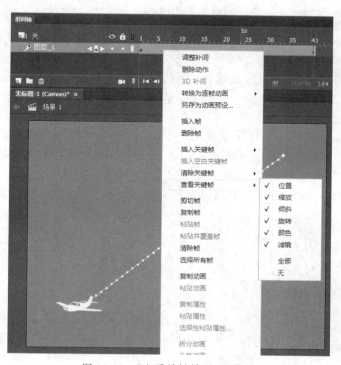

图 12-68 "查看关键帧"级联菜单

（8）如果不想在时间轴上显示某一属性类型的属性关键帧，那么只需在"查看关键帧"级联菜单中取消对某种属性类型的选中即可。比如这里取消对"位置"属性的选中，就可以看到第 40 帧不再显示菱形，如图 12-69 所示。虽然这里取消了第 40 帧上的菱形显示，但是并不影响对象补间动画的效果。

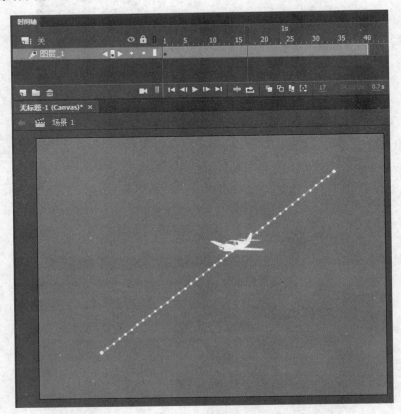

图 12-69　取消显示第 40 帧上的菱形

专家点拨：属性关键帧上的菱形只是一个符号，它表示在该关键帧上"对象的属性"有了变化。这里第 40 帧上改变了飞机的 X 和 Y 这两个位置属性，因此在该帧中为 X 和 Y 添加了属性关键帧。

（9）现在观察动画效果，飞机是沿着直线飞行的，这是因为舞台上的路径线条目前还是一条默认的直线。下面编辑一下路径线条，用"选择工具"将路径线条调整为曲线，如图 12-70 所示。

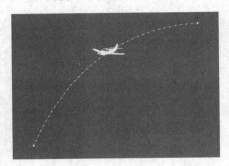

图 12-70　调整路径线条

专家点拨：除了用"选择工具"对路径线条进行调整外，还可以使用"部分选取工具"像使用贝塞尔手柄一样调整路径线条。另外，可以将路径线条复制到普通图层上，也可以将普通图层上的曲线复制到补间图层以替换原来的路径线条。

（10）按 Enter 键，可以看到飞机沿着一条抛物线飞行的动画效果。

（11）移动播放头到第20帧，然后选择对应舞台上的飞机，将其移动位置。这样在第20帧就创建了一个新的属性关键帧，如图12-71所示。

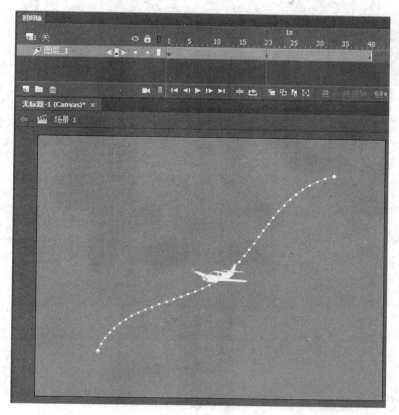

图12-71 创建新的属性关键帧

（12）移动播放头到第40帧，选中舞台上对应的飞机，在"属性"面板中更改其"宽"，以放大飞机的尺寸。这样等于在第40帧又更改了飞机的"缩放"属性。

（13）再次按Enter键，可以看到飞机由远及近逐渐放大的飞行动画。

（14）如果想调整飞机沿路径飞行的姿势，可以单击第1帧到第40帧之间的任意一帧，打开"属性"面板，选中"旋转"栏下面的"调整到路径"复选框，如图12-72所示。这时第1帧到第40帧之间的所有帧都变成了属性关键帧。用"部分选取工具"调整一下路径线条，如图12-73所示。

图12-72 选中"调整到路径"复选框

（15）再次按Enter键，可以看到飞机沿着曲线路径飞行的动画效果，并且飞机的飞行姿势也是沿着路径曲线进行调整的。

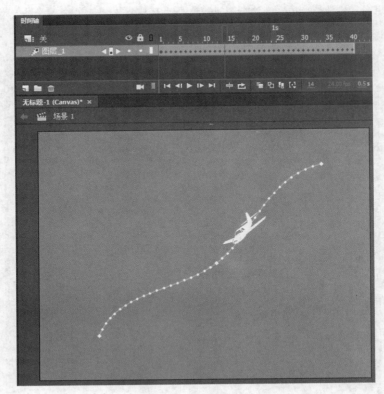

图 12-73　调整到路径

12.4.2　动画编辑器和动画预设

动画编辑器和动画预设可以加强补间动画的功能，前者可以在创建了对象补间动画后以多种方式对补间进行控制，后者可以自动生成补间动画。

1. 动画编辑器

视频讲解

在时间轴上创建了补间动画后，右击补间范围内的任意一帧，在弹出的快捷菜单中选择"调整补间"命令，则在"时间轴"面板中会显示一个动画编辑器，如图 12-74 所示。

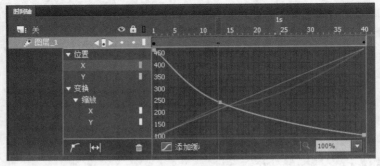

图 12-74　动画编辑器

　　使用动画编辑器能够以多种方式对补间进行控制。在"时间轴"面板的左侧是对象属性的可扩展列表，右侧的时间轴上显示出直线或曲线，直观地表现出不同时刻的属性值。在左侧列表中单击选中某个属性后，在右侧的时间轴上即可编辑相应的曲线。

　　在动画编辑器的底部有一些控制按钮，如下所述。

- "在图形上添加锚点"按钮 ⏣：单击这个按钮后，在曲线上单击可以添加一个锚点。

- "适应视图大小"按钮 ↔：单击这个按钮，可以控制曲线在时间轴上显示的视图大小。

- "为选定属性删除补间"按钮 🗑：选中一个属性后，单击这个按钮可以删除相应属性的补间动画。

- "为选定属性适用缓动"按钮 ◿ 添加缓：选中一个属性后，单击这个按钮可以为其添加某种缓动效果，如图 12-75 所示。

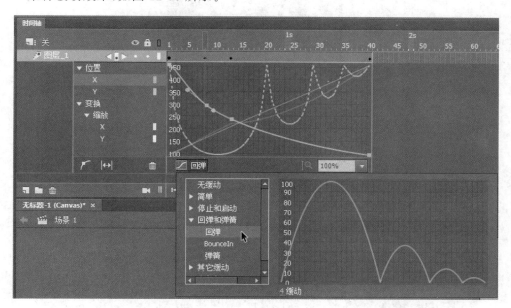

图 12-75　添加缓动效果

　　专家点拨：12.5.3 节讲解了一个汽车网络广告的范例，读者可以通过这个范例的制作步骤进一步理解动画编辑器的使用方法。

2. 动画预设

扫一扫

视频讲解

　　动画预设是 Animate 内置的补间动画，其可以被直接应用于舞台上的实例对象。使用动画预设可以节约动画设计和制作的时间，极大地提高工作效率。

　　Animate 内置的动画预设，可以在"动画预设"面板中选择并预览其效果。选择"窗口"|"动画预设"命令打开"动画预设"面板，在"默认预设"文件夹中选择一个动画预设选项，即可查看其动画效果，如图 12-76 所示。下面介绍使用动画预设的方法。

　　在舞台上选择可创建补间动画的对象，在"动画预设"面板中选择需要使用的预设动画，单击"应用"按钮，选择的对象即被添加了预设动画效果，如图 12-77 所示。

图 12-76　"动画预设"面板

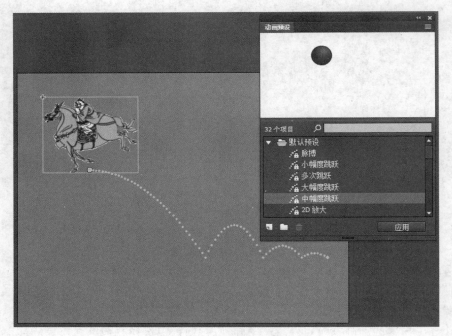

图 12-77　应用预设动画

专家点拨：在应用预设动画时，每个对象只能使用一个预设动画，如果对对象应用第二个预设动画，第二个预设动画将替代第一个。另外，每个动画预设包含特定数量的帧，如果对象已经应用了不同长度的补间，补间范围将进行调整以符合动画预设的长度。

12.4.3 遮罩动画

在 Animate 作品中,大家经常可以看到很多眩目神奇的效果,其中不少就是用遮罩动画完成的,例如水波、万花筒、百叶窗、放大镜等动画效果。

遮罩动画的原理是在舞台前增加一个类似于电影镜头的对象。这个对象不仅仅局限于圆形,可以是任意形状,甚至可以是文字。将来导出的动画只显示电影镜头"拍摄"出来的对象,其他不在电影镜头区域内的舞台对象不再显示。

下面通过具体的操作来讲解遮罩动画的制作方法。

(1) 用 Animate 新建一个动画文档,保持文档属性的默认设置。

(2) 导入一个外部图像(夜景.png)到舞台上。

(3) 新建一个图层,在这个图层上用"椭圆工具"绘制一个圆(无边框,任意色)。计划将这个圆当作遮罩动画中的电影镜头对象来用。

目前动画文档有两个图层,"图层_1"上放置的是导入的图像,"图层_2"上放置的是圆(计划用作电影镜头对象),如图 12-78 所示。

(4) 下面来定义遮罩动画效果。右击"图层_2",在弹出的快捷菜单中选择"遮罩层"命令。此时图层结构发生了变化,如图 12-79 所示。

图 12-78 舞台效果

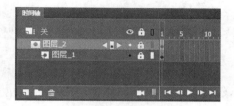

图 12-79 遮罩图层结构

注意观察一下图层和舞台的变化。

● "图层_1":图层的图标改变了,从普通图层变成了被遮罩层(被拍摄图层),并且图层缩进,图层被自动加锁。

● "图层_2":图层的图标改变了,从普通图层变成了遮罩层(放置拍摄镜头的图层),并且图层被加锁。

舞台显示也发生了变化,只显示电影镜头"拍摄"出来的对象,其他不在电影镜头区域内的舞台对象都没有显示,如图 12-80 所示。

专家点拨:遮罩动画效果的获得一般需要两个图层,这两个图层是被遮罩的图层和指定遮罩区域的遮罩图层。实际上,遮罩图层是可以同时应用于多个图层的。遮罩图层和被遮罩图层只有在锁定状态下才能够在编辑工作区中显示出遮罩效果。解除锁定后的图层在编辑工作区中是看不到遮罩效果的。

(5) 按 Ctrl+Enter 组合键测试动画,观察动画效果,可以看到只显示了电影镜头区域内的图像。

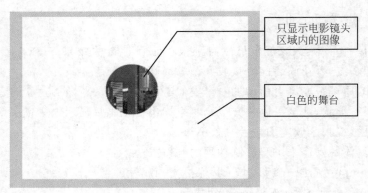

只显示电影镜头区域内的图像

白色的舞台

图 12-80　定义遮罩后的舞台效果

（6）下面改变一下镜头的形状。在"图层_1"的第 15 帧按 F5 键添加一个普通帧。将"图层_2"解锁，在"图层_2"的第 15 帧按 F6 键添加一个关键帧，将"图层_2"的第 15 帧上的圆放大。定义从第 1 帧到第 15 帧的补间形状。此时的图层结构如图 12-81 所示。

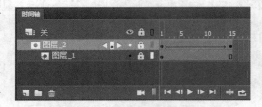

图 12-81　图层结构

（7）按 Ctrl＋Enter 组合键测试动画，观察动画效果，可以看到只显示了电影镜头区域内的图像，并且随着电影镜头（圆）的逐渐变大，显示出来的图像区域越来越多。

（8）下面改变一下镜头的位置。将"图层_1"上的圆放置在舞台的左侧，将"图层_2"的第 15 帧上的圆的大小恢复到原来的尺寸，并放置在舞台的右侧。

（9）按 Ctrl＋Enter 组合键测试动画，观察动画效果，可以看到随着电影镜头（圆）的位置移动，显示出来的图像内容也发生变化，好像一个探照灯的效果。

从上面的操作可以得出这样的结论，在遮罩动画中可以定义遮罩层中电影镜头对象的变化（尺寸变化动画、位置变化动画、形状变化动画等），最终显示的遮罩动画效果也会随着电影镜头的变化而变化。

其实除了可以设计遮罩层中的电影镜头对象变化外，还可以让被遮罩层中的对象进行变化，甚至可以是遮罩层和被遮罩层同时变化，这样可以设计出更加丰富多彩的遮罩动画效果。

12.4.4　3D 动画和骨骼动画

Animate 提供了 3D 工具，能够使设计师在三维空间内对普通的二维对象进行处理，再和补间动画相结合就能制作出 3D 动画效果。骨骼动画是一种应用于计算机动画制作的技术，其依据的是反向运动学原理。这种技术应用于计算机动画制作是为了能够模拟动物或机械的复杂运动，使动画中的角色动作更加形象逼真，使设计师能够方便地模拟各种与现实一致的动作。

1. 3D 动画

Animate 允许在 ActionScript 3.0 文档中使用 3D 工具，可以在舞台的 3D 空间中移动和旋转影片剪辑来创建 3D 效果,Animate 为影片剪辑在 3D 空间内的移动和旋转提供了专门的工具,它们是"3D 平移工具" 和"3D 旋转工具" ,使用这两种工具可以获得逼真的 3D 透视效果。

在 Animate 的 3D 动画制作过程中,平移指的是在 3D 空间中移动一个对象,使用"3D 平移工具"能够在 3D 空间中移动影片剪辑的位置,使得影片剪辑获得与观察者的距离感。在绘图工具箱中选择"3D 平移工具",在舞台上选择影片剪辑实例。此时在实例的中间将显示出 X 轴、Y 轴和 Z 轴,其中 X 轴为红色,Y 轴为绿色,Z 轴为黑色的圆点,如图 12-82 所示。使用鼠标拖动 X 轴或 Y 轴的箭头,即可将实例在水平或垂直方向上移动。

使用 Animate 的"3D 旋转工具"可以在 3D 空间中对影片剪辑实例进行旋转,旋转实例可以获得其与观察者之间形成一定角度的效果。

在绘图工具箱中选择"3D 旋转工具",单击选择舞台上的影片剪辑实例,在实例的 X 轴上左右拖动鼠标能够使实例沿着 Y 轴旋转,在 Y 轴上上下拖动鼠标能够使实例沿着 X 轴旋转,如图 12-83 所示。

图 12-82　使用"3D 平移工具"

图 12-83　使用"3D 旋转工具"

3D 补间实际上就是在补间动画中运用 3D 变换来创建关键帧,Animate 会自动补间两个关键帧之间的 3D 效果。在创建 3D 补间动画时首先创建补间动画,然后将播放头放置到需要创建关键帧的位置,使用"3D 平移工具"或"3D 旋转工具"对舞台上的实例进行 3D 变换。在创建关键帧后,Animate 将自动创建两个关键帧之间的 3D 补间动画。

2. 骨骼动画

在 Animate 中,如果需要制作具有多个关节的对象的复杂动画效果(例如制作人物走动动画),使用骨骼动画能够快速地完成。

创建骨骼动画首先需要定义骨骼。Animate 提供了一个"骨骼工具" ,使用该工具可以向影片剪辑元件实例、图形元件实例或按钮元件实例添加 IK 骨骼。在绘图工具箱中选择"骨骼工具",在一个对象中单击,向另一个对象拖动鼠标,释放鼠标后就可以创建这两个对象间的连接。此时两个元件实例间将显示出创建的骨骼。在创建骨骼时,第一个骨骼是父级骨骼,骨骼的头部为圆形端点,有一个圆圈围绕着头部;骨骼的尾部为尖形,有一个实心点,如图 12-84 所示。

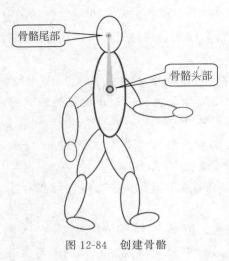

图 12-84 创建骨骼

选择"骨骼工具"，单击骨骼的头部，向第二个对象拖曳鼠标，释放鼠标后即可创建一个分支骨骼。根据需要创建的骨骼的父子关系依次将各个对象连接起来，这样骨架就创建完成了。

在为对象添加了骨架后，就可以创建骨骼动画了。在制作骨骼动画时，可以在开始关键帧中制作对象的初始姿势，在后面的关键帧中制作对象的不同姿势，Animate 会根据反向运动学的原理计算出连接点间的位置和角度，创建从初始姿势到下一个姿势转变的动画效果。

在完成对象的初始姿势的制作后，在"时间轴"面板中右击动画需要延伸到的帧，选择快捷菜单中的"插入姿势"命令。在该帧中选择骨骼，调整骨骼的位置或旋转角度，如图 12-85 所示。此时 Animate 将在该帧创建关键帧，按 Enter 键测试动画即可看到创建的骨骼动画效果了。

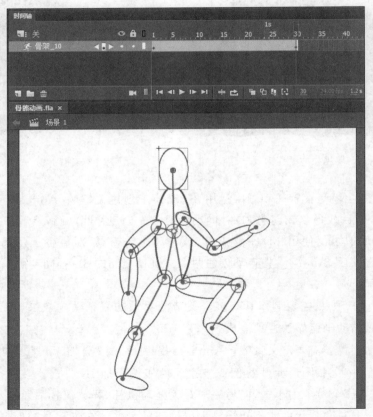

图 12-85 创建骨骼动画

在"时间轴"面板中将姿势图层的最后一帧向左或向右拖动能够改变动画的长度，此时

Animate将按照动画的持续时间重新定位姿势帧,并且添加或删除帧。如果需要清除已有的姿势,可以右击姿势帧,选择"清除姿势"命令。

12.5 使用 Animate 制作网络广告

对于网站和广告客户而言,使用 Animate 制作网络广告是最常用的选择。用 Animate 制作的网络广告具有文件体积小、视觉冲击力强、交互性高等特点,能大大提高广告的点击率。本节通过具体范例介绍使用 Animate 制作网络广告的创意和方法。

12.5.1 企业形象 Banner 设计

企业形象设计又称CI(Corporate Identity)设计。企业形象既是企业的外在感性形象,也能体现出企业的深刻文化内涵,企业形象的优劣既决定着企业的生存,也影响到企业的发展。

在开发企业网站时,企业形象 Banner 设计是一个重要的内容。使用 Animate 制作 Banner 的最大优势在于它可以达到其他 GIF 动画软件所没有的独立动画能力,不管是一个图标还是一个文字都可以让其进行单独的运动而不影响整体效果。

下面通过一个装饰企业形象 Banner 设计的范例介绍使用 Animate 制作企业形象 Banner 的方法。范例效果如图 12-86 所示,右侧是装饰公司的文字标识,左侧是一个动态图标,绿色树叶依次展开并依次渐隐。

本范例的详细制作步骤如下。

（1）用 Animate 新建一个动画文档,设置舞台尺寸为 300×200 像素,其他属性保持默认。

（2）在舞台上用"钢笔工具"绘制一个没有填充色的三角形,然后用"选择工具"调整为树叶的轮廓。

（3）选择"颜料桶工具",在"颜色"面板中设置填充颜色为绿色到白色的线性渐变色,然后对舞台上树叶的轮廓进行填充,再用"渐变变形工具"对填充色进行适当编辑。最后将轮廓线删除,效果如图 12-87 所示。

图 12-86 企业形象 Banner

（4）选择"任意变形工具",单击选择舞台上的树叶图形,将变形中心点移动到如图 12-88 所示的位置。

图 12-87 树叶的绘制过程　　　　　　图 12-88 移动变形中心点

（5）打开"变形"面板,将宽和高的缩放比例设置为 110%,在"旋转"文本框中输入−30,如图 12-89 所示。

（6）单击"变形"面板中的"重制选区和变形"按钮　5 次,得到如图 12-90 所示的图形效果。

图 12-89　"变形"面板

图 12-90　变形后的图形效果

（7）选中舞台上的所有图形，选择"修改"|"转换为元件"命令，弹出"转换为元件"对话框，在"名称"文本框中输入"图案"，在"类型"下拉列表中选择"影片剪辑"选项，如图 12-91 所示。单击"确定"按钮即可将舞台上的图形转换为一个影片剪辑元件。

图 12-91　"转换为元件"对话框

（8）双击舞台上的影片剪辑元件进入其编辑场景。选择第 2 个树叶图形（从上向下数），单击主工具栏上的"剪切"按钮，将其剪切。然后新建一个图层，选中这个新图层，选择"编辑"|"粘贴到当前位置"命令。这样就将第 2 个树叶图形放置在一个独立的新图层上。

（9）按照同样的方法依次将其他几个树叶图形分别放置在一个独立的新图层上，最后再重新命名各个图层的名称，如图 12-92 所示。

（10）选中舞台上的一个树叶图形，选择"修改"|"转换为元件"命令，将其转换为一个图形元件。按照同样的方法将其他树叶图形分别转换为图形元件。

（11）选择"树叶 1"图层的第 10 帧，按 F6 键插入一个关键帧。然后选择这个图层中第 1 帧上的树叶，在"属性"面板的"色彩效果"栏中设置其 Alpha 值为 0%，如图 12-93 所示。这样可使这个树叶完全透明。

图 12-92　将各个树叶图形分布在独立的图层

图 12-93　设置第 1 帧上的树叶完全透明

（12）选择"树叶1"图层的第1帧，然后右击，在弹出的快捷菜单中选择"创建传统补间"命令，这样就创建了从第1帧到第10帧的传统补间动画。动画效果是一个树叶逐渐显示出来。

（13）选择"树叶2"图层的第1帧，拖动鼠标将其移动到第10帧。在这个图层上选择第20帧，按F6键插入一个关键帧。然后选择这个图层中第10帧上的树叶，在"属性"面板中设置其Alpha值为0%。这样可使这个树叶完全透明。选择"树叶2"图层的第10帧，然后右击，在弹出的快捷菜单中选择"创建传统补间"命令，这样就创建了从第10帧到第20帧的传统补间动画。动画效果是一个树叶逐渐显示出来。

（14）按照同样的方法分别制作另外4个图层上的补间动画，最后的图层结构如图12-94所示。

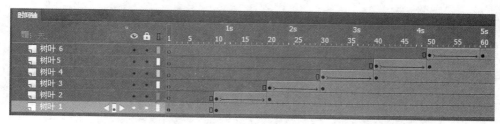

图12-94 前60帧的图层结构

专家点拨：图12-94所示为一个阶梯式的图层结构。这种结构在制作动画时比较常见，可以实现各个图层上的对象渐次动画的效果。本例是实现各个树叶渐次显示的效果。

（15）分别选择"树叶6"图层的第90帧和第100帧，按F6键插入关键帧。然后选择这个图层中第100帧上的树叶，在"属性"面板中设置其Alpha值为0%，这样可使这个树叶完全透明。选择"树叶2"图层的第90帧，然后右击，在弹出的快捷菜单中选择"创建传统补间"命令，这样就创建了从第90帧到第100帧的传统补间动画。动画效果是一个树叶逐渐消失。

（16）按照同样的方法分别制作另外5个图层上的补间动画，并且将帧都延伸到第160帧，最后的图层结构如图12-95所示。

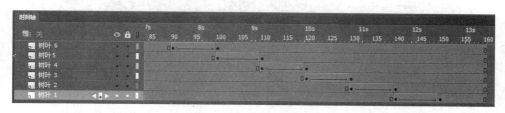

图12-95 第90帧后的图层结构

（17）单击"场景1"按钮，如图12-96所示。这样就可以退出"图案"影片剪辑的编辑状态，切换到主场景中。

专家点拨：这时在舞台上看不到"图案"影片剪辑，这是因为在"图案"影片剪辑中最开始的树叶图形都被设置成完全透明的。

（18）使用文本工具和矩形工具在舞台的右边创建文字和图形效果，如图12-97所示。

图 12-96　单击"场景 1"按钮

图 12-97　创建文字和图形效果

（19）为了让文字在其他没有安装字体的计算机上正常显示，这里选择"修改"|"分离"命令将舞台上的文字转换为形状。

至此本范例制作完毕。

12.5.2　横幅广告设计

横幅广告是网络广告最早采用的形式，也是目前最常见的形式。横幅广告又称旗帜广告，它是横跨于网页上的矩形公告牌，当用户点击这些横幅的时候通常可以链接到广告主的网页。

本节通过一个汽车产品促销横幅广告范例的制作介绍使用 Animate 制作动态横幅广告的方法。本范例的效果如图 12-98 所示。

图 12-98　横幅广告

本范例的详细制作步骤如下。

1. 创建汽车动画

（1）用 Animate 新建一个动画文档，设置文档尺寸为 680×300 像素，背景色为黑色，帧频为 24。

（2）选择"插入"|"新建元件"命令，弹出"创建新元件"对话框，在其中的"名称"文本框中输入"车身"，在"类型"下拉列表中选择"图形"选项，如图 12-99 所示。

（3）单击"确定"按钮进入元件的编辑状态。使用"铅笔工具"和"椭圆工具"在场景中绘制出汽车车身的轮廓线，如图 12-100 所示。

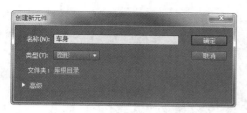

图 12-99 "创建新元件"对话框

图 12-100 绘制汽车车身的轮廓线

（4）选择"颜料桶工具"，按 Shift＋F9 组合键打开"颜色"面板，设置填充颜色的类型为"径向渐变"，在渐变条下方单击添加一个颜色指针，设置左侧颜色指针的颜色为 ♯FEDDD6、中间颜色指针的颜色为 ♯FA5127、右侧颜色指针的颜色为 ♯CA1502，3 个颜色指针的位置如图 12-101 所示。

（5）在场景中汽车的主体轮廓上单击，对其进行填充。选择"渐变变形工具"，将填充色进行调整，最后效果如图 12-102 所示。

图 12-101 "颜色"面板

图 12-102 填充并调整颜色

（6）新建一个名称为"车轮"的图形元件。使用"铅笔工具"和"椭圆工具"在场景中绘制出汽车车轮的效果，如图 12-103 所示。

（7）新建一个名称为"车轮转动"的影片剪辑元件。进入这个元件的编辑场景后，从"库"面板中将"车轮"图形元件拖放到场景的中心位置，在时间轴的第 5 帧按 F5 键插入帧，然后右击第 1 帧，在弹出的快捷菜单中选择"创建补间动画"命令，这样就创建了第 1 帧到第 5 帧的补间动画，在"属性"面板的"旋转"下拉列表中选择"逆时针"选项，如图 12-104 所示。

图 12-103 车轮

图 12-104 设置旋转选项

（8）新建一个名称为"整车"的影片剪辑元件。进入这个元件的编辑场景后，从"库"面板中将"车身"元件拖放到场景的中心位置。新建一个图层，并更名为"车轮"。从"库"面板中拖动两个"车轮转动"元件到场景中，并将它们放置在车身下方合适的位置，如图 12-105 所示。

图 12-105　将"车身"元件和"车轮转动"元件拖放到场景中

2. 创建树移动的动画

（1）新建一个名称为"树"的图形元件。进入这个元件的编辑场景后，选择"线条工具"和"铅笔工具"，在舞台中绘制卡通树的轮廓，如图 12-106 所示。

选择"颜料桶工具"，设置填充颜色为绿色，在树叶部分单击，对树叶进行填充；设置填充颜色分别为 ♯F1A55A 和 ♯AB5E10，对树干部分分段进行填充。最后将图形的轮廓线删除，效果如图 12-107 所示。

图 12-106　在舞台中绘制树的轮廓　　　　图 12-107　　填充颜色后的效果

（2）新建一个名称为"树群"的图形元件。进入这个元件的编辑场景后，从"库"面板中拖动 4 个"树"元件到场景中，并将它们按照图 12-108 所示排列，注意这 4 棵树在舞台上占据的宽度要略多于舞台的宽度，也就是要多于 680 像素。

图 12-108　排列 4 棵树的位置

按 Ctrl＋A 组合键选中场景中的 4 棵树，按 Ctrl＋G 组合键对 4 棵树进行组合，然后按 Ctrl＋C 组合键复制选中的树，按 Ctrl＋V 组合键在场景中粘贴复制的内容。将两组树按照图 12-109 所示在场景中排列，注意它们与舞台中心点的位置。

（3）新建一个影片剪辑元件并命名为"移动的树"，进入元件的编辑状态。从"库"面板中将"树群"元件拖放到场景中。在"对齐"面板中先选中"与舞台对齐"复选框，然后分别单

图 12-109　排列两组树的位置

击"水平中齐"按钮和"垂直中齐"按钮。

　　在舞台的空白处右击，在弹出的快捷菜单中选择"标尺"命令。将鼠标指针移至垂直的标尺上，按下鼠标左键并向右拖动拉出一条辅助线，将辅助线设置到第 4 棵树的右边缘位置，如图 12-110 所示。

图 12-110　设置辅助线的位置

　　在时间轴的第 200 帧上按 F5 键插入一个帧，然后右击第 1 帧，在弹出的快捷菜单中选择"创建补间动画"命令。选择第 200 帧，向左平行移动该帧中元件的位置，直到该帧中最后一棵树的右边缘与舞台上的辅助线完全对齐，如图 12-111 所示。

图 12-111　将元件中最后一棵树的右边缘与辅助线对齐

　　（4）新建一个影片剪辑元件并将元件命名为"线"，单击"确定"按钮进入该元件的编辑状态。选择"线条工具"，设置笔触颜色为白色、笔触高度为 3 像素，在绘图工具箱的下方按下"对象绘制"按钮。在"属性"面板的"样式"下拉列表中选择"虚线"。在舞台上拖动鼠标绘制一条宽 730 像素的虚线，在"对齐"面板中分别单击"左对齐"和"垂直中齐"按钮。

在时间轴的第 10 帧按 F6 键插入关键帧，将该帧中线条的 X 位置设置为－50。在两个关键帧之间创建传统补间动画。

3. 组装主动画

（1）返回到场景 1 中，选择"矩形工具"，设置笔触颜色为白色、填充颜色为＃333333，在"属性"面板中设置笔触高度为 3、样式为实线。然后在舞台上绘制一个 680×100 像素的矩形，在"对齐"面板中分别单击"水平中齐"和"底对齐"按钮。使用"选择工具"分别选择矩形的左、右、下 3 条边线，将这 3 条边线删除。

（2）从"库"面板中拖动"线"元件到舞台上，在"属性"面板中设置元件的 X 位置为 0、Y 位置为 370，如图 12-112 所示。

（3）将"图层_1"重命名为"道路"，并将该图层锁定。单击"插入图层"按钮新建一个图层，将新图层命名为"树木"，从"库"面板中将"移动的树"元件拖动到舞台上，在"属性"面板中将元件的 X 位置设置为 0、Y 位置设置为 192，如图 12-113 所示。

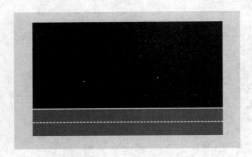

图 12-112　制作路面

图 12-113　设置"移动的树"元件在舞台上的位置

（4）在时间轴上拖动"树木"图层到"道路"图层的下面，将树木部分多余的部位位置隐藏在道路后面。选中"道路"图层，单击"插入图层"按钮新建一个图层。将新图层命名为"汽车"，从"库"面板中将"整车"元件拖放到舞台上合适的位置，如图 12-114 所示。

图 12-114　拖动"整车"元件到舞台上合适的位置

（5）按 Ctrl＋Enter 组合键测试动画，可以看到一辆汽车在夜景中行驶的动画。

专家点拨：前面制作的是一辆汽车在夜景中行驶的动画。制作汽车、人物或其他具有活动能力的物体的移动效果是 Animate 动画中经常用到的场景。制作此类场景经常需要由两方面相结合来实现，一个是物体本身的运动动画，在本例中就是汽车车轮不停地转动；另一个是参照物的移动，在本例中就是路边的树木沿着与汽车车轮旋转方向相反的方向不停地移动，两者结合，即产生了汽车不断向前行驶的效果。

4. 制作广告词动画

（1）在舞台上双击"移动的树"影片剪辑实例，进入这个元件的编辑场景中。

（2）将"图层_1"重命名为"树"。新添加一个图层，并将其名称更名为"文字"。下面要在这个"文字"图层上制作广告词动画。

（3）在"文字"图层的第1帧用"文本工具"输入"购车之旅，惊喜不断!"，并设置合适的文字格式。选中文字，选择"修改"|"转换为元件"命令，将其转换为图形元件。

（4）在第50帧插入一个关键帧。选中第1帧上的文字，在"属性"面板中设置其 Alpha 值为0%。然后定义从第1帧到第50帧之间的传统补间动画。

（5）在第51帧插入一个关键帧。用"文本工具"输入"一重好礼：送保险"，并设置合适的文字格式。选中文字，选择"修改"|"转换为元件"命令，将其转换为图形元件。

（6）在第70帧插入一个关键帧。选中第51帧上的文字，将其垂直移动到舞台外边，然后定义从第51帧到第70帧之间的传统补间动画。

（7）按照同样的方法定义从第100帧到第120帧、从第150帧到第170帧的传统补间动画，实现另外两个广告词的动画效果。

至此本范例制作完成，可以保存文件，测试动画效果。

12.5.3 网络广告设计

本小节使用对象补间动画和动画编辑器制作一个汽车广告的动画效果，先从天而降一辆汽车，然后汽车飞驰消失，最后飞进来一个文字广告词。本范例的效果如图 12-115 所示，图层结构如图 12-116 所示。

图 12-115　汽车广告

图 12-116　图层结构

1. 制作汽车从天而降的动画效果

（1）用 Animate 新建一个动画文档，将舞台的背景颜色设置为黑色，其他保持默认设置。

（2）将外部的汽车图像文件导入舞台，并且用"魔术棒"和"橡皮擦工具"将图像的背景去除。最后将汽车图像转换为影片剪辑元件。"库"面板的情况如图 12-117 所示。

图 12-117　"库"面板

（3）将"图层_1"更名为"汽车"。将舞台上的汽车适当缩小尺寸，并将其移动到舞台顶端外部。

（4）在第 35 帧插入帧，然后为汽车创建补间动画。将播放头移动到第 10 帧，选中舞台上的汽车，在"属性"面板中将 Y 设置为 200 像素，如图 12-118 所示。此时测试动画，可以获得汽车从舞台上方落下的动画效果。

（5）在时间轴上选择第 15 帧，在"变形"面板的"3D旋转"栏中将 Z 值设置为"2°"，如图 12-119 所示。

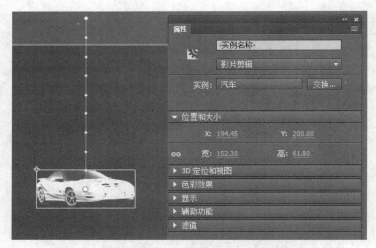

图 12-118　在第 10 帧设置汽车的 Y 坐标值

图 12-119　在第 15 帧设置汽车的 3D 旋转的 Z 值

（6）选择第 17 帧，继续在"变形"面板的"3D 旋转"栏中将 Z 值设置为"0°"。选择第 19

帧,将 Z 值设置为"−2°"。同样地,将第 21 帧的 Z 值设置为"0°",将第 23 帧的 Z 值设置为 "2°"。按照这样的规律,以两帧为间隔,依次设置后面帧的"3D 旋转"的 Z 值。这时的图层 结构如图 12-120 所示。

图 12-120 以相同的帧间隔设置 3D 旋转的 Z 值

(7) 将播放头移动到第 1 帧,选择舞台上的汽车,在"属性"面板的"滤镜"栏中单击"添 加滤镜"按钮 ,在弹出的下拉菜单中选择"模糊"滤镜。将"模糊 X"和"模糊 Y"的值均设 置为 0 像素,如图 12-121 所示。将播放头移动到第 17 帧,将"模糊 X"和"模糊 Y"的值均设 置为 10 像素;选择第 19 帧,将"模糊 X"和"模糊 Y"的值重新设置为 0 像素。按照这样的规 律,以两帧为间隔,依次设置后面帧的"模糊 X"和"模糊 Y"的值。最后将第 10 帧的"模糊" 滤镜的"模糊 X"和"模糊 Y"的值设置为 0 像素,这样获得汽车振动的动画效果。

2. 制作汽车飞驰消失的动画效果

(1) 将播放头移动到第 30 帧,按 F6 键添加一个属性关键帧。再将播放头移动到第 35 帧,选择舞台上的汽车,在"属性"面板中将 X 属性的值设置为 620 像素。

(2) 将播放头移动到第 30 帧,选中舞台上的汽车,在"属性"面板的"色彩效果"栏中,从 "样式"下拉列表中选择 Alpha 选项。

(3) 将播放头移动到第 35 帧,选中舞台上的汽车,在"属性"面板的"色彩效果"栏中将 Alpha 值更改为 0%,如图 12-122 所示。

图 12-121 添加"模糊"滤镜

图 12-122 设置 Alpha 属性值

3. 制作文字动画效果

(1) 新添加一个图层,将其重命名为"背景"。然后将这个图层移动到时间轴的最下边。 在这个图层上绘制一个和舞台重合的矩形,填充颜色为从深蓝色到浅蓝色的径向渐变色。 将"背景"图层上的帧延伸到第 45 帧。

（2）再新添加一个图层，将其重命名为"文字"。在这个图层的第30帧添加一个空白关键帧。在第30帧上用"文本工具"创建一个静态文本，将其放置在舞台的左侧外部，效果如图12-123所示。

图 12-123　输入文本

（3）在第45帧添加帧，然后针对这个文字创建补间动画。将播放头移动到第35帧，选中舞台上的文字，将其水平移动到舞台的中央位置。

（4）将播放头移动到第30帧，选中舞台上的文字，为其添加"模糊"滤镜，并将"模糊X"和"模糊Y"的值均设置为15像素；将播放头移动到第35帧，将"模糊X"和"模糊Y"的值均设置为0。

（5）在"文字"图层的补间范围上右击，在弹出的快捷菜单中选择"调整补间"命令，打开"动画编辑器"，在其中单击"为选定属性适用缓动"按钮，在弹出的下拉菜单中选择"其他缓动"|"阻尼波"选项，如图12-124所示。

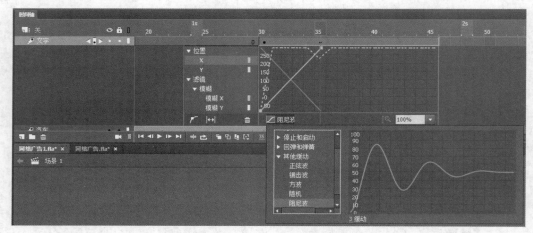

图 12-124　添加"阻尼波"缓动

至此本范例制作完毕。

12.6　本章习题

一、选择题

1. 按下（　　）按钮后，在时间轴的上方会出现绘图纸外观标记 。拖动外观标记的两端，可以扩大或缩小显示范围。

　　A."帧居中"　　　　　　　　　　　　B."绘图纸外观"

　　C."循环"　　　　　　　　　　　　　D."播放"

2. 假设传统补间动画的"演员"是一个图形元件，下面的动画效果不能够直接实现的是（　　）。

　　A. 位置移动　　　　　　　　　　　　B. 尺寸逐渐缩小

C. 逐渐模糊 D. 淡入淡出

3. 下面关于形状补间动画的叙述错误的是( )。

    A. 直接参与形状补间动画的"演员"只能是形状,而不能是其他类型的对象

    B. 形状补间动画这种动画类型只能实现形状变形效果,不能实现动画对象的颜色和位置的变化效果

    C. 在 Animate 中形状提示点的编号为 a～z,一共有 26 个

    D. 如果想制作一个红色的圆逐渐变成绿色的圆的动画效果,既可以用传统补间动画来实现,也可以用形状补间动画来实现

4. 在"动画编辑器"中,下面按钮中可以在图形上添加锚点的是( )。

    A. ▤   B. ▰   C. 🗑   D. ▱

5. 遮罩动画是 Animate 中一个很重要的动画类型,很多效果丰富的动画都是通过遮罩动画来完成的。关于遮罩动画,下面说法中错误的一项是( )。

    A. 在一个遮罩动画中,"遮罩层"只有一个,"被遮罩层"可以有多个

    B. 遮罩层中的图形可以是任何形状,但是播放动画时遮罩层中的图形不会显示

    C. 在遮罩层中不能用文字作为遮罩对象

    D. 在定义遮罩图层后,遮罩层和被遮罩层将自动加锁

二、填空题

1. 不同的帧颜色代表不同类型的动画,例如传统补间动画的帧显示为_____,形状补间动画的帧显示为_____,而没有定义传统补间动画的关键帧后的普通帧显示为_____,它继承和延伸该关键帧的内容。

2. 创建关键帧和普通帧是在动画制作过程中频繁进行的操作,因此一般使用快捷键进行操作。插入普通帧的快捷键是_____键,插入关键帧的快捷键是_____键,插入空白关键帧的快捷键是_____键。

3. 逐帧动画的制作方法有两个要点,一是添加若干个连续的_____,二是在其中创建不同的但有一定_____的画面。

4. 对象补间动画具有功能强大且操作简单的特点,用户可以对动画中的补间进行最大程度的控制。能够应用对象补间的元素包括影片剪辑元件实例、图形元件实例、按钮元件实例以及_____。

5. 在制作沿引导路径的传统补间动画时,一定要保证_____按钮处于按下状态,这样才能保证动画对象正确吸附到引导路径的两个端点上。

12.7 上机练习

练习 1 网站动态 Logo

拟定一个汽车网站主题,使用 Animate 为这个网站设计制作一个动态 Logo。在设计时应该注意以下一些情况。

(1) 网站名称和域名要醒目,配合的图形不能太复杂。

(2) 动态效果使用 Animate 的动画技术来实现,但动画效果不能太花哨,要起到突出重点的目的。

(3) Logo 外围边框的颜色最好使用深色,这样可以避免 Logo 四周过于空白而融入页

面底色,降低 Logo 的关注度。

练习2　产品推广横幅广告

拟定一个新上市汽车的推广计划,使用 Animate 为其设计制作一个网络横幅广告。在设计时应该注意以下一些情况。

(1) 动画内容必须有一个明确的主线,让消费者明白广告推销的是什么。

(2) 为了表达汽车动感的特性,可以将动画设计得动感、活泼一些。

(3) 广告语要精练,不能使用太多的文字。

(4) 如果使用的是位图素材,有关汽车方面的图像可以在网上搜集并下载。

图书资源支持

感谢您一直以来对清华版图书的支持和爱护。为了配合本书的使用,本书提供配套的资源,有需求的读者请扫描下方的"书圈"微信公众号二维码,在图书专区下载,也可以拨打电话或发送电子邮件咨询。

如果您在使用本书的过程中遇到了什么问题,或者有相关图书出版计划,也请您发邮件告诉我们,以便我们更好地为您服务。

我们的联系方式:

地　　址：北京市海淀区双清路学研大厦 A 座 714

邮　　编：100084

电　　话：010-83470236　　010-83470237

客服邮箱：2301891038@qq.com

QQ：2301891038（请写明您的单位和姓名）

资源下载：关注公众号"书圈"下载配套资源。

资源下载、样书申请

书 圈

图书案例

清华计算机学堂

观看课程直播